网络安全测试环境架构设计

王 震 刘 义 刘 喆 周 超
周云彦 解 飞 王少磊 编著

国防工业出版社
·北京·

内 容 简 介

本书主要针对网络安全测试环境架构设计进行分析，结合网络安全测试环境的需求实际，在分析现有各类安全模型的基础上，分别从在线安全和离线安全两个角度给出相应的安全模型。主要内容包括网络安全测试环境安全模型、网络安全测试环境安全架构设计、网络安全测试环境态势感知研究与模型设计、网络安全测试环境智能决策系统设计和实现、网络安全测试环境联动响应安全体系设计等。

图书在版编目(CIP)数据

网络安全测试环境架构设计/王震等编著．—北京：国防工业出版社，2024．5

ISBN 978-7-118-13368-4

Ⅰ．①网…　Ⅱ．①王…　Ⅲ．①计算机网络—网络安全—测试技术　Ⅳ．①TP393．08

中国国家版本馆 CIP 数据核字(2024)第 110367 号

※

国防工業出版社出版发行

(北京市海淀区紫竹院南路 23 号　邮政编码 100048)

北京虎彩文化传播有限公司印刷

新华书店经售

*

开本 710×1000　1/16　**插页** 2　**印张** 18¼　**字数** 345 千字

2024 年 5 月第 1 版第 1 次印刷　**印数** 1—1000 册　**定价** 128．00 元

国防书店：(010)88540777　　书店传真：(010)88540776

发行业务：(010)88540717　　发行传真：(010)88540762

前 言

欧美等科技大国在网络空间领域的博弈和对抗逐渐增强,网络空间已成为继陆、海、空、天之后的第五个国家主权疆域。网络空间主权是国家政治、经济和文化稳定发展的基本前提,网络空间主权的绝对性也是国际社会的基本原则。各国均在提高网络安全预算,加强网络部队的建设,并试图改变过去被动防护的策略,主动对发动网络攻击的国家进行回击。此外,各个国家结成联盟进行网络对抗的趋势也开始显现。网络空间安全事件带来的影响,已经逐渐深入扩展到政治、军事、经济、民生等各个层面,进而影响着整个社会的稳定和运转。

在如此严峻的形势下,我国网络空间安全技术、产品和产业却相当落后,信息安全保障能力薄弱。表现为关键基础设施安全保障能力严重不足,网络监测、态势感知等信息安全基础设施薄弱,信息安全技术尚不成体系,产业竞争力弱,对新一代信息技术带来的安全挑战认识不深刻,难以有效抵御国家级、有组织的网络攻击。

习近平总书记关于"没有网络安全就没有国家安全"的论述,深刻阐释了网络空间安全与各"领域"国家安全问题之间的内在联系。网络空间已然是网络时代国家安全的战略基石,陆、海、空、天的安全问题都受网络空间的直接控制,各类国家安全问题都受网络空间的传导影响;网络空间也是国家安全热点问题的汇聚重心,新情况、新问题、新特点、新趋势大多诞生于此。

网络安全测试环境主要包括目标模拟网络(以下简称"业务网")和测试管控网络(以下简称"管控网")两大网系,在运行过程中这两大网系之间需要大量的信息交互。而接入的被试装设备/系统以及部分模拟系统,在实际起效时可能包含大量的病毒、木马等攻击工具和手段。这些工具和手段可能穿透网络边界侵入测试管控网络,影响整个网络安全测试环境的运行;网络安全测试环境在承担测试任务过程中,将不可避免地引入网络安全测试环境之外的测试资源构建测试环境,这一过程中安全威胁很可能随着外部资源带入网络安全测试环境,从而影响整个网络安全测试环境的运行。

因此,为了解决网络安全测试环境目标模拟网络与测试管控网络之间安全隔离、测试管控网络内部子网间安全隔离以及由于资源互用带来的安全风险等问题，必须构建适合网络攻防测试安全需求实际的安全解决方案。

安全防护体系是确保网络安全测试环境可靠稳定运行、测试安全可信开展的支撑系统。安全防护体系有两个功能：一是网络安全测试环境作为一个大型信息系统，自身需要信息安全保障，网络安全测试环境在分布式时使用，可能需要连接外网，在使用过程中需要数据交换，因此抵御外部攻击、病毒等威胁的安全保障解决手段；二是网络安全测试环境可能同时进行多个不同安全级别的测试，这些测试的网络、数据需要进行安全隔离。部分测试结束后，其敏感信息需要进行彻底擦除，以免被后续的测试获取。

因此，需要根据网络安全测试环境的安全需求，研发网络安全测试环境相适应的安全防护体系。本书从网络安全测试环境的安全威胁、安全需求和安全目标出发，设计构建适应网络安全测试环境特点的安全防护体系。

本书由王震、刘义、刘喆提出全书结构并编写相关内容，周超、周云彦、谢飞、王少磊负责编写主要章节内容，秦富童、郭荣华、刘迎龙、赵亚新、苗泉强、吴皓敏、孟庆业等同志参与了部分内容的编写。

本书在编写过程中参考了国内外文献和研究成果（已在参考文献中列出），在此，我们对这些文献的原作者和研究人员表示真诚的感谢！

作者

2023 年 12 月

目　　录

第1章 概　　述

1.1 网络安全测试环境架构设计思路

网络安全测试环境架构是为一致的安全目标服务,是有机统一的整体。设计各研究内容的具体技术路线时,必须建立统一的顶层设计思想。因此,本书梳理了所要研究的内容,厘清了各关键技术之间以安全模型为出发点、以安全架构落地为最终目标的逻辑支撑关系,图1-1所示。

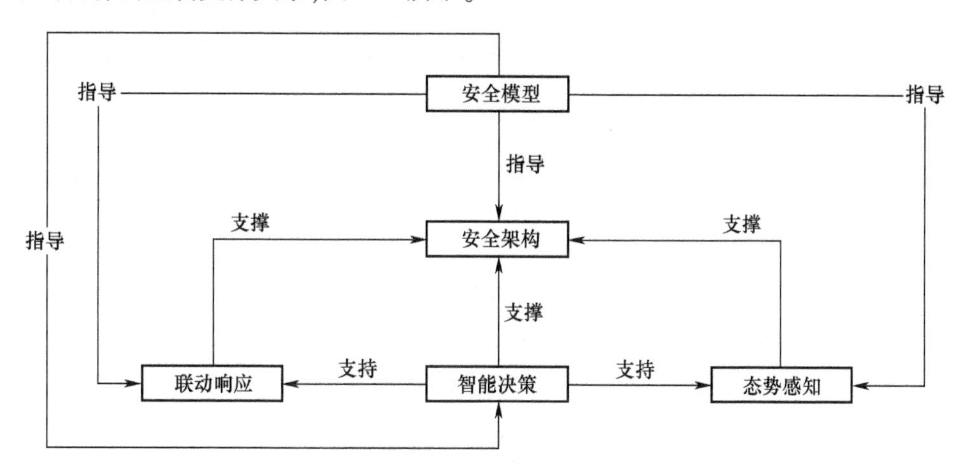

图1-1　研究内容逻辑关系

安全模型决定了安全防护体系构建的指导思想和技术路线,安全模型指导建立安全架构的设计,安全架构具体机制设计应为完成安全模型的安全目标服务。态势感知、智能决策和联动响应的作用也应是支持安全架构实现安全模型的安全目标。

开展研究工作之前,我们广泛调研了安全学术界与产业界的发展趋势,深入分析网络安全测试环境面临的安全需求,并与用户单位多次沟通交流,在充分考虑必要性与可行性的基础上,最终确定了现有的总体技术路线。

鉴于网络安全测试环境面临的威胁态势空前严峻,网络安全测试环境内部的技术栈异常复杂,网络安全测试环境的运行模式随需而变,只存在一条道路,就是以大数据和人工智能为驱动力的自适应安全防护体系。本书依托网络安全测试环境项目,从理论和实践层面对自适应安全进行解读与实践。

1.2 网络安全测试环境架构设计必要性

为了有效驱动网络安全测试环境系统从感知到决策再到响应的闭环安全防护体系的构建,关键需求是如何基于当前安全状态信息有效地选择安全策略或方案,本节将深入分析网络安全测试环境架构设计的必要性。

1.2.1 传统以人为核心的SIEM/SOC无力应对数据挑战

安全信息和事件管理(Security Information and Event Management,SIEM)构筑的中心位置称为安全运营中心(Security Operations Center,SOC)。目前,国内外传统SIEM/SOC市场已经遇到一个发展瓶颈,不论是客户还是厂家,都不是很满意。而国际市场目前情况跟国内截然相反,不仅市场持续高速增长,更出现了像Splunk这样在市场和技术上的挑战者,用大数据技术带来了全新的思维。目前,SIEM产品面临以下八大挑战。

(1) SIEM系统自身日益复杂,除安全事件收集管理外,还逐渐产生流程管理、风险管理、合规管理等的分支,不论是功能还是系统架构比起以前复杂度极大提升。

(2) 随着数据接入的多样性增加,SIEM实际不仅需要安全管理,还需要数据管理。

(3) 性能瓶颈。传统的应用/数据库架构局限了系统的性能,其存储的历史数据时长、存储事件的汇总度、查询分析的速度均受到极大的限制,直接造成了系统的可用性差。

(4) 收集、处理的数据多样性增加。传统SIEM多只采用范式化手段(结构化)进行高级汇总事件的处理(如IDS从网络原始事件生成的高级事件),而目前随着需求的深入,需要对各种原始日志进行收集和处理(即半结构化),甚至需要对语音、视频等数据进行处理。

(5) 更深层次的事件关联处理、分析和展现。原有SIEM多基于一些十分原始的数据处理、分析、展现手段,而当前Map/Reduce、BI等技术已经成熟应用,SIEM需要使用这些新技术在事件关联、处理和展现能力上进行提升。

(6) 对分析内容的深层理解、规则制定能力。由于性能、事件汇总度、广度等限制,之前SIEM号称的深度关联分析多形同虚设,而随着SIEM收集事件的深度(汇总度)、广度的提升,以及对SIEM功能期望的进一步提升,需要有深度了解业务、安全的人制定更深层次、更能解决实际问题的规则/场景。

(7) 需要支持云等信息技术(IT)新基础环境架构。云计算、大数据处理等技术已经逐渐成熟,用户 IT 环境也已逐步向云迁移,因此 SIEM 也需要支持这些 IT 新基础环境架构。

(8) 解决安全的碎片化问题。当前的安全环境远非几年前,新的防御 APT、DLP、DAP、WAF、DPI、移动端管理等产品和技术也已得到广泛运用,业务监控、应用监控甚至反舞弊也逐渐成为 SIEM 需要具备的功能。

如果要从根本上解决这些问题,必须充分借助大数据和人工智能技术,将安全防护的指挥棒交给机器,摆脱人类认知与处理能力的极限。

1.2.2 全球攻防对抗态势需要安全自适应能力

2018 年,以破坏和窃取情报为目的的针对关键基础设施的攻击将逐渐升级:①国家力量和恐怖组织、敌对势力推动的,以“网络战”和“恐怖袭击”为目的针对关键基础设施的网络攻击会增加;②攻击目标从电力、交通等“命脉”设施,延伸到公共服务系统、重要工业企业的生产设施、互联网关键基础设施;③类似“永恒之蓝”的武器化攻击工具会愈演愈烈,攻击手段呈现多样化,针对性的勒索攻击风险加剧,间谍事件增多,新型恶意软件和攻击工具增加。

现在黑客已经开始利用人工智能进行网络攻击,不仅扩大黑客的攻击面,也让黑客拥有更多的攻击手段。面对利用人工智能进行的黑客攻击,最佳防御策略也是利用人工智能。网络安全领域使用人工智能技术有两大原因:一是随着网络攻击增多,危害程度上升,网络安全专业人才严重不足;二是“0day 攻击”等新型攻击形式增多,防范更加困难。

美国高德纳咨询公司(Gartner)在 2014 年首次提出自适应安全是面向未来的下一代安全架构,从此连续 5 年列入 Gartner 十大信息安全技术。自适应理念源自 Gartner 对美国一线安全厂商未来发展调研。大多数企业在安全保护方面会优先使用拦截和防御(如反病毒),以及基于策略的控制(如防火墙),将危险拦截在外。但是,完整的防御是不可能的,系统在持续遭遇各类风险,其中高级定向攻击总能轻而易举地绕过传统防火墙和基于黑白名单的预防机制。现实中,企业盲信防御措施能 100%奏效,更加依赖这些传统防御机制。

Gartner 与人工智能将是下一代安全解决方案的核心,人工智能防御系统能从黑客攻击事件中学会各种攻击和防御策略。它能设定正常用户行为的基准,然后搜索异常行为,速度比人类要快得多。这比维持一支专门处理网络攻击的安全团队要省钱得多,人工智能也可以用来制定防御策略。

目前,人工智能主要应用在如下领域:应用程序安全测试,以减少误报;恶意软件检测,用于终端保护;漏洞测试目标选择;安全信息和事件管理;用户和实体行为分析(User and Entity Behavior Analytics,UEBA);网络流量分析等方面。

安全专家认为,传统安全设备如防火墙、杀毒、WAF、漏洞评估等都以防御为导向，这样的模式难以适应以云和大数据为代表的新安全时代需求，只有通过海量数据深度挖掘与学习，采用安全智能分析、识别内部安全威胁、身份和访问管理等方式，才能帮助企业应对千变万化的安全威胁。但是，在整个网络安全领域来说，人工智能相关技术的应用还处于比较初级的阶段。

1.2.3 各国纷纷发展以人工智能为驱动力的攻防对抗能力

美国国防高级研究计划局(Defense Advanced Research Projects Agency, DARPA)于2013年发起了网络超级挑战赛(Cyber Grand Challenge, CGC)，鼓励参赛队伍搭建自动化决策系统，实现全自动地分析软件漏洞、攻击利用漏洞以及防御漏洞。

2016年8月5—7日，在美国拉斯维加斯举办的信息安全界顶级赛事——DEFCON CTF上，一支名为Mayhem的机器CTF战队与另外14支人类顶尖CTF战队上演了信息安全领域首次人机黑客对战，并一度超过两支人类战队。初赛中预留的590个漏洞，均被参赛队伍成功修补。

2015年底，以色列开展的Deep Instinct项目就为用户展示了人工智能技术给恶意程序检测与防御领域带来的惊人进展。Deep Instinct项目旨在研究基于深度学习的恶意程序识别与防御技术。尤其对零日恶意程序、恶意程序变种、新型恶意程序和复杂APT攻击实现了极高的检测精度和实时性，是一种颠覆性的、针对系统全域终端基础设施已知/未知威胁的实时检测和防御技术。

2016年5月，IBM的人工智能系统“沃森”(Watson)在网络安全领域开始大展身手，打击网络犯罪。这是IBM首次将认知计算技术应用于网络安全领域。此前，沃森已经在医疗、金融和客服等多个领域得到应用，相比这些规则明确、信息透明的常规应用领域，信息安全领域的挑战要大得多。

2017年2月，日本文部科学省确定了“人工智能/大数据/物联网/网络安全综合项目”(AIP项目)2016年度战略目标。AIP项目的战略目标是，利用快速发展与日益复杂的人工智能技术，开发出能利用多样化海量信息的综合性技术。

这些事例说明，世界各国都认识到，随着网络攻击复杂度呈指数级上升，配合着网络恐怖主义的迅猛发展，传统的网络安全防御手段在应对安全问题时已显得力不从心。人工智能技术的蓬勃发展为网络空间安全防御带来了历史性的机遇与挑战，在网络安全防御中的分量越来越重。利用人工智能技术进行网络空间安全防御，可以从数据处理、威胁对抗、系统构建、辅助决策4个方面展开。充分利用人工智能技术在单项领域超越人类的识别、计算、抽象能力，将实现螺旋上升、具备自适应安全能力的系统构建，从而达到安全防御辅助决策的目的。

1.2.4 网络安全测试环境威胁的严峻性需要安全自适应能力

鉴于网络安全测试环境的功能定位和战略意义，必然会成为敌对势力、有组织性团伙和黑客的攻击目标，必然将会面临国家级的 APT 攻击，攻击手段从物理攻击、旁路攻击、钓鱼木马到社会工程、间谍渗透，将无所不用其极。因此，网络安全测试环境将面临前所未有的威胁态势。

在网络安全测试环境内部，各种攻击手段和方法，如网络攻击、程序漏洞、计算机病毒、逻辑炸弹、预置后门、恶意软件等在系统中层出不穷。在网络安全测试环境系统中，直接开展真实的大范围的网络安全测试和攻防演练，容易造成物理设备故障和系统崩溃；虚拟化环境从虚拟化平台、虚拟机内核、内存、存储、监控器、网络流量等各个层次都面临新的安全风险，还有待开展包括虚拟机安全隔离、虚拟网络隔离和测试平台隔离等各方面的安全技术研究；不同安全事件威胁程度的等级不同，不同测试任务安全防护的等级和需求也各不相同，已部署安全设备间缺乏有效的安全信息协作；攻击者只要能够接入系统，就可不受时间和地点的影响，随时随地发起攻击，而且攻击能够瞬间到达。这里网络安全测试环境系统所面临的威胁攻击不能预测，是不确定的，还有待进一步研究。

对于网络安全测试环境系统的安全防护，威胁攻击的不确定性问题存在于安全防护前期的安全风险管理、实时的入侵检测、后期的取证分析。其他组织和企业中现有的安全防护体系包括 FW、AV、IDS/IPS、SIEM/SOC、CERT 和组织结构，以及工作流程等都存在不足。为了应对网络安全测试环境系统的不定性威胁攻击，安全决策不是传统地用模型和知识辅助决策，而是有必要采取一种与以往不同的安全策略及方法来实现决策智能化。决策智能化需要更加注重对核心资产的保护，注重攻击模式的发现和描述，采用横向分层、纵向分域、区域分等级更为细化的安全防护策略，解决安全决策中的不确定性问题，从而通过提高安全决策的智能性和灵活性来主动防护威胁攻击。

1.2.5 网络安全测试环境的复杂性需要安全自适应能力

网络安全测试环境系统需要重现大规模的政府和商业网络，由于网络的规模庞大、覆盖范围广，形态多样而且动态变化，网络安全测试环境难以利用有限的物理资源真实重现各类网络。在实际的网络安全测试环境系统中进行真实的大范围的网络攻防演练时，一次测试需要覆盖多种攻防场景，采用仿真和虚拟化的方法以扩大其规模，而且尽可能地减少与真实网络环境的差异性，同时根据不同的测试要求和对象按需部署，以满足网络安全测试环境在结构、规模和节点要素等方面的弹性资源。这里系统及其属性在发生变化时，并非遵从简单的线性关系，特别是在和系统或环境反复的交互作用中，所以网络安全测试环境系统涉及物理、虚拟和仿真等各种资源，同时会不断动态调整各种资源的分配和部署。

网络安全测试环境系统面临特定安全需求，所对应的安全防护不仅需要从不同层次和角度采取不同安全技术，而且需要按需部署、动态适应不同资源形态和部署的变化。传统辅助决策更多的是机器把数据整理好,安全专家去做决策,可见网络安全测试环境系统中数据为不断变化的多源异构数据,超出一般安全专家自身大脑的信息处理能力,同时不能剔除决断期间感情、情绪因素的干扰。网络安全测试环境系统安全防护中的安全决策面临模糊性问题,所以有必要提供自适应决策,让机器感知当前安全状态自主地做决策快速响应,基于大数据和人工智能的智能决策将是网络安全测试环境安全最核心的关键技术之一。

第2章　网络安全测试环境安全模型

2.1 引　　言

当前,网络信息技术在国防、社会、经济等各领域的应用日益广泛和深入,各种网络安全事件频发,攻防对抗形势日趋严峻。网络空间安全已经成为影响国家安全、社会稳定、经济发展和科技进步的重要因素。

网络安全测试环境系统可以提供可信、可控、可操作性强的大规模实验测试环境,支持网络安全体系建设中的方案规划论证、攻防演练、安全技术测试、安全产品测试、安全人才培养等多种应用任务,已成为支撑国家网络安全战略的重要基础设施,可广泛地应用到政府、国防、金融、电信、工业等领域,满足其网络空间基础设施安全体系建设与科学测试需求。

在网络安全测试环境系统的规划建设中,网络安全体系的设计和建设是其核心内容。一方面,网络安全测试环境系统作为重要的网络安全资源,其运行的多是关乎国家重要部门和机构网络安全体系建设的演练和测试任务,演练环境和任务具有高度的真实性和敏感性,一旦被攻击极易造成敏感信息泄露并可威胁国家重要部门和机构现有的网络设施安全。网络安全测试环境系统不可避免地会成为外部敌人渗透和攻击的重点目标。另一方面,网络安全测试环境系统运行的演练和测试任务本身就是网络攻防,一旦因为错误配置或系统故障造成攻击外溢会严重影响网络安全测试环境系统本身及其他演练和测试任务的安全。

相较传统的信息系统,网络安全测试环境系统的安全防护更加复杂。除了前述网络安全测试环境系统面临更严重的内外部威胁,系统本身的管理和技术特点也引入了更多的安全需求。例如,网络安全测试环境系统大量使用虚拟化技术,在网络、主机、组件和服务等不同层面提供虚拟化能力,传统的虚拟机安全无法满足各层面的安全防护需求;动态构建的演练和测试环境要求防护体系能根据任务要求动态调整;为满足不同领域的演练和测试需求,系统同时具备传统信息系统、工业自动化控制、物联网、移动网络、特种设备等多个领域的设备和系统,都需要部署针对性的防护方案并满足各自的合规性要求;网络安全测试环境系统由分布式部署的多个独立子系统组成,协作演练过程中要求更为复杂的授权管理与协同防护。

安全模型是指导安全体系建设和运营的基础,网络安全测试环境系统是一个相对较新的研究领域，国内外不同类型网络安全测试环境系统的应用场景和架构体系不尽相同，目前尚不存在通用的安全模型支持其防护体系的构建。

网络安全测试环境安全模型研究着重解决网络安全测试环境安全体系建设指导思想的问题，研究目标就是要针对网络安全测试环境系统的体系架构和业务实际，设计一种能满足其安全需求的实用的安全模型，以指导安全防护体系的设计、建设和运营。

2.2 研究思路

网络安全测试环境系统的安全体系建设整体上包括规划、实施、评测、调整 4 个阶段，如图 2-1 所示。其中，规划阶段进行安全体系的建模和设计；实施阶段根据设计建设防护体系并进行持续运营；评测在安全体系建设和运营的过程中持续进行，以发现存在的缺陷；调整主要根据评测发现的缺陷或外部需求变化调整安全体系的规划设计和实施环节。4 个阶段形成周期性闭环，持续保证网络安全测试环境系统安全可靠运转。

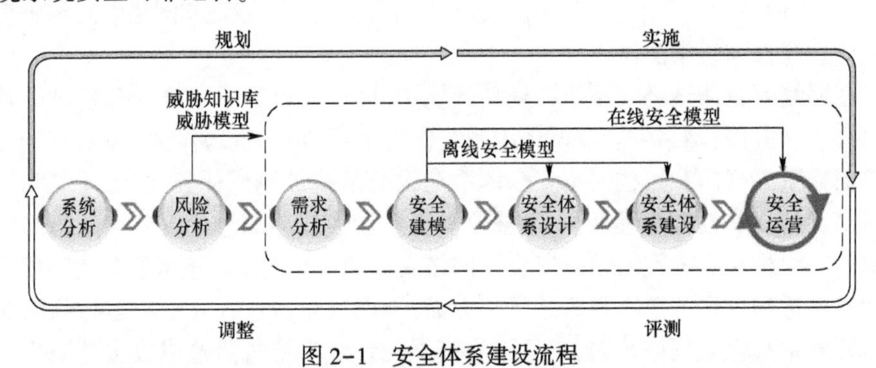

图 2-1　安全体系建设流程

具体到规划阶段，逻辑上又可分为风险分析、需求分析、安全建模和安全体系设计 4 个过程。风险分析过程对网络安全测试环境系统面临的主要安全风险进行分析，提出威胁模型并生成威胁知识库，为后续的需求分析、安全建模、安全体系设计和安全体系建设运营提供依据；需求分析过程根据网络安全测试环境系统的业务和技术特点、面临的安全风险提出网络安全测试环境系统的安全需求；安全建模过程根据安全需求提出可指导安全体系设计、安全体系建设和安全运营的安全模型；安全体系设计过程在安全模型指导下设计满足安全需求的管理和技术体系，具体指导安全体系建设和运营过程。

根据以上流程分析，网络安全测试环境安全模型研究的主要思路（图 2-2）和内容如下。

（1）对国内外主流的网络安全模型进行调研，分析其优点和不足，汲取其适用

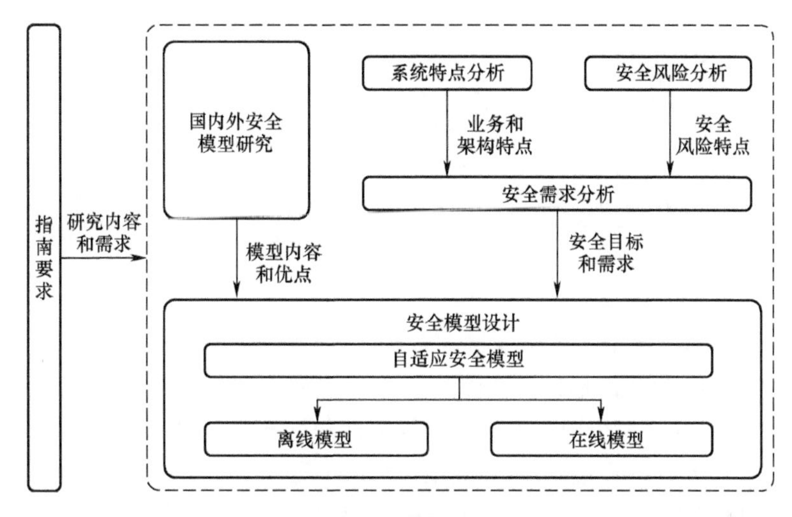

图 2-2　安全模型研究思路

于网络安全测试环境安全体系构建的方面，作为安全模型设计的参考。

（2）通过对网络安全测试环境业务和技术架构特点的系统分析，识别网络安全测试环境的业务和技术特点引入的安全要求；通过概要分析网络安全测试环境面临的安全风险的特点（详细分析见威胁建模相关章节），识别网络安全测试环境的风险特点引入的安全需求。

（3）根据网络安全测试环境的业务架构和安全风险分析结果，提出网络安全测试环境需要达到的安全目标和需要满足的具体安全需求。

（4）设计能满足网络安全测试环境系统安全需求的安全模型，并从管理和技术两个视图（分别对应指南的离线模型和在线模型）对模型的安全能力、安全机制、组成框架和运营机理进行详细描述。管理视图（离线模型）着重解决需要人力和管理手段参与的网络安全防护体系构建和运营管理问题。技术视图（在线模型）着重解决依赖在线安全设备和平台自动实现的安全状态驱动的安全感知、安全决策、安全决策向安全策略的转化，以及基于策略的安全防护体系联动响应等问题。

2.3　研究现状

2.3.1　安全体系模型

2.3.1.1　Internet 安全体系结构

Internet 安全体系结构是根据 IETF TCP/IP 协议模型建立的，也就是说 Internet 安全体系结构（图 2-3）和 TCP/IP 4 层是相对应的。

在不同的层次上有不同的安全技术，如网络接口层通过 PPTP/L2TP 等 VPN

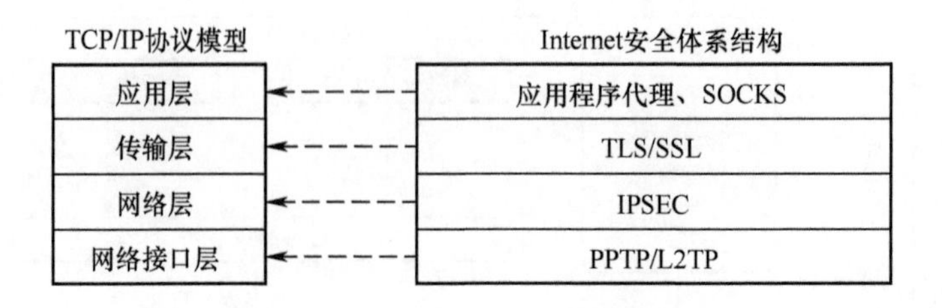

图 2-3 Internet 安全体系结构

技术提供加密隧道来通过公网连接到企业网络；在网络层 IPSEC 提供 IP 报文的机密性、完整性、IP 报文源地址认证以及抗伪地址的攻击能力；传输层 TLS/SSL 采用公开密钥技术，保证两个应用间通信的保密性和可靠性，使客户与服务器应用之间的通信不被攻击者窃听；根据 OSI 模型 SOCKS 是位于应用层与传输层之间的中间层，应用程序代理工作在应用层之上，保障了客户端与外网服务器之间通信的安全传递。

针对 TCP/IP 协议模型，上述不同的安全技术承担不同层的安全职责。但这些技术只是零散的安全协议，作为 TCP/IP 协议模型的一个安全补充，并未构成完整的安全系统结构。

上述安全协议只适用于 TCP/IP 协议模型，对于网络安全测试环境系统中其他的协议模型（如物联网的特性协议）无法完全适用。网络安全测试环境系统的安全体系模型设计需要考虑该环境中包括物联网、云环境、信息系统等不同的协议模型，而目前还没有专门针对物联网和云环境的通用安全模型，所以适用于网络安全测试环境系统的安全体系模型还有待研究。

2.3.1.2 OSI 安全体系结构

国际标准化组织（International Organization for Standardization，ISO）在对开放系统互联环境的安全性进行了深入研究后，提出了 OSI 参考模型（Open System Interconnection Reference Model），即《信息处理系统-开放系统互联-基本参考模型　第二部分：安全体系结构》（ISO 7498-2：1989），该标准被我国等同采用，即 GB/T 9387.2—95《信息处理系统开放系统互连基本参考模型　第 2 部分：安全体系结构》，该标准是基于 OSI 参考模型针对通信网络提出的安全体系架构模型（图 2-4）。

该模型提出了安全服务、安全机制、安全管理和安全层次的概念。需要实现鉴别服务、访问控制、数据保密性、数据完整性和抗抵赖 5 类安全服务，用来支持安全服务的加密、数字签名、访问控制、数据完整性、数据交换、业务流填充、路由控制和公证 8 种安全机制，实施的安全管理分为系统安全管理、安全服务管理和安全机制管理。实现安全服务和安全机制的层面包括物理层、链路层、网络层、传输层、会话层、表示层和应用层。

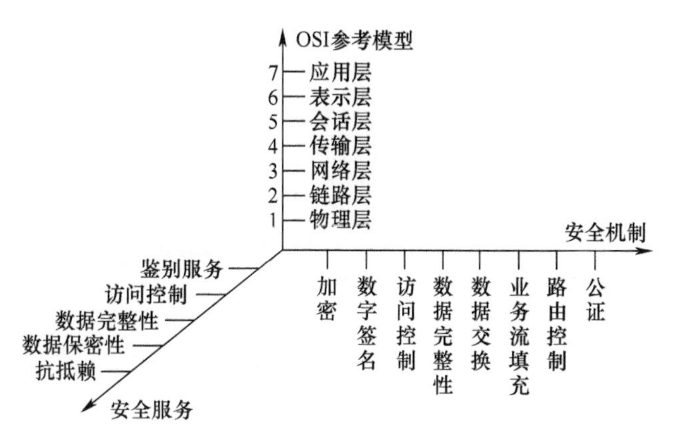

图 2-4　OSI 安全体系结构

上述模型针对的是基于 OSI 参考模型的网络通信系统，它所定义的安全服务也只是解决网络通信安全性的技术措施，其他信息安全相关领域包括系统安全、物理安全、人员安全等方面都没有涉及。此外，ISO 7498-2:1989 体系关注的是静态防护技术，并没有考虑信息安全动态性和生命周期性的发展特点，缺乏检测、响应和恢复这些重要的环节，因而无法满足更复杂、更全面的信息保障要求。

对于网络安全测试环境系统涉及管控网和业务网的不同安全需求，包括网络安全、系统安全、信息安全、业务安全、人员安全、运行安全等多方面，大规模攻防演练需求的增长导致系统的复杂程度不断提高。另外，网络安全测试环境系统面临不断变化的安全问题，系统本身不断发现新的安全漏洞和攻击方式使静态模型防不胜防。所以，网络安全测试环境系统在规模和复杂程度上扩展了 OSI 网络通信系统，安全模型一定要具备适应实际的网络安全测试环境动态变化的能力。

2.3.1.3　国防部目标安全体系结构

美国国防部（Department of Defense，DoD）信息管理技术体系结构框架（Technical Architecture Framework for Information Management，TAFIM）中提出国防部目标安全体系结构（DoD Goal Security Architecture，DGSA）。DGSA 旨在处理所有 DoD 组织的需要，设计的是信息系统可以提供的共同的安全服务和机制集合，并且把这些安全服务和机制分配到信息系统结构各个通用的部件中。

图 2-5 描述了 DGSA 通用安全体系结构视图，图中：LSE 代表本地用户环境；ES 代表端系统；RS 代表中继系统；LCS 代表本地通信系统；CN 代表通信网络。从信息处理单元、传送系统、环境以及安全管理 4 个方面全局考虑信息系统的安全问题。信息系统全局安全体系结构设计就是要根据整个系统的安全需求确定的安全政策，在系统的各个组成成分（ES、RS、LCS、CN、传送系统）上配置相应强度的安全机制和提供所需的安全服务，使信息在系统中安全无缝地流动。

由于 DGSA 的目标在于详细说明安全原则和安全因素，但并不对任何具体的

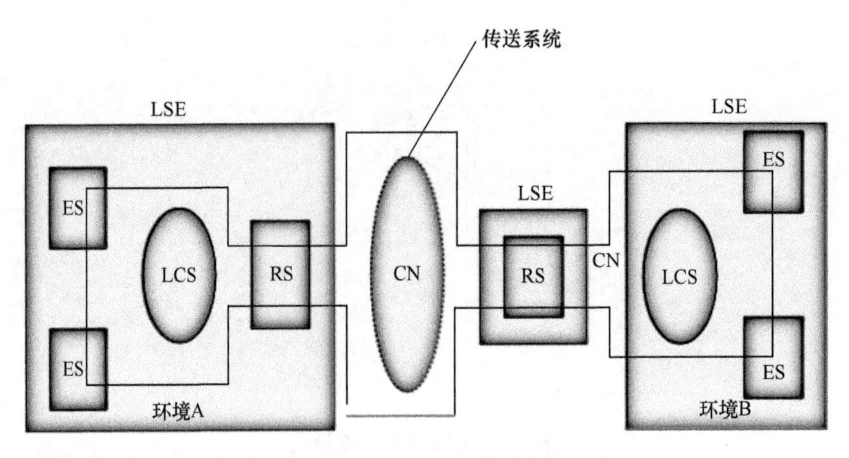

图 2-5　DGSA 通用安全体系结构视图

信息系统或构件的安全设计和实现提供规范。DGSA 立足于对信息系统的完整描述,并基于此,完整描述对安全服务的需求,但该模型并没有描述实现安全服务的具体策略。

由此可见,DGSA 并不适用于网络安全测试环境系统。由于网络安全测试环境系统不仅包括信息系统,还包括网络、终端、被测试武器等不同系统,对于安全服务需求以及安全服务的具体策略信息都需要有描述,用于指导网络安全测试环境系统安全体系架构的设计和关键技术的实现。

2.3.1.4　*通用数据安全体系结构*

通用数据安全体系结构(Common Data Security Architecture,CDSA)是 Intel 公司开发的安全应用开放平台,目前已被 Open Group 接纳为安全体系结构平台标准,如图 2-6 所示。与 DGSA 不同,CDSA 则更侧重于实现安全服务的策略与方法。

CDSA 是一系列分层安全业务,该体系结构中的内核部分是通用安全服务管理(General Security Service Management,CSSM)架构,它管理各种不同的协议,并管理其他各种协议、算法、服务等作为模块,为安全应用开发定义标准的应用程序接口。CDSA 从应用层到 CSSM、到安全服务模块、到 CBIOS、到密码专用硬件,需要进行层层检查,所有这些检查都以 CSSM 作为核心。

CDSA 目标是将信息安全产品的安全架构统一到 CDSA 架构中,并在 CSA 基础上推行包括电子商务、数据内容分发的保护、数据内容和服务数量上的计量,以及商业、个人隐私的保护等。CDSA 不仅可以满足安全的五大服务需求,而且还考虑了三个层次攻击行为的防护。

CDSA 的目标很明确,就是防止通过平台上运行的软件发起攻击。网络安全测试环境系统面临的威胁源包括外部攻击者、内部人员和系统问题等,超出了 CDSA 的安全目标。另外,CDSA 是建立在固定网络上的软件开发体系,而网络安

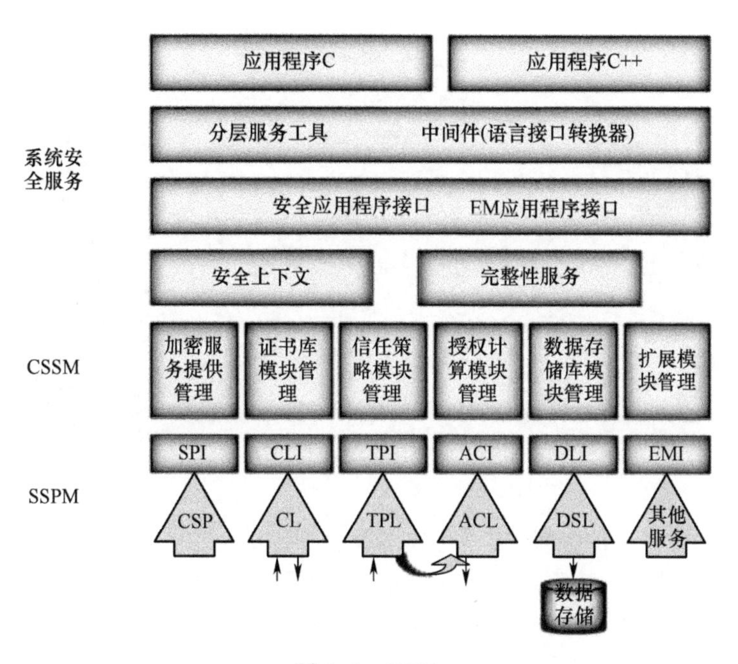

图 2-6　CDSA

全测试环境系统的网络环境会根据网络攻防演练要求按需动态部署,所以 CDSA 并不适用于网络安全测试环境系统动态网络对安全性的要求。

2.3.1.5　信息保障技术框架

信息保障技术框架(Information Assurance Technical Framework,IATF)是由美国政府和工业界中的多个组织联合组成的信息技术保障框架论坛提出的,目的是保护美国政府和工业界的信息与信息基础设施提供的技术指南。

IATF(图 2-7)首次提出了信息保障需要通过人(People)、技术(Technology)、操作(Operation)来共同实现组织职能和业务运作的思想。针对信息系统的构成特点,从外到内定义了网络基础设施、网络边界、计算环境和支撑基础设施 4 个主要的技术关注层次,完整的信息保障体系在技术层面上应实现保护网络和基础设施、保护网络边界、保护计算机环境和保护支持性基础设施。在每个技术关注层次内,IATF 都描述了其特有的安全需求和相应的可控选择的技术措施。IATF 提出这四个焦点域的目的是让人们理解网络安全的不同方面,以全面分析信息系统的安全需求,考虑恰当的安全防御机制。

IATF 是一系列保障信息和信息设施安全的指南,为建设信息保障系统及其软硬件组件定义了一个过程,依据纵深防御策略,提供一个多层次的、纵深的安全措施来保障用户信息及信息系统的安全。IATF 最大的缺陷在于缺乏流程化的管理要求和对业务相关性在信息安全管理体系中的体现,在体系中更注重技术消减策

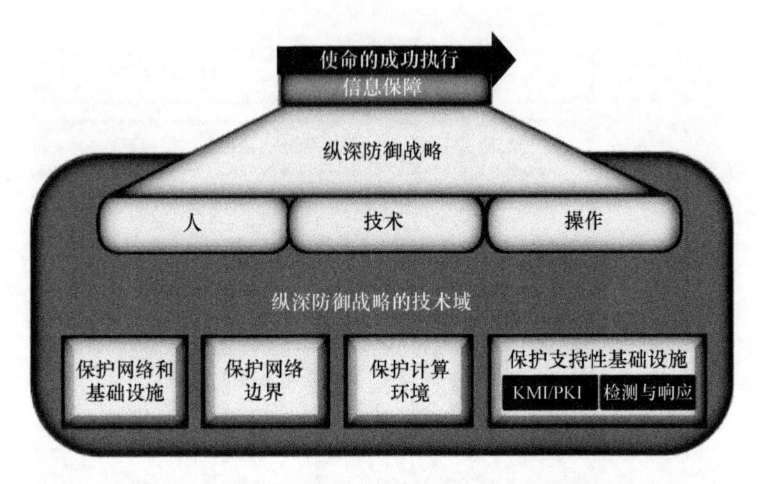

图 2-7 IATF

略,将管理局限于人的因素,难以有效体现业务与安全的平衡概念。

网络安全测试环境系统的信息安全并不是纯粹的技术问题,而是一项复杂的系统工程,表现为具体实施的一系列过程,所以该信息安全防护系统的构建同 IATF 一样,必须将技术、管理、策略、工程和运维等各个方面的要素紧密结合,安全保障体系才能真正完善和发挥作用。另外,需要改进 IATF,满足网络安全测试环境系统安全运维的流程化管理和网络安全测试环境系统管控网和业务网中关键业务安全防护的要求。

2.3.1.6 安全体系模型的比较

由上面的介绍可见,Internet 安全体系结构其基本目的就是不同安全机制引入 TCP/IP 协议栈,通过安全补丁的形式加入,并未构成完整的安全系统结构。ISO 7498-2:1989 的核心内容给出五大类安全服务及提供该服务的 8 类安全机制及其相应的 OSI 安全管理。DGSA 的目标在于详细说明安全原则和安全因素,以指导信息系统安全结构设计师设计出特定的与 DGSA 一致的安全体系结构,但并不对任何具体的信息系统或构件的安全设计和实现提供规范。CDSA 的目标则很明确,就是防止通过平台上运行的软件发起攻击。IATF 是一项比较综合的研究。安全体系模型比较如表 2-1 所列。

表 2-1 安全体系模型比较

安全体系模型	特点	优点	缺点	网络安全测试环境系统适用性
Internet 安全体系结构	针对 TCP/IP 协议模型,不同安全技术承担不同层的安全职责	TCP/IP 协议模型的一个安全补充	并未构成完整的安全系统结构,不能解决整个信息系统的安全性问题	网络安全测试环境系统中其他的协议模型(如物联网的特性协议)无法完全适用

续表

安全体系模型	特点	优点	缺点	网络安全测试环境系统适用性
OSI 安全体系结构	将五大类安全服务、8 类安全机制及其相应的 OSI 安全管理放置 OSI 模型的 7 层协议中，以实现端系统信息安全传送的通信通路	提供开放系统环境下安全体系结构的一个概念性框架，关注的是开放系统之间的安全通信问题	关注静态的防护技术，未考虑终端系统、设备或组织内所附加的安全特征，也没有覆盖传输网络本身的安全需求	无法满足网络安全测试环境系统所涉及的管控网和业务网的不同安全需求，以及缺少动态适应能力
DGSA	旨在处理所有 DoD 组织的需要	设计信息系统可以提供的共同的安全服务和机制集合，详细说明安全原则和安全因素	不对任何具体的信息系统或构件的安全设计和实现提供规范	非信息系统无法适应，缺少安全服务需求以及安全服务的具体策略
CDSA	侧重于实现安全服务的策略与方法，建立整个 CDSA 安全体系	将信息安全产品的安全架构统一到 CDSA 架构中	安全目标单一，防止通过平台上运行的软件发起的攻击	面临威胁源包括外部攻击者、内部人员和系统问题等超出 CDSA 的安全目标
IATF	首次提出信息保障需要通过人、技术、操作来共同实现组织职能和业务运作的思想	对技术/信息基础设施的管理有很好的指导作用	在如何发挥众多信息保障技术的协作防护方面缺乏指导方针，缺乏流程化的管理要求	需满足网络安全测试环境系统安全运维的流程化管理和关键业务安全防护要求

2.3.2 动态安全防护模型

2.3.2.1 PDR

随着信息安全技术的发展，提出安全防护思想，具有代表性的是美国国际互联网安全系统（Internet Security Systems，ISS）公司最早提出的 PDR 安全模型，该模型（图 2-8）认为安全应从防护（Protection）、检测（Detection）、响应（Reaction）三个方面考虑形成安全防护体系。

按照 PDR 模型的思想，一个完整的安全防护体系不仅需要防护机制（如防火墙、加密等），而且需要检测机制（如入侵检测、漏洞扫描等），在发现问题时还需要及时做出响应。这些信息安全相关的所有活动，无论是攻击行为、防护行为、检测行为还是响应行为，都要消耗时间。假设被攻破保护的时间为 P_t，检测到攻击的时间为 D_t，响应并反攻击的时间为 R_t，系统被暴露的时间为 E_t，则系统安全状态的

图 2-8　PDR 安全模型

时间表示为 $E_t=D_t+R_t-P_t$。当 $E_t>0$ 时，说明系统已受到危害，处于不安全状态；当 $E_t<0$ 时，说明系统处于安全状态；当 $E_t=0$ 时，说明系统安全处于临界状态。由此可见，PDR 模型可以用时间尺度来衡量一个体系的能力和安全性，充分体现了安全的动态性思想。

2.3.2.2　P2DR

P2DR 模型是美国 ISS 公司提出的动态安全模型的雏形。在 PDR 的基础上引入策略(Policy)，策略是 P2DR 安全模型(图 2-9)的核心，所有防护、检测和响应都是依据安全策略实施。

图 2-9　P2DR 安全模型

P2DR 模型提出了全新的安全概念，即安全不能依靠单纯的静态防护，也不能依靠单纯的技术手段来实现。该模型是在整体安全策略的控制和指导下，在综合运用防护工具(如防火墙、操作系统身份认证、加密等)的同时，利用检测工具(如漏洞评估、入侵检测等)了解和评估系统的安全状态，通过适当的反应将系统调整到“最安全”和“风险最低”的状态。安全策略、防护、检测和响应组成了一个完整的、动态的安全循环，在安全策略的指导下保证信息系统的安全。

2.3.2.3　PDRR

美国国防部(DoD)提出 PDRR 模型，该模型(图 2-10)与 PDR 非常相似，唯一的区别就在于把恢复(Restoration)环节提到了和防护、检测、响应等环节同等的高度,从而改进了传统的只注重防护的单一安全防御思想。

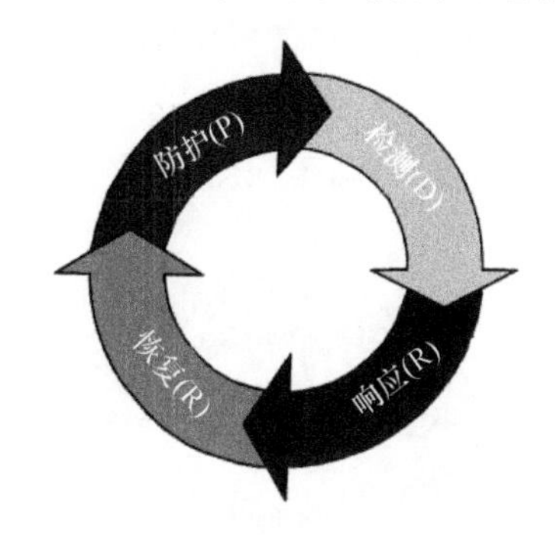

图 2-10　PDRR 模型

PDRR 模型 4 个部分构成一个动态的信息安全周期。PDRR 模型把信息的安全保护作为基础,将保护视为活动过程,要用检测手段来发现安全漏洞,及时更正;同时采用应急响应措施对付各种入侵;在系统被入侵后,要采取相应的措施将系统恢复到正常状态,这样使信息的安全得到全方位的保障。该模型强调的是自动故障恢复能力。

2.3.2.4　PPDRR

美国 ISS 公司在 20 世纪 90 年代提出的一种动态和自适应的网络安全模型 PPDRR(图 2-11),安全策略、防护、检测、响应和恢复共同构成了完整的安全体系。该模型在 PDRR 模型中引入策略。

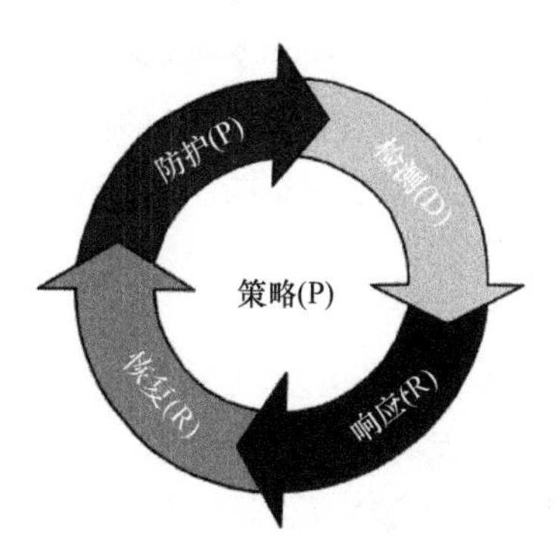

图 2-11　PPDRR 模型

PPDRR 模型在 PDRR 模型基础上改进,引入了安全策略引导整个安全过程。防护、检测、响应和恢复在安全策略的指导下构成一个完整的、动态的安全循环,使得整个安全模型更具备目标性和一致性。与 P2DR 模型的不同在于,模型中加入恢复环节,所以整个模型的优势在于它不仅能检测到网络攻击并阻止攻击,而且在攻击防御无效的情况下,可利用恢复操作来快速恢复网络。

2.3.2.5 APPDRR

对 PDR 模型进行修正和补充,研究者提出图 2-12 所示的动态防御 APPDRR 模型,在 PPDRR 的基础上引入风险评估(Assessment)。APPDRR 模型认为网络安全由风险评估、安全策略、系统防护、动态检测、实时响应和灾难恢复 6 部分完成。

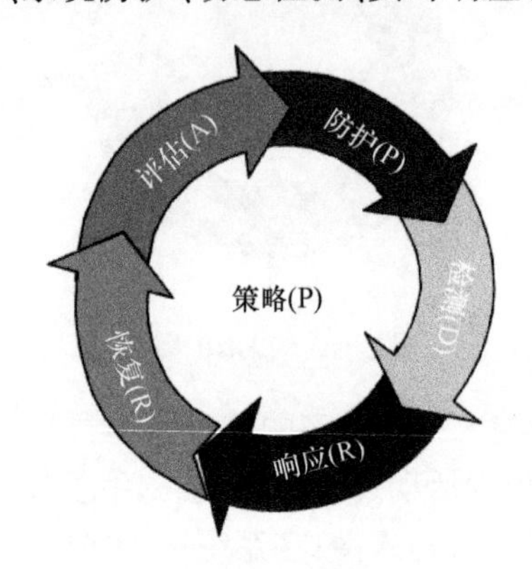

图 2-12 APPDRR 模型

根据 APPDRR 模型,网络安全的第一个重要环节是风险评估,通过风险评估,掌握网络安全面临的风险信息,进而采取必要的处置措施,使信息组织的网络安全水平呈现动态螺旋上升的趋势。网络安全策略是 APPDRR 模型的第二个重要环节,起着承上启下的作用:一方面,安全策略应当随着风险评估的结果和安全需求的变化做相应的更新;另一方面,安全策略在整个网络安全工作中处于原则性的指导地位,其后的检测、响应诸环节都应在安全策略的基础上展开。系统防护是安全模型中的第三个环节,体现了网络安全的静态防护措施。接下来是动态检测、实时响应、灾难恢复三个环节,体现了安全动态防护和安全入侵、安全威胁"短兵相接"的对抗性特征。

2.3.2.6 WPDRRC

我国 863 计划信息安全专家组提出的 WPDRRC 信息安全模型(图 2-13),是适合中国国情的信息系统安全保障体系建设模型。

在 PDR 模型的前后增加了预警和反击功能,它吸取了 IATF 需要通过人、技术和操作来共同实现组织职能和业务运作的思想。WPDRRC 模型有 6 个环节和 3 个要素。6 个环节包括预警(W)、保护(P)、检测(D)、响应(R)、恢复(R)和反击(C),它们具有较强的时序性和动态性,能够较好地反映信息系统安全保障体系的预警能力、保护能力、检测能力、响应能力、恢复能力和反击能力。3 个要素包括人员、策略和技术,人员是核心,策略是桥梁,技术是保证,落实在 WPDRRC 六个环节的各个方面,将安全策略变为安全现实。

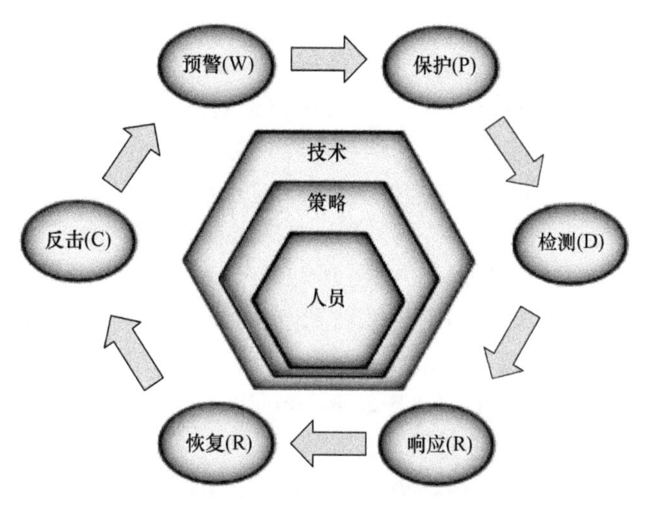

图 2-13　WPDRRC 安全模型

2.3.2.7　P2OTPDR2

P2OTPDR2 模型实际上是一个将 IATF 核心思想与 PDRR 基本形态结合在一起的安全体系模型，符合对信息安全体系设计的基本要求。P2OTPDR2，即 Policy（策略）、People（人员）、Operation（操作）、Technology（技术）、Protection（保护）、Detection（检测）、Response（响应）和 Recovery（恢复）的首字母组合。P2OTPDR2 模型各层次间的关系如图 2-14 所示：在策略核心的指导下，3 个要素（人员、技术、操作）紧密结合协同作用，最终实现信息安全的 4 项功能（防护、检测、响应、恢复），构成完整的信息安全体系。

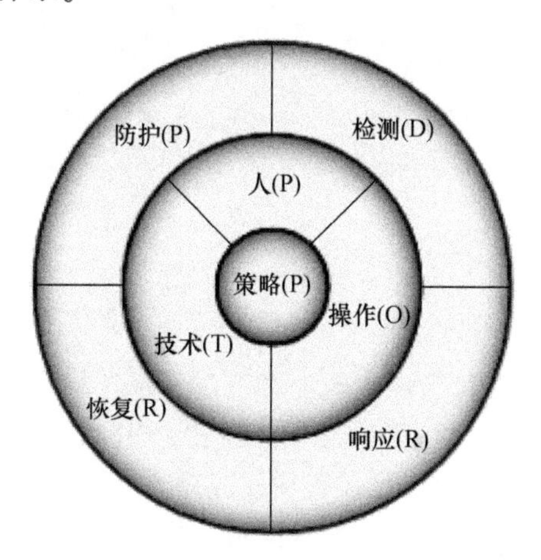

图 2-14　P2OTPDR2 模型

P2OTPDR2 模型的核心思想在于：通过人员组织、安全技术以及运行操作 3 个支撑体系的综合作用,构成一个完整的信息安全管理体系。虽然只是简单的演绎归纳,但新的安全体系模型能够较好地体现信息安全的各个特点,因而具有更强的目标指导作用。从全面性来看,P2OTPDR2 模型对安全本质和功能的阐述是完整的、全面的;模型的层次关系也很清晰;外围的 PDRR 模型的 4 个环节本身就是对动态性很好的诠释;无论是人员管理、技术管理还是操作管理,都体现了信息安全可管理性的特点。

2.3.2.8 Gartner 自适应网络安全架构

传统安全体系框架在面对新的威胁和攻击时已显得落伍,为应对"云大物移智"时代所面临的安全形势,Gartner 于 2014 年提出面向下一代的安全体系框架——自适应安全框架(Adaptive Security Architecture,ASA)。图 2-15 中 ASA 从预测、防御、检测、响应四个维度,强调安全防护是一个持续处理的、循环的过程,细粒度、多角度、持续化地对安全威胁进行实时动态分析,自动适应不断变化的网络和威胁环境,并不断优化自身的安全防御机制。

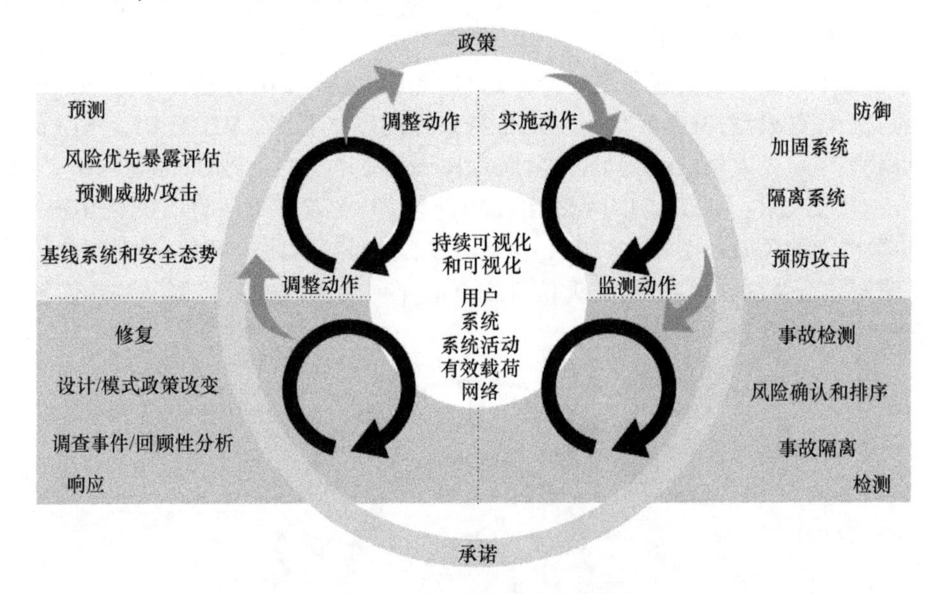

图 2-15 Gartner 自适应安全框架

ASA 与 PDR 模型相似,但是本质上却有明显的不同。

(1) 增加了安全威胁"预测"的环节。相比 PDR 模型,自适应安全框架(ASA)增加了预测这一重要环节,其目的在于通过主动学习并识别未知的异常事件来嗅探潜在的、未暴露的安全威胁,更深入地诠释了"主动防御"的思想理念,这也是网络安全 2.0 时代新防御体系的核心内容之一。

(2) 从事件响应升级到安全防御响应。在 PDR 模型中,"检测"和"响应"是以事件处理为线索的两个独立阶段,而在自适应安全框架中虽然也有这两个环节,但却从原来的基于事件的响应升级到了安全防御规则的响应。在自适应安全框架中,对事件的处置环节已经合并到了“检测”环节,而“响应”环节则偏重对事件进行调查取证,并根据取证分析来设计处理类似事件的方法以及措施,通过实施新安全措施以避免未来事件的发生。

(3) 持续地进行基于异常的深度检测。DR 模型也具有“检测”环节,其检测更多强调基于已知、规则的“异常”检测,自适应安全框架中的“检测”则在此基础之上更多地融入了新兴的机器学习的思想,让系统基于大量的数据进行无监督的特征行为学习,从而对绕过防御机制而潜入网络或系统内部未知的“异常”行为进行深度检测。

(4) 强调协调一致的动态安全防御体系。自适应安全框架中对安全事件的处理,不仅是从制定安全规则到发现安全事件,最后完成安全事件的响应,还需要将响应结果反馈给预测环节,从而不断修改和完善基线系统,最终实现提升系统主动评估风险并预测新型攻击能力的目标。

PDR 模型“应急响应”式的安全防护框架,已经不再适用于充斥着高级持续性攻击的环境,而自适应安全框架则强调动态的监测、分析、反馈、预测,形成一个可持续自我完善的闭环体系,让安全防御体系自动进行安全防护能力提升,并逐渐适应各种不同环境,以实现安全防御“自适应”。

2.3.2.9 动态安全防护模型比较

对上述的动态安全防护模型调研分析可以看出,这些动态安全防护模型都考虑了信息安全动态性和生命周期性的发展特点,加入预警、保护、检测、响应、恢复和反击等重要环节(表 2-2),从而满足更复杂、更全面的信息保障要求。

表 2-2 动态安全防护模型比较

防护模型	评估/预警	保护	检测	响应	恢复	反击	管理
PDR	无	有	有	有	无	无	无
P2DR	无	有	有	有	无	无	无
PDRR	无	有	有	有	有	无	无
PPDRR	无	有	有	有	有	无	有
WPDRRC	有	有	有	有	有	有	有
APPDRR	有	有	有	有	有	无	有
P2OTPDR2	无	有	有	有	有	无	有
ASA	有	有	有	有	无	无	无

通过分析动态安全防护模型优缺点,网络安全测试环境系统适用性分析如下。

(1) 闭环控制。上述模型中预警、保护、检测、响应、恢复、反击和管理等不同环节构成整个安全过程,持续循环处理打造安全闭环。安全闭环对于网络安全测试环境系统的安全防护设计有一定的必要性,一旦检测受到威胁攻击,即系统的安全状态发生变化,通过响应、恢复和反击等环节的适当反应将网络安全测试环境系统调整到“最安全”和“风险最低”的状态。所以,网络安全测试环境系统的安全模型需要给出一个完整的安全闭环控制设计的指导思想。

(2) 策略为核心。上述 P2DR、PPDRR、APPDRR、WPDRRC、P2OTPDR2 和 ASA 模型中,最核心部分是安全策略。安全策略在整个安全体系的设计、实施、维护和改进过程中都起着重要的指导作用,是一切信息安全实践活动的方针和指南。网络安全测试环境系统涉及大规模网络仿真、网络流量/服务与用户行为模拟、测试数据采集与评估、系统安全与管理等多项复杂的理论和技术,是一个复杂的综合系统,有必要基于安全模型的统一指导思想构建多层次动态的安全防护体系。

(3) 动态性。上述模型都从基础的 PDR 模型上进行补充和完善,都考虑了防护、检测和响应三个要素,建立在基于时间的安全理论基础之上。通过时间尺度来衡量不同模型的能力和安全性,充分体现了安全的动态性思想。网络安全测试环境系统面临不断变化的安全问题,系统本身不断发现新的安全漏洞和攻击方式使静态模型防不胜防,所以动态性思想是网络安全测试环境系统的安全模型设计所必须考虑的。

(4) 自适应性。完美的防御是不可能的,高级定向攻击总能轻而易举地绕过传统防火墙和基于黑白名单的预防机制。面对不可避免的侵害行为时,当前企业的防护体系只有有限的能力检测和反应,随之而来的是“停摆”时间变长,损失变大。网络安全测试环境系统是针对网络攻防演练和网络新技术评测的重要基础设施,比一般企业系统的安全性要求更高。所以,网络安全测试环境系统安全模型的设计目标是构建一个更具适应性的智能安全防护体系,并且提供持续完善保护功能的能力。

上述动态安全模型中策略具有很强的目标指导作用,引入了安全策略引导整个安全过程,使得整个安全模型更具备目标性和一致性。但是总体来说,还是局限于从技术上考虑信息安全问题。随着信息化的发展,人们越来越意识到信息安全涉及面非常广,除了技术,还应考虑人员、管理、制度和法律等方面的要素。WPDRRC 和 P2OTPDR2 中融入了人员、技术和管理的要素,目前还只是理想的模型,是否符合组织自己的实际情况,还需要通过完整的信息安全体系建设过程来充实、完善和检验。

网络安全测试环境系统的安全防护体系是动态变化的,必须不断调整安全策略和预警模型才能适应安全需求的变化,显然这些调整需要依赖于人工的参与和交互,这也导致该模型实施部署更加复杂,效率值得商榷。在网络安全测试环境系统的安全需求提取过程中所设计的安全模型必将对最终的安全体系架构有较为明确的认识,在之后的活动和过程中可以依据安全模型的指导思想来进行,从而有效减少各类安全技术的冗余,降低安全风险,便于建立统一的安全防护体系。在分析上述不同安全模型的优缺点后,需要提出一种新的安全体系模型来满足网络安全测试环境系统安全防护体系的特有需求。

综上所述,网络安全测试环境系统安全体系应该是融合了技术和管理在内的一个可以全面解决安全问题的体系结构,应该具有上述自适应性、动态性、以策略为核心和闭环控制等特点。

2.3.3 企业级安全框架

企业信息安全体系结构(Enterprise Information Security Architecture,EISA)是企业体系结构的一部分,它关注整个企业的信息安全。EISA 是应用一种全面而严格的方法来描述组织的安全过程、信息安全系统、人员和组织子单元当前与未来的结构和行为,从而使它们与组织的核心目标和战略方向一致。尽管它通常与信息安全技术密切相关,但它与业务优化的安全实践更广泛地联系在一起,它涉及业务安全体系结构、性能管理和安全性。

2.3.3.1 EISA 计划

Gartner 公司第一次在“Incorporating Security into the Enterprise Architecture Process”中定义了 EISA,并提出了建议的框架和体系结构。Gartner 的方法受到了企业架构框架的启发,Gartner 定义了 EISA 框架的三个抽象层次(概念、逻辑和实施)和三个视图点(业务、信息和技术)。此外,Gartner 考虑了 EISA 与 EA 程序的兼容性,并坚持两者之间的协作。然而,它并没有提供一种具体的方法来实现 EISA,只给出了 EISA 的结构和框架的一般描述。如图 2-16 所示。

该模型提供了安全体系结构实践的一些重要原则。

(1) 安全体系结构框架应该通过多个迭代(抽象级别)实现计划和设计。

(2) 安全体系结构工件包括各种抽象层次的模型、原则和文档化需求。

(3) 体系结构应该至少可应对信息安全环境的技术、业务和信息前景。

(4) 所有安全计划的起点应该是业务环境,在公共需求远景、战略安全原则和公共远景模型中形式化。

(5) 任何安全实现的解决方案体系结构都是实现该实现所需的业务、信息和技术构件的组合。

2.3.3.2 SABSA 层次架构和方法

SABSA 在整体 EISA 领域做出了杰出的尝试,它是一个 6 层的体系结构,由上下文、概念、逻辑、物理、组件和安全服务管理的垂直层组成。如图 2-17 所示。SABSA 的开发人员声称 SABSA 的一个特性是它使用了最佳实践,并且遵守了企业信息安全标准(ITIL v.3 和 TOGAF)。这个框架已经在 *Enterprise Security Archi-*

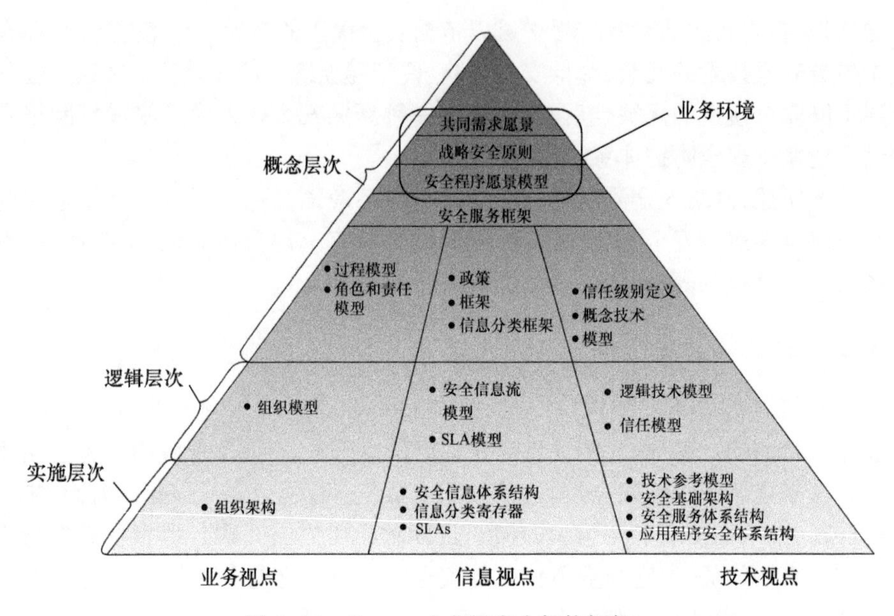

图 2-16 Garnter 企业级安全架构框架

tecture: *A Business-Driven Approach* 一文中从 6 个方面进行了充分的阐述。与比较抽象和理论化的 Gartner 框架相比,SABSA 更实用,并带有一种方法论。此外,SABSA 的开发及风险管理过程和生命周期都是有记录的。

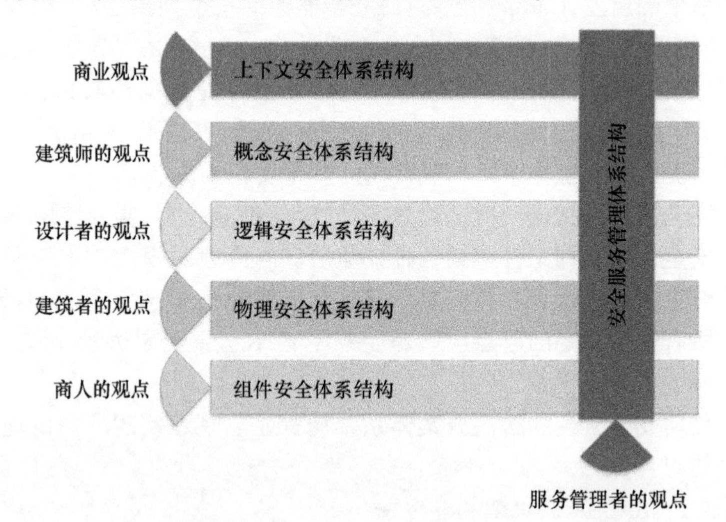

图 2-17 SABSA 安全架构模型

SABSA 有自己的特殊方法来进行需求工程。开发人员声称这种方法可以在业务策略和设计技术解决方案之间建立适当的关系。

SABSA 方法的核心是它的“业务属性概要”,此概要文件是业务需求的分类和所需的指导方针。SABSA 是将时间维度的需求考虑在内的少数几种方法之一,它以一种特殊的方式提供了其框架和方法,以便能够通过连续的过程来保证企业信息的安全性。

2.3.3.3 RISE 方法

RISE 基于威胁和风险管理的方法被引入“跨企业”信息安全管理中,这种方法的开发人员通过将安全和隐私特性融入业务流程,试图增强企业安全架构。如图 2-18 所示。

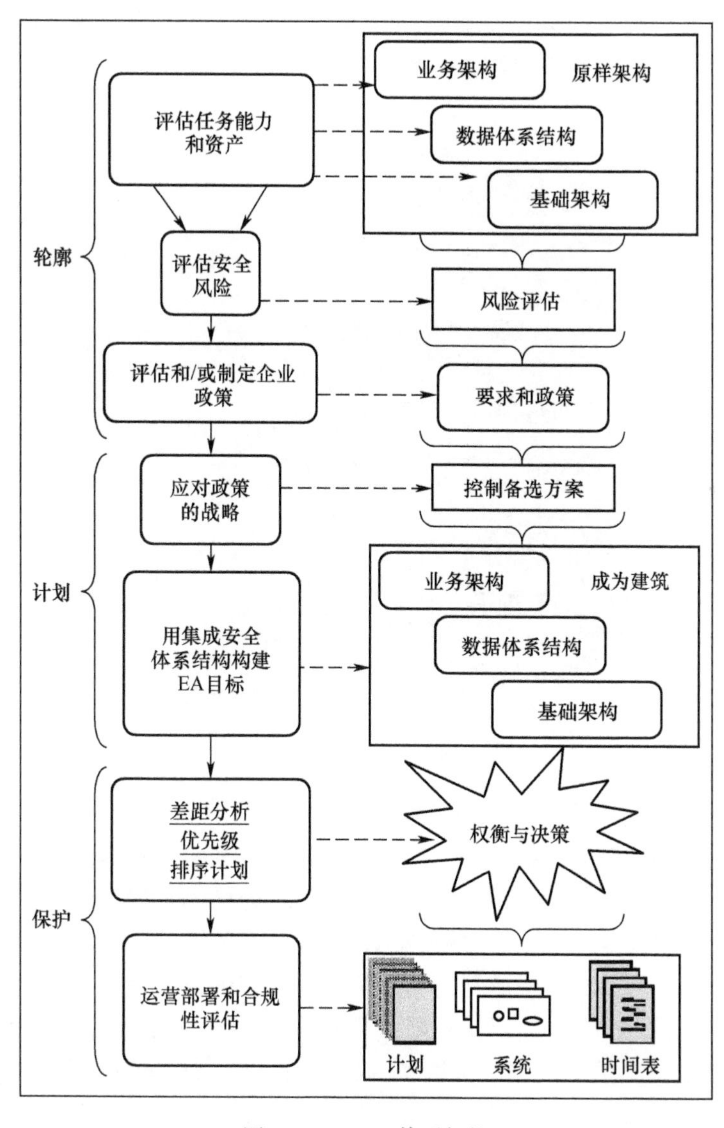

图 2-18 RISE 体系架构

RISE 强调应该实现的过程和生命周期,并使用 FIPS 199 等标准来编译框架。尽管从过程的角度来看,这种方法是非常全面的,但缺点是它不是基于一个特定的框架,操作起来的随意性较大。

2.3.3.4 AGM-Based SOAE 安全管理模型

AGM-Based SOAE 安全管理模型面向服务的企业体系结构(面向服务的企业架构)环境中提出安全需求管理的治理模型,应用 ISO/IEC 17799 和敏捷管理模型等重要的信息安全标准来生成,如图 2-19 所示。

使用 AGM 在面向服务的体系结构中安全组件的角色定义和需求管理方面提供了更清晰的定义。该模型由战略、战术、操作和实时 4 个组织决策层次构成,并包括两个观点:“设计、规划和支持”与“开发和执行”。

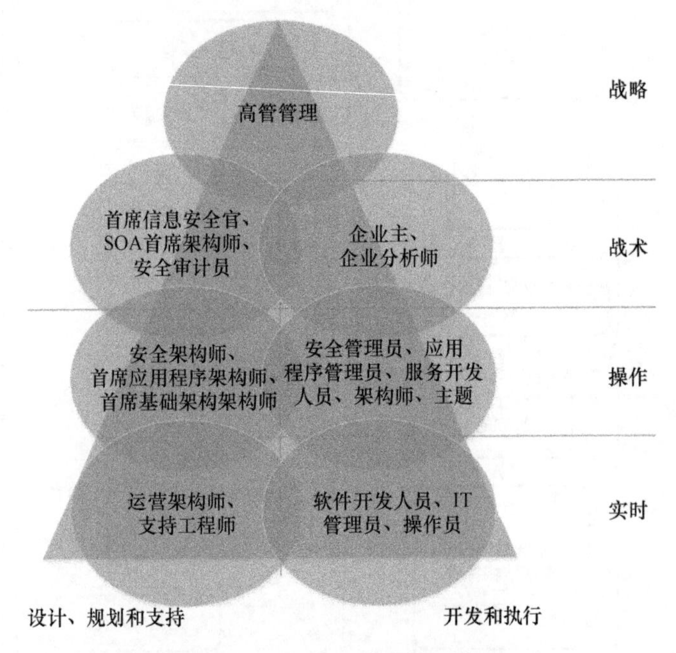

图 2-19 SOAE 安全管理模型

2.3.3.5 基于情报服务的 EISA

基于情报的面向服务的 EISA 是 EISA 活动系统和自动化管理的一个模型,如图 2-20 所示。在这个模型中,信息安全服务的选择和风险管理的实现都基于 ISO27002。该模型有安全数据库层、安全应用层、安全服务总线、集成和情报层以及信息安全门户层 5 层。集成和情报层是这个模型中最重要的一层,它是集成数据、流程和应用程序的地方,以便它们能够满足业务流程的快速变化。这一层是应用程序和进程间通信的地方,而 BPM、业务智能、规则引擎和 PDCA(Plan-Do-Check-Action)循环适配器的 4 种模型是为了促进这些通信而设计的。

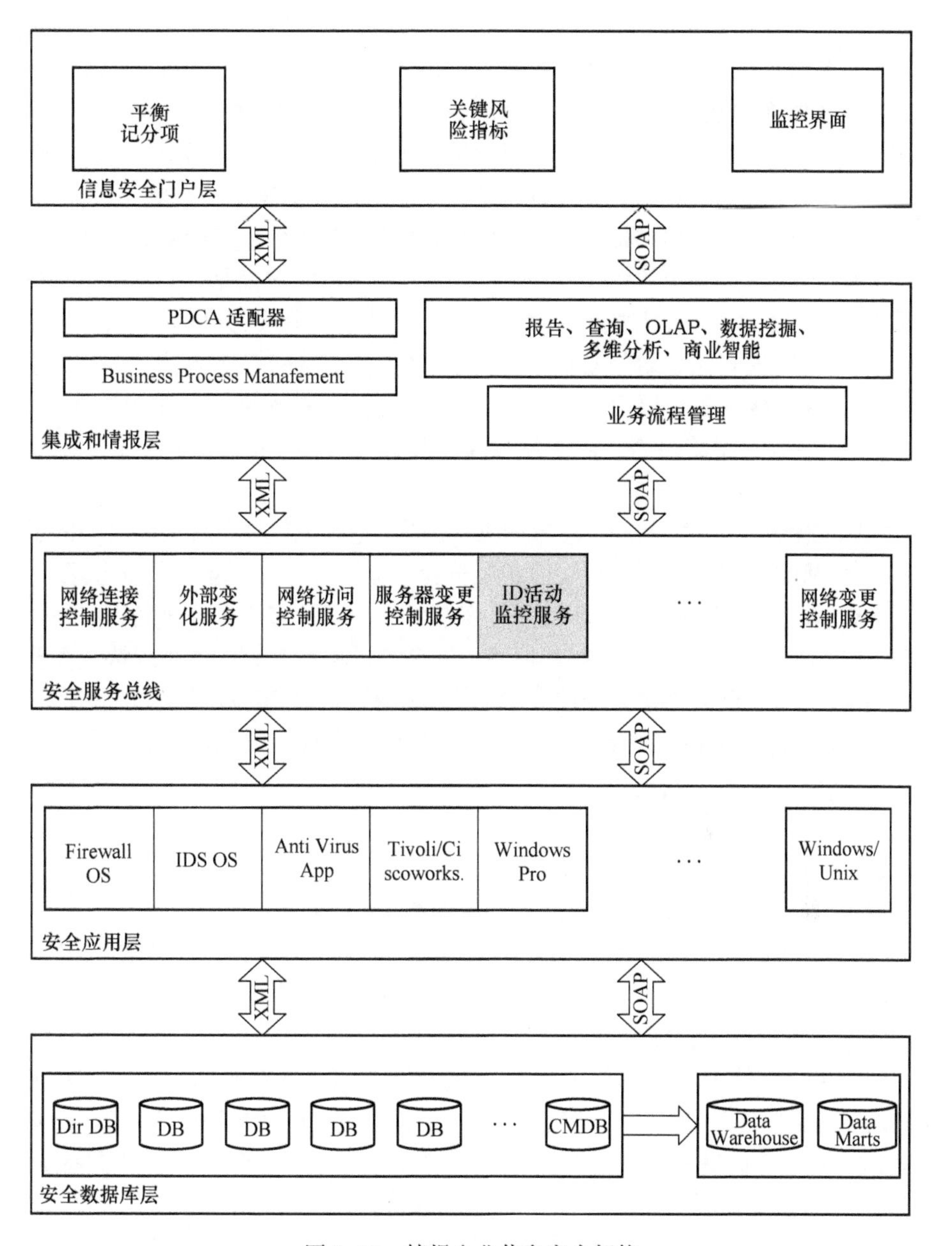

图 2-20 情报企业信息安全架构

2.3.3.6 企业级安全框架的比较

随着企业信息化建设的推进,对于安全保障的要求越来越高,对网络与信息安全的需求也越来越大。按照国家信息安全保护制度要求,结合企业信息系统实际需求,上述不同 EISA 共同特点总结如下。

（1）结合信息安全管理与安全技术。信息安全的防护中心一直定位于网络边界及核心数据区，通过部署各种各样的安全设备实现安全保障。但是，随着信息系统边界安全体系的基本完善，信息安全事件仍然层出不穷。内部人员安全管理不足、上网使用不当等行为带来的安全风险更为严重，管理人员也逐步认识到加强内部安全管理、采取相关的安全管理技术手段控制信息安全风险的重要性。

（2）建立分层分域的纵深防御体系完善技术保障体系。信息系统安全是一项系统工程，涉及信息系统的多个层次和多个方面，同时，它也是动态变化的过程。应采用先进的安全理念，建立起有效的技术保障体系。分层、分域的理念与纵深防御理论结合，在安全区域划分的基础上，在广度上要求从网络架构、操作系统、应用系统、数据库系统等各个层面考虑信息系统安全建设；在深度上要求分层次、由外而内（从网络边界、内部网络，到核心服务器和计算机）地考虑安全技术体系建设规划。

网络安全测试环境系统的安全防护是一项比企业级信息系统更为复杂的系统工程，为了满足网络安全测试环境系统的安全防护需求，不仅是技术问题，更重要的是管理问题。网络安全测试环境系统安全模型的设计需要充分研究当前的安全技术、理论的发展现状与趋势，在掌握网络安全测试环境系统业务系统特点和管理需求的前提下，不仅需要建立分层分域的纵深防御体系完善技术保障体系，而且也需建立管理保障体系和支撑保障体系，才能有效地保障网络安全测试环境系统安全。

2.3.4 信息安全相关标准

2.3.4.1 TCSEC/ITSEC 和 CC

有关国际信息安全评估相关标准发展如图 2-21 所示。

1983 年，美国国防部率先推出了《可信计算机系统评估准则》（Trusted Computer System Evaluation Criteria，TCSEC），该标准事实上成了美国国家信息安全评估标准，对世界各国也产生了广泛影响。

1991 年，英国、法国、德国、荷兰四国国防部门信息安全机构率先联合制定了欧洲的安全评价标准——《信息技术安全评估准则》（Information Technology Security Evaluation Criteria，ITSEC），并在事实上成为欧盟各国使用的共同评估标准。

为了紧紧把握信息安全产品技术与市场的主导权，美国在欧洲四国出台 ITSEC 之后，立即倡议欧美“六国七方”（英国、法国、德国、荷兰、加拿大 5 国国防信息安全机构，加上美国国防部国家安全局和美国商务部国家标准与技术研究院）共同制定一个供欧美各国通用的信息安全评估标准。1993—1996 年，经过四五年的研究开发，制定了《信息技术安全通用评估准则》，简称 CC 标准。

为了适应经济全球化的形势要求，在 CC 标准制定后不久，欧美“六国七方”推动国际标准化组织(International Organization for Standardization,ISO)将 CC 标准纳入国际标准化体系。经过多年协商和切磋,国际标准化组织于 1999 年批准 CC 标准以“ISO/IEC 15408—1999”名称正式列入国际标准化系列。

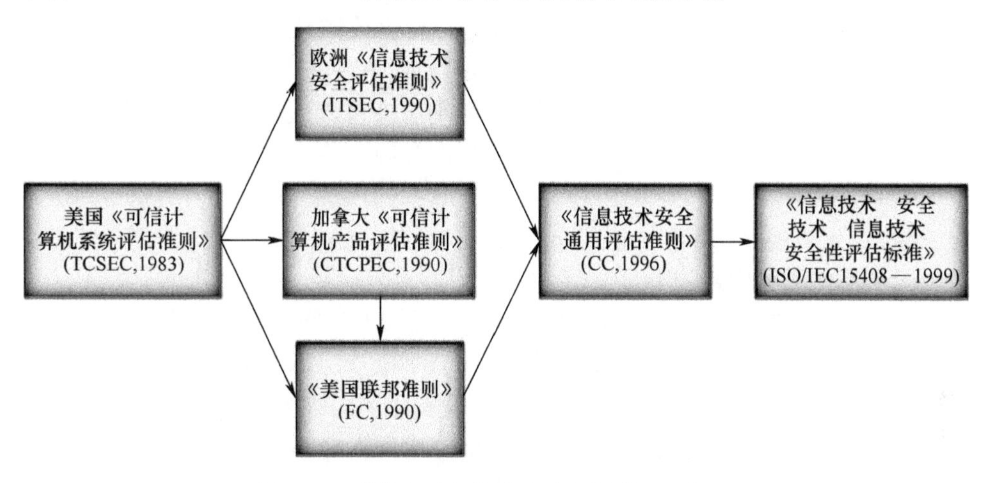

图 2-21 早期几个国际信息安全评估标准关系

TCSEC 主要规范了计算机操作系统和主机的安全要求,侧重于对保密性的要求。该标准至今对评估计算机安全仍具有现实意义。ITSEC 将信息安全由计算机扩展到更广的实用系统,增强了对完整性、可用性要求,发展了评估保证概念。CC 基于风险管理理论,对安全模型、安全概念和安全功能进行了全面系统描绘,强化了评估保证,更具代表性。

2.3.4.2 ISO 27001—2005/2013

信息安全管理实用规则 ISO/IEC 27001 的前身为英国的 BS 7799 标准,该标准由英国标准协会(British Standards Institution,BSI)于 1995 年 2 月提出,并于 1995 年 5 月修订而成。1999 年,BSI 重新修改了该标准。BS 7799 分为两个部分:BS 7799-1《信息安全管理实施规则》;BS 7799-2《信息安全管理体系规范》。第一部分对信息安全管理给出建议,供负责在其组织启动、实施或维护安全的人员使用;第二部分说明了建立、实施和文件化信息安全管理体系(Information Security Management System,ISMS)的要求,规定了根据独立组织的需要应实施安全控制的要求。在我国,2008 年将 ISO 27001:2005 转化为国家标准 GB/T 22080—2008。从本质上讲,ISO 27001 不是一个模型,而是安全标准,是一个安全认证体系。ISO 对标准的更新,一般是以 3 年为一个周期,但 ISO 27001 直到 2013 年才再次更新。

信息安全是通过实现一组合适控制获得的。控制可以是策略、惯例、规程、组织结构和软件功能。需要建立这些控制,以确保满足该组织的特定安全目标。采用 ISMS 应是一个组织的战略决定。因此,如果用一句话来总结信息安全领域对管理的重要性认识，那就是从抓好“信息安全管理”（如 BS 7799-1）到建立“信息安全管理体系”（如 ISO 27001）是人们在安全认识论上一个质的飞越。

2.3.4.3　NIST SP800-53

NIST SP800-53 提供了层次化、结构化的安全控制措施要求，以及意识和培训，认证、认可和安全评估，配置管理，持续性规划，事件响应，维护，介质保护，物理和环境保护，规划，人员安全，风险评估，系统和服务采购，系统和信息完整性这 13 个安全管理和运营控制族以及 106 个具体控制措施。

从目前的资料上看，美国在计算机信息系统的分级存在多样性，但基本的思路是一致的，只不过分级的方法不同而已，在不同分级方法中出现的作为划分信息系统安全等级的主要因素如下。

（1）资产（包括有形资产和无形资产）（使用资产等级作为判断系统等级重要因素的文件，如 FIPS 199、IATF、DITSCAP、NIST 800-37 等）。

（2）威胁（使用威胁等级作为判断系统等级重要因素的文件，如 IATF 等）。

（3）破坏后对国家、社会公共利益和单位或个人的影响（使用影响等级作为判断系统等级重要因素的文件，如 FIPS 199、IATF 等）。

（4）单位业务对信息系统的依赖程度。

信息系统的保护等级确定后，有一整套的标准和指南规定如何为其选择相应的安全措施。NIST 的 SP 800-53《联邦信息系统推荐安全控制》为不同级别的系统推荐了不同强度的安全控制集（包括管理、技术和运行类）。为帮助机构对它们的信息系统选择合适的安全控制集，该指南提出了基线这一概念。基线安全控制是基于 FIPS 199 中的系统安全分类方法的最小安全控制集。针对三类系统影响级，SP 800-53 列出三套基线安全控制集（基本、中、高），分别对应于系统的影响等级。

需要指出的是，SP 800-53 只是作为选择最小安全控制的临时性指南，NIST 于 2005 年 12 月推出 FIPS 200《联邦信息系统最小安全控制》标准，以进一步完善信息系统的安全控制。区别于 SP 800-53 中“类”的概念，DoDI 8500.2 提出了“域”的概念，8 个主题域分别为安全设计与配置、标识与鉴别、飞地与计算环境、飞地边界防御、物理和环境、人员、连续性、脆弱性和事件管理。每个主题域包含若干个安全控制。机构可根据自身对业务保障类和保密类安全要求，选择相应的安全控制。美国在推行系统分级实施不同安全措施方面，虽然只是近几年才开展，但已经积累了一些成熟的经验，并形成了一套完整的体系，这些实践也为我国推行等级保护垫定了良好的基础，提供了有效的经验。

2.3.4.4　SSE-CMM 标准

SSE-CMM（System Security Engineering Capability Maturity Mode1）模型是 CMM 在系统安全工程这个具体领域应用而产生的一个分支，是美国国家安全局

(NSA)领导开发的,它专门用于系统安全工程的能力成熟度模型。SSE-CMM 第 1 版于 1996 年 10 月出版,1999 年 4 月,SSE-CMM 模型和相应评估方法 2.0 版发布,2002 年被国际标准化组织采纳成为国际标准,即 ISO/IEC 21827:2002《信息技术 系统安全工程 成熟度模型》。我国国家市场监督管理总局和国家标准化管理委会于 2006 年 3 月 14 日正式颁布了 GB/T 20261—2006《信息技术 系统安全工程能力成熟度模型》的国家标准,并于同年 7 月 1 日开始正式执行。但是需要注意的是,目前 SSE-CMM 已经更新为 V3.0。

SSE-CMM 的基本思想是建立和完善一套成熟的、可度量的安全工程过程。这个安全工程对于任何工程活动均是清晰定义、可管理、可测量、可控制且有效的。为了将安全工程思想变为一种有效的工程规范,在 SSE-CMM 模型中,定义了 22 个安全方面的过程域(Process Area,PA),并将每个过程域的能力由低到高分为 0~5 共6 个级别。在每个过程域中提出了要控制和达到的目标。为了实现这些目标,在每个过程域中又包括许多具体的基本实施(Basic Practice,BP)。

SSE-CMM 模型是目前针对信息系统安全工程领域而提供的具有较高可靠性的模型。SSE-CMM 模型最关注的是安全过程域。SSE-CMM 最重要的理念是"完善的过程就能带来理想的安全结果,规范的安全过程就能得到安全的保障"。所以,SSE-CMM 模型强调的是安全工程的过程管理和控制,它并不局限某一种技术或方法,即它是以动态的观点来管理控制动态的风险、影响和脆弱性;它描述的是系统安全工程需要考虑的过程域以及如何计划跟踪、定义、度量和改进这些过程域。

2.3.4.5 关键基础设施网络安全框架

2014 年 2 月 12 日,美国 NIST 发布了提升关键基础设施网络空间安全技术框架(FICIC),FICIC 文件包含框架介绍、框架架构和框架实施说明三部分。框架架构是文件的核心部分,FICIC 的架构如图 2-22 所示。该框架由框架核心、框架实施等级、框架轮廓三部分组成。其中,框架核心依据保护关键基础设施所涉及的确定、保护、检测、响应与恢复等活动步骤,明确定义了各步骤所需技术的类别、子类别和参考资料。框架实施等级描述了机构实施网络空间安全风险管理的程度,并将实施的程度划分为部分实施、风险告知、可重复、自适应 4 个等级。框架轮廓则是将框架核心与机构的业务需求、风险承受能力和资源状况进行综合,以进行自我评估,并方便机构内部和机构之间的交流沟通。

2017 年 12 月 5 日发布《改进关键信息基础设施网络安全框架》(第二稿),即网络安全框架 1.1 版本(第二稿),旨在澄清、改进及加强网络安全框架,扩大其价值与易用性。宣布网络安全框架适用于由技术方案、运营技术等构成的"技术体系"。

2.3.4.6 网络安全等级保护标准 2.0

2016 年 10 月 10 日,第五届全国信息安全等级保护技术大会在云南昆明召开,公安部网络安全保卫局郭启全总工在"加快完善国家信息安全等级保护制度,

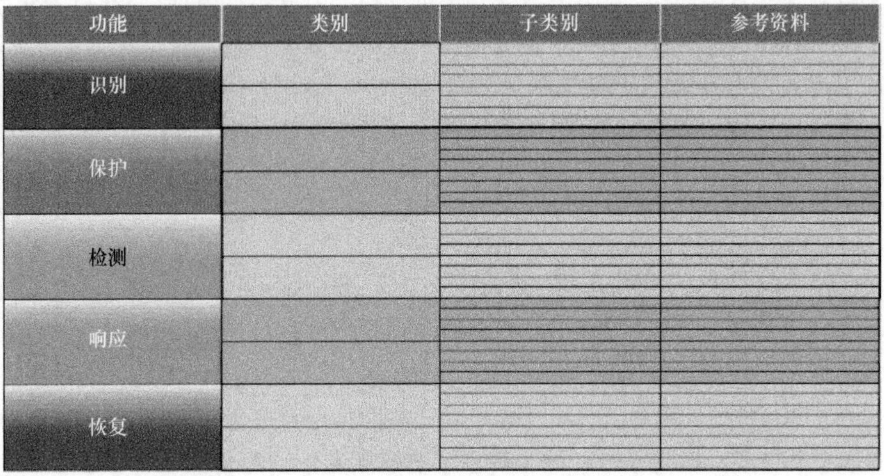

功能	类别	子类别	参考资料
识别			
保护			
检测			
响应			
恢复			

图 2-22　FICIC 的架构

全力保卫关键信息基础设施安全”的发言中指出，国家对网络安全等级保护（以下简称“等保”）制度提出了新的要求，等级保护制度已进入 2.0 时代，要构建“打防管控”一体化的网络安全综合防控体系，并全面开展信息通报预警工作，同时要建立网络安全重大漏洞隐患的监测发现和整改督办机制。等保 2.0 对应变化示意图如图 2-23 所示。

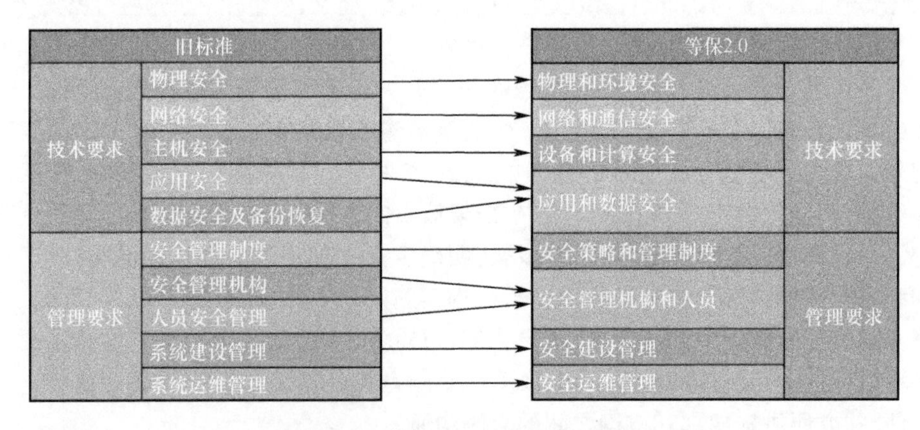

图 2-23　等保 2.0 对应变化示意图

2007 年，我国公安部就出台了《信息安全等级保护办法》（公通字〔2007〕43 号），该政策施行已经为信息安全建设搭建了一个基本框架，伴随着云计算等新技术、新应用的发展，新领域的“云等保标准”即将出台，而“云等保标准”的落地和实施面临诸多挑战，是不容忽视的重要环节。

行业（私有）云承载着保障国家关键基础设施、重要信息系统、重要公共服务三大领域内重要组织稳定运行的职责,其安全关乎国计民生,是国家信息安全格局的重要基石。在国家重要行业信息安全建设中,确实存在对防御成熟度认知不足的问题,不同的防御成熟度存在不同级别的安全威胁,需要使用相应的信息安全防御手段应对威胁,国际上将安全防御成熟度划分为 5 个阶段,目前行业(私有)云安全已发展到第三阶段。

首先,“云等保标准”对责任主体、责任内容、评测对象等方面的规定都有所调整,对此需要重新理解;其次,安全与业务的贴合度问题。对于行业(私有)云来说,合规是基础,动态安全策略可视化是灵魂。随着云计算、大数据、移动互联网、物联网等这些新兴 IT 技术的发展与落地,传统信息安全的边界越来越模糊,新的攻击形态层出不穷,像 APT、DDoS 等网络攻击正变得更加智能化和复杂化,实现“安全业务化”和“安全能力整合化”,是“云等保标准”落地推动的目标。

2.3.4.7 分级保护标准

对信息系统实行等级保护是国家法定制度和基本国策,是信息安全保护工作的发展方向。而涉密信息系统分级保护(以下简称“分保”)则是国家信息安全等级保护在涉及国家秘密信息的信息系统中的特殊保护措施与方法。2005 年 12 月 28 日,国家保密局下发了《涉及国家秘密的信息系统分级保护管理办法》,涉密信息系统分级保护防护架构,如图 2-24 所示,是国家信息安全等级保护的重要组成部分,是等级保护在涉密领域的具体体现。

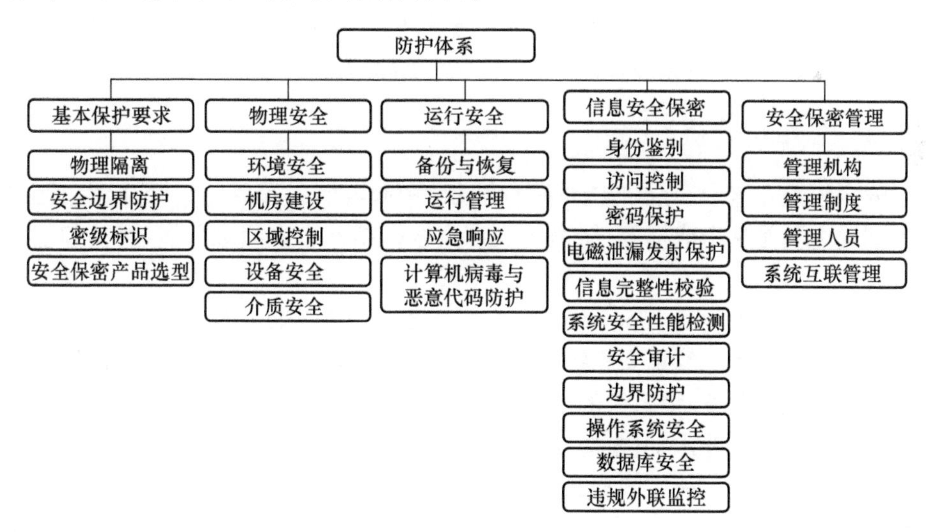

图 2-24 分保防护体系

2.3.5 其他安全模型

在访问控制方面,Bell 和 LaPadula 第一个对强制访问控制进行了形式化描述。BLP 模型针对信息的保密性问题,是一种模拟军事安全策略的多级安全模型,其核心思想是在自主访问控制上增加强制访问控制,以实施信息流安全策略。相较保密性模型而言,完整性模型更侧重于信息的完整性。Biba 模型主要用来解决信息的完整性问题。保密性和完整性相结合后的安全策略模型为混合安全策略模型,广泛应用于商业环境的中国墙(Chinese-Wall)模型也是兼顾保密性和完整性的典型安全模型之一。在 20 世纪 90 年代,大量的专家学者和专门研究单位对基于角色的访问控制(Role-Based Access Control,RBAC)的概念进行了深入研究。

云计算从其本质上看,仍然是一类信息系统,需要依照其重要性不同分等级进行保护。由公安部信息安全等级保护评估中心主导起草的《云计算信息安全等级保护基本要求》《云计算信息安全等级保护安全设计技术要求》《云计算信息安全等级保护测评要求》(简称云等保标准),针对云计算的特点,提出了部署在云计算环境下的重要信息系统安全等级保护的安全要求,其中包括技术要求和管理要求。云安全联盟(Cloud Security Alliance,CSA)发布云计算服务的安全实践手册——《云计算安全指南》。考虑云中安全风险的各个因素,Jericho 提出了云立方体模型。

大数据的应用是跨学科领域集成的应用,引入了很多新的技术,面临更多更高的风险。当前,还没有大数据安全体系和相关模型的提出。

上述所涉及访问控制、云计算和大数据新技术的相关安全模型,有必要在后面的网络安全测试环境系统的模型设计章节中加以考虑。

2.3.6 总结与分析

安全模型在整个安全防护体系架构设计中起着至关重要的作用,已有安全模型的研究主要是从组成框架、能力阶段和安全机制三个方面进行描述的,如图 2-25 所示。

(1) 组成框架。已有安全体系模型如 IATF、企业级安全框架和相关安全标准规范等不仅从技术上给出安全控制措施,还需要安全管理和运营来给出控制措施。所以,网络安全测试环境系统的安全模型设计有必要进行技术和管理的结合,加强流程管理提升自动化水平,走向安全治理。

(2) 能力阶段。所有的动态防护模型均由预测、防护、检测、响应组成的能力模型和持续监控改善思想,不再依靠单纯的静态防护。Gartner ASA 自动适应不断变化的网络和威胁环境,并不断优化自身的安全防御机制。所以基于策略管理,自适应的安全模型是以后的发展趋势。

(3) 安全机制。安全体系模型 OSI、DGSA、CDSA、等保、分保相关标准规范等提出提供共同的安全机制集合,给出信息系统安全层次与对应的安全机制。对于

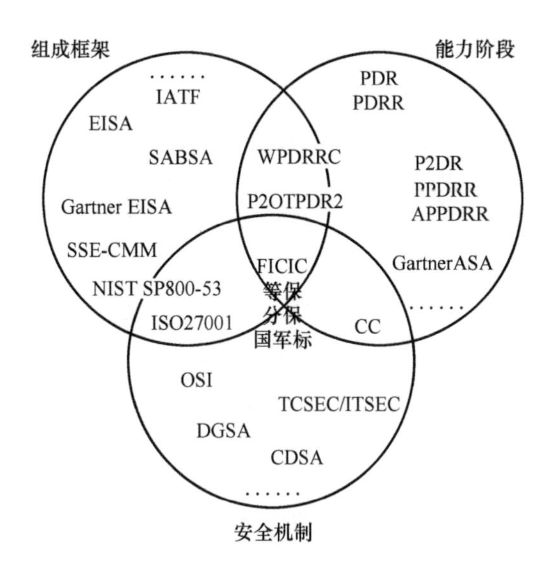

图 2-25　安全模型现状分析

网络安全测试环境系统有必要全面分析其安全需求,考虑恰当的安全机制来保障系统安全,建立分层分域的纵深防御体系完善技术保障体系。

网络安全测试环境系统的安全模型有必要从深度的理论研究出发,融合国内外研究成果并加以改进,从系统论角度加入上述安全治理、自适应和纵深防御等思想,提出面向网络安全测试环境系统的安全模型设计来指导网络安全测试环境防护架构的设计。

2.4　安全需求分析

网络安全测试环境系统分析和安全风险分析章节从业务特点、技术架构特点和安全风险的角度对网络安全测试环境的部分安全需求进行了分析,本节将从安全目标和安全体系设计要求两个角度对网络安全测试环境的安全需求进行整体描述。

2.4.1　安全目标

系统的安全体系是为实现业务目标服务的,概要地说,网络安全测试环境系统的安全目标是:针对网络安全测试环境系统可能面临的威胁态势,采用技术、管理等措施保护网络安全测试环境系统的安全,使其不因偶然的或恶意的原因而遭受破坏、更改、泄露,并能连续正常地提供各种演练和测试任务。

那么，网络安全测试环境的安全具体是指什么呢？当前对于信息系统的安全存在各种不同类型的定义。

(1) 国际标准化组织 ISO 27000 系列标准给出的定义是："信息安全用于确保信息的保密性、可用性和完整性。信息安全包括全面考虑各种威胁后各种控制措施的应用和管理，以确保业务的成功和可持续，并最小化信息安全事故的影响。"

(2) 美国国家标准和技术研究所在 FIPS 规范中给出的定义是："信息和信息系统的安全目标包括保密性、完整性和可用性。"

(3) 美国国家安全局信息保障主任给出的定义是："因为术语'信息安全'一直仅表示信息的机密性，在国防部我们用'信息保障'来描述信息安全，也称为'IA'，它包含 5 种安全服务，即机密性、完整性、可用性、真实性和不可抵赖性。"

(4) 我国相关立法的定义是："计算机信息系统的安全保护，应当保障计算机及其相关的和配套的设备、设施(含网络)的安全，运行环境的安全，保障信息的安全，保障计算机功能的正常发挥，以维护计算机信息系统的安全运行。"

(5) 我国国家标准给出的定义是："与定义、获得和维护保密性、完整性、可用性、可核查性、真实性和可靠性有关的各个方面。" 同时，最新的等保 2.0 从物理与环境安全、网络与通信安全、设备与计算安全和应用与数据安全 4 个层面提出了信息系统的安全防护要求。

从以上分析可见，从不同角度对信息系统安全存在不同定义和要求，当前对信息系统安全的描述主要有两种不同的类型：一种是从安全所涉及层面的角度进行描述；另一种是从安全所涉及的安全属性的角度进行描述。并且可以看出，这两个角度的描述具有不同的意义，不可相互替代。本节的后续部分先后从安全层次和安全属性两个维度对网络安全测试环境系统的安全需求进行具体分析。

2.4.1.1 安全层次

如图 2-26 所示，网络安全测试环境系统的层次结构与传统的计算机系统或信息系统类似，无论是普通的系统还是采用虚拟化技术的系统，其层次结构自底向上由物理层、网络层、主机层和应用层组成。

(a) 普通计算机系统

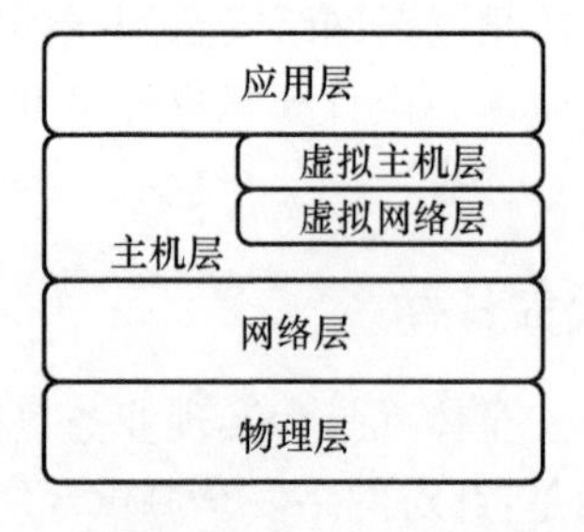

(b) 应用虚拟化技术的计算机系统

图 2-26　网络安全测试环境系统层次结构

从技术维度看，网络安全测试环境的安全主要是通过保护网络安全测试环境中各软硬件系统的安全来实现的。所以，对网络安全测试环境系统的保护可以对应到系统各个层次的安全上来。我国的等保标准正是根据信息系统的上述层次划分来确定各层的安全需求。其中，等保 1.0 将安全需求划分为物理安全、网络安全、主机安全、应用安全和数据安全及备份恢复 5 个层次；等保 2.0 合并应用安全和数据安全，将安全要求划分为物理与环境安全、网络与通信安全、设备与计算安全和应用与数据安全 4 个层面。如图 2-27 所示。

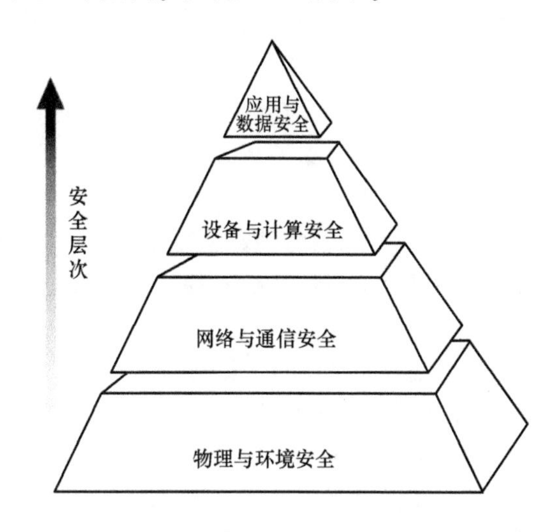

图 2-27　网络安全测试环境安全层次要求

分析具体安全要求可以发现等级保护新旧版本对信息系统的安全要求本质上是一致的，而且等保 2.0 的层次划分与信息系统的层次结构更加一致。故本书将网络安全测试环境系统的安全需求划分为物理与环境安全、网络与通信安全、设备与计算安全、应用与数据安全 4 个层面。

(1) 物理与环境安全。物理与环境安全主要是指物理设备及其部署环境的安全，主要包括物理环境的安防与控制、自然灾害防护、电力供应、电磁防护等方面。

(2) 网络与通信安全。网络与通信安全主要是指物理设备间的网络与通信通道的安全，主要包括通信网络架构安全、通信传输防护、通信边界防护、通信内容防护等方面。

(3) 设备与计算安全。设备与计算安全主要是指主机设备系统及其软件的安全，主要包括非授权访问的控制、系统资源防护、系统的运行保护、恶意软件防护等方面。

(4) 应用与数据安全。应用与数据安全主要是指系统提供的应用服务和数据的安全，主要包括非授权访问控制、应用运行保护、应用资源保证、数据的保密性、完整性、可用性保护等方面。

2.4.1.2 安全属性

安全层次主要是从防护对象的角度描述安全需求，而具体层次中防护对象不同维度的安全需求需要利用安全属性进行细化描述。

除了广泛使用的保密性、完整性、可用性这三个基本安全属性，还存在更多的属性用于描述信息安全的不同特性，如真实性、可控性、合法性、实用性、占有性、唯一性、抗抵赖性、可核查性、可追溯性、生存性、稳定性、可靠性等。

(1) 保密性表示信息不泄露给未授权的个人、实体、进程，或不被其利用的特性；

(2) 完整性表示信息或系统准确、完整，不被非授权篡改的特性；

(3) 可用性表述已授权的信息、系统等实体一旦需要就可以访问和使用的特性；

(4) 真实性表示实体身份、行为及相关数据真实有效的特性；

(5) 可控性表示信息或系统不会被非授权使用，信息的流动可以被选择性控制的特性；

(6) 合法性表示信息或信息系统的行为获得了授权；

(7) 实用性表示信息或信息系统的加密、认证等防护信息不可丢失的特性；

(8) 占有性表示信息或信息系统不可被盗用，确保由合法实体所占有；

(9) 唯一性表示信息以及信息系统行为主体之间不会出现混淆的特性；

(10) 抗抵赖性表示生成或处理的信息或信息系统的合法行为不会被抵赖的特性；

(11) 可核查性表示信息和信息系统的主体身份、内容和行为可以被审计的特性；

(12) 可追溯性表示生成的信息和信息系统的行为具有被审计的能力；

(13) 生存性表示信息系统在受到攻击时可以通过采取服务降级等措施以保持核心服务的能力；

(14) 稳定性表示信息系统不会出现异常情况而导致无法提供服务的特性；

(15) 可靠性表示信息系统能够保持正常运行而不受外界影响的特性。

上述安全属性中，保密性、完整性、可用性、可控性和抗抵赖性属于基本属性，而其他属性是上述5个基本属性在某个侧面的突出反应，或是几个基本属性的组合。其中，真实性反映的是实体的身份、行为和数据的真实有效，表示的是完整性和抗抵赖性的内容，而完整性和抗抵赖性具有更强的可操作性；实用性反映的是保密性在防护信息方面的保密属性；合法性、占有性、可核查性、可追溯性反映的是可控性和抗抵赖性在信息和信息系统在内容本身、来源、行为方面的可审计、可追溯的特性；生存性、稳定性、可靠性反映的是可用性在信息系统的容灾能力、稳健能力、可靠能力方面的可用属性。

综合上述分析,网络安全测试环境系统将保密性、完整性、可用性、可控性和抗抵赖性作为基本的安全属性,可以较全面地描述系统中不同层面实体的安全需求,如图 2-28 所示。在网络安全测试环境系统中各安全属性的具体含义如下。

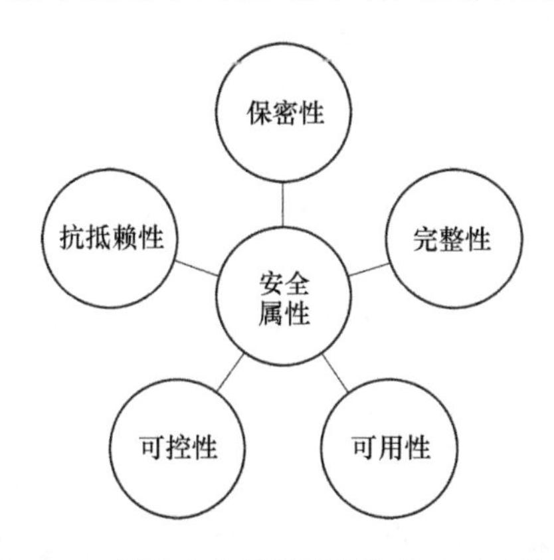

图 2-28　网络安全测试环境的基本安全属性

(1) 保密性。保密性是指网络安全测试环境自身及其演练测试任务的信息不泄露给未授权的个人、实体、进程,或不被其利用。

(2) 完整性。完整性是指网络安全测试环境自身及其演练测试任务的信息或系统准确、完整,不被非授权篡改。

(3) 可用性。可用性是指网络安全测试环境中已授权的信息、系统等实体一旦需要就可以访问和使用。

(4) 可控性。可控性是指网络安全测试环境中信息或系统不会被非授权使用,信息的流动和系统的使用可以被选择性控制,信息或系统的状态可以被持续监控。

(5) 抗抵赖性。抗抵赖性是指网络安全测试环境及其相关实体生成或处理的信息或其合法行为不会被抵赖。

2.4.2 其他要求

为实现网络安全测试环境的安全目标,安全体系需要满足上述安全层次和安全属性的基本要求,并实现系统的架构特点和威胁特点引入的多层次访问控制、多类型边界安全、多资源安全、大数据和云计算安全、虚拟化安全等安全要求。除此之外,网络安全测试环境的安全体系还应满足以下要求。

(1) 合规性。安全体系设计应满足等级保护、分保、ISO 27001 等安全规范和标准的要求。

(2) 自动化。网络安全测试环境的安全体系应尽量自动化,以减少响应延迟,缩减人力投入。

(3) 智能决策与联动响应。网络安全测试环境的安全体系应自动实现安全状态驱动的安全感知、安全决策、安全决策向安全策略的转化,以及基于策略的安全防护体系联动响应。

(4) 统一平台。网络安全测试环境应基于统一管理平台,实现安全技术和管理体系的运维管理。

2.5 安全模型设计

适当的安全模型是指导设计和建设完备的网络安全测试环境安全防护体系,是在系统运营过程中防御各种安全威胁,保证系统持续、安全运行的关键。通过上述对网络安全测试环境系统业务特点、技术架构、安全威胁的系统分析,明确网络安全测试环境系统的安全目标和具体安全需求。本节主要针对网络安全测试环境系统的安全需求特点和新形势下的网络威胁发展趋势,设计网络安全测试环境系统的安全模型,并从在线模型和离线模型两个角度对模型的安全能力、安全机制、体系框架和工作机理进行详细描述。

2.5.1 设计原则

信息系统安全是一个复杂的系统化问题,随着网络信息技术的不断发展,其安全研究也在不断进步。经过安全专家和工程人员几十年的不断努力,该领域的研究已经取得了巨大的进步。结合当前的安全理论研究和工程实践经验,业界普遍取得了以下共识。

共识1:在机器具备足够的人工智能之前,信息系统最终需要由掌握全面威胁知识和安全态势的人提供保护,各种安全技术、设备和平台是辅助人完成安全保护工作的。

共识2:虽然当前仅靠技术手段无法完全实现信息系统的安全防护,还是要尽量借助技术手段实现安全防护的自动化,以期减少人的工作量,缩短安全防护周期,提升安全防护能力。

共识3:信息系统的安全状态是持续动态变化的,没有确定的安全体系能长时间地保证系统安全。安全体系必须持续演进,以适应外部威胁和内部资产的不断变化。

共识4:没有绝对的安全,任何系统都存在被攻破的可能。安全管理必须假设系统已经或即将被攻陷,尽可能采取各种安全措施提高系统的安全性。

共识5:安全是有成本的,成本包括金钱、效率、时间等方面。好的安全体系不是堆砌尽可能多的安全措施,而应是从系统的业务目标和安全需求出发提供最适合的安全,以实现安全和成本的平衡。

基于以上共识,面向网络安全测试环境系统的业务目标和安全需求、吸收现有各安全模型的先进思想,网络安全测试环境系统的安全模型设计遵循如下设计原则。

1. 纵深防御

众所周知,像网络安全测试环境系统这样复杂的网络信息系统不可能采用单一的安全措施进行有效防护。根据纵深防御思想,网络安全测试环境系统的安全模型应由人员、制度、流程、技术等不同要素共同实现安全职能和安全运营;在空间维度,安全模型应从物理环境、网络通信、设备系统、应用与数据等不同层次逐级设防,各种安全机制互相补充共同防御威胁;在时间维度,安全模型应从事前预防、事中防护响应、事后恢复三个层面全面控制威胁。

2. 自适应安全

网络安全测试环境系统是一个高度动态变化的系统,安全需求、外部威胁趋势、内部业务和资产环境、安全资源状态都在持续变化,安全模型必须能指导安全体系自动适应这些内外部的变化,进行持续调整。作为自适应防护的基础,安全模型必须能指导安全体系对整个网络安全测试环境系统进行持续监测和分析,对于分析发现威胁及时进行安全决策、制定处置策略,指挥各安全机制进行联动响应,并通过调整安全策略防止类似威胁的再次发生。

3. 持续治理改善

安全体系的运营过程是一个持续治理、不断完善的过程。随着时间的推移,安全需求、法律规范、体系架构都会逐渐变化,安全策略、人员、制度、流程、技术等方面也会不断发现问题。安全模型应遵循规划、实施、评估和调整的流程,持续治理和改善,保持与网络安全测试环境系统的安全要求相匹配。

4. 先进性

网络安全测试环境安全模型设计应遵循当前最先进的安全理念,吸收各种安全模型的先进思想,基于当前最新的安全技术和研究成果,以指导建设先进的网络安全测试环境安全防护体系。

5. 合法合规

安全模型的设计应满足我国的法律法规和等级保护、分保等各种安全标准的要求。

6. 实用性

根据研究现状的分析可以发现:当前的安全模型和体系或是给出宏观模型缺乏实现指导(如 P2DR、PDRR 等),或是给出具体实现指导缺乏宏观模型描述(如 ISO 27001、等级保护等)。网络安全测试环境系统的安全模型设计考虑宏观模型与实现指导的一致,既提出安全模型,又在安全模型指导下给出指导安全体系建设和运营的安全框架。

2.5.2 设计思路

网络安全的本质是攻防双方安全能力的较量,攻防双方天生具有不对称性,相较攻击方,防守方不可避免处于被动地位。“没有绝对安全的系统”已成为共识,有效的安全防御一方面要求提前消除系统脆弱性、减少暴露面,并预设足够的安全保护机制;另一方面取决于能及时发现威胁并进行正确的响应。

通过对现有安全模型的研究不难发现:现有的安全模型主要从能力阶段、安全机制和组成架构层面对安全体系进行建模,多数模型只涉及其中的一个或两个方面。为更实用化地指导安全体系建设,本章提出的网络安全测试环境安全模型将全面包含能力阶段、安全机制和组成框架三个方面,同时描述安全体系在应用过程中的运营机理。

从宏观角度看,安全体系整体上是由人力、技术、操作及相关的策略和制度组成的(如IATF、WPDRRC、P2OTPDR2等模型),本章将其划分为技术和管理两个相互支持的维度。首先从安全能力和阶段的角度提出网络安全测试环境的自适应安全模型;其次从管理和技术两个视图分别提出离线模型和在线模型,并分别细化其能力、机制、框架。离线模型着重解决需要人力和管理手段参与的网络安全防护体系构建和运营管理问题。在线模型着重解决依赖在线安全设备和平台自动实现的安全状态驱动的安全感知、安全决策、安全决策向安全策略的转化,以及基于策略的安全防护体系联动响应等问题。

在安全能力和阶段方面,经典的自适应防护模型PDR及其演进模型(如P2DR、PDRR、P2DRR等)提出的以策略为中心由防护、检测、响应、恢复组成的安全能力和阶段,依然是当前各安全模型的核心。但是,拥有上述安全能力和阶段的系统实现的仍然是被动防护,缺乏足够的提前感知威胁并进行主动防护的能力。随着安全技术的进步和发展,近年来,Gartner的自适应防护架构引入了预测能力和阶段,通过威胁情报、态势感知和系统的持续监控分析技术远在威胁发生前就预知并处置威胁,以实现更主动的防护。基于上述考虑,提出网络安全测试环境的自适应安全模型将以策略为中心,包含预测、防护、检测、响应、恢复五大核心安全能力和阶段。

安全机制是为实现安全能力达到安全目标服务的。对于网络安全测试环境自适应安全模型中的安全策略与五大安全能力和阶段,本章将分别从技术和管理两个视图细化安全能力要求,并提出支持各能力实现的安全机制。提出的安全机制满足我国的等保、分保以及美国的关键基础设施网络安全框架(FICIC)和国际标准化组织的ISO 27001等主要的信息系统安全标准,并针对网络安全测试环境在业务、技术架构和安全威胁方面的特性要求增加相应的安全机制,以满足网络安全测试环境的安全目标和需求。

组成框架是支撑安全机制实现的系统组成要素的集合和架构。从技术和管理两个视图分别提出安全机制后，本章将从两个视图分别提出支撑其安全机制所需的系统组成要素和架构。研究参考 IATF、Gartner 自适应安全架构、WPDRRC、P2OTPDR2、等保、ISO 27001 等模型，但主要从网络安全测试环境安全能力和安全机制的实际需要出发进行定制。在技术视图方面，组成框架主要包括标准规范、数据知识、设备平台等技术要素；在管理视图方面，组成框架主要包括策略、制度、机构、人员、流程等管理要素。

在对安全模型的能力、阶段、机制、架构等要素进行描述的基础上，本章进一步关注安全模型如何在运行过程中进行自我完善与演进，以适应安全需求和威胁的动态变化。研究针对技术和管理两个视图分别描述其运营机理。在技术层面，通过态势感知、智能决策、联动响应组成的闭环运行，实现安全状态驱动的自适应防护过程，自动更新和演进技术体系适应安全威胁的动态变化。在管理层面，通过规划、实施、评估、优化的管理过程，对管理体系各要素和机制进行修正和改善，以实施新的安全需求、适应威胁的持续变化。

网络安全测试环境安全模型设计思路和组成如图 2-29 所示。

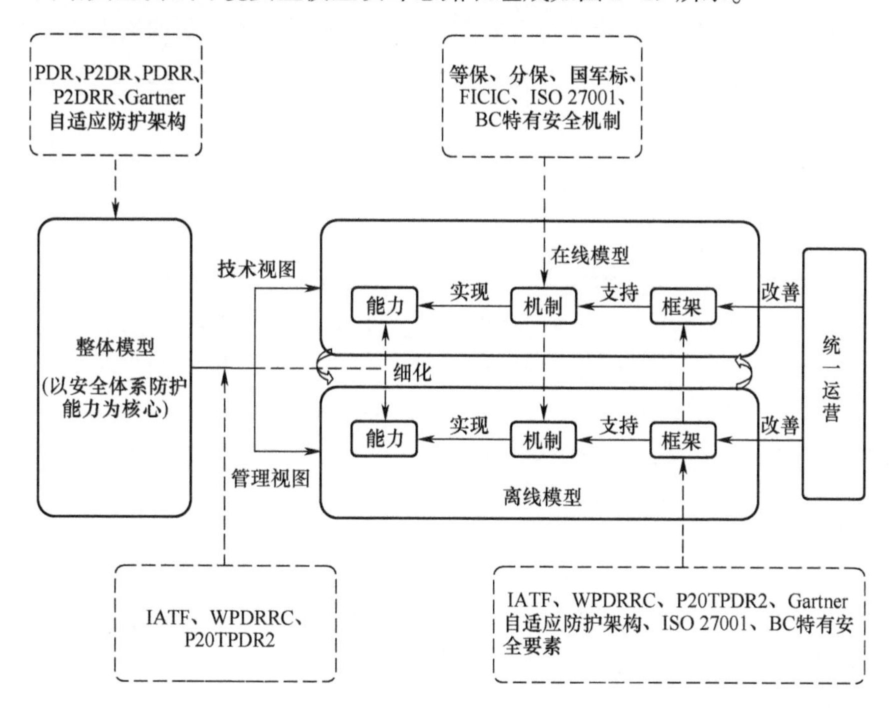

图 2-29　安全模型设计思路和组成

2.5.3 自适应安全能力模型

综合分析网络安全测试环境的业务和安全威胁特点及安全需求实际,本章认为网络安全测试环境系统适用自适应的安全模型。本节将提出网络安全测试环境的自适应安全模型——P3DR2 模型,对模型要素及其运行机理进行详细描述,并从时间维度给出模型的安全性分析。

同时考虑安全体系整体上是由人、技术、操作及相关的策略和制度组成的,后续研究在 P3DR2 模型的基础上提出在线模型和离线模型,分别从技术和管理两个视图细化其能力、机制、框架,以实际指导网络安全测试环境安全体系的建设和运营。

(1) 安全模型的技术视图(对应指南的在线模型)指导构建和运营由安全设备、平台、软件和数据组成的自动化防护体系,着重解决依赖在线安全设备和平台自动实现的安全状态驱动的安全感知、安全决策、安全决策向安全策略的转化,以及基于策略的安全防护体系联动响应等问题,是网络安全测试环境安防体系的基础。

(2) 安全模型的管理视图(对应指南的离线模型)指导构建和运营由人员、制度和流程组成的防护体系,着重解决需要人力和管理手段参与的网络安全防护体系构建和运营管理问题,是网络安全测试环境系统实现纵深防御和持续治理、全面实现安全的关键。

技术和管理两个方面互相支持、互相配合,共同构建网络安全测试环境的安全防护体系。

2.5.3.1 P3DR2 模型

当前,经典的自适应防护模型 PDR 及其演进模型(如 P2DR、PDRR、P2DRR 等)提出的以策略为中心,由防护、检测、响应、恢复组成的安全能力和阶段,被普遍认可。但是,拥有上述安全能力和阶段的系统实现的仍然是被动防护,缺乏足够的提前感知威胁并进行主动防护的能力。为弥补该不足,近年来 Gartner 根据安全技术的发展进步,在自适应防护架构中引入了预测能力和阶段,意在借助威胁情报、态势感知和系统的持续监控分析等日趋成熟的技术,远在威胁发生前就进行预判和处置,以实现更主动的防护。

综合现有自适应防护模型的优点和技术可行性,本节提出网络安全测试环境的自适应安全模型——P3DR2 模型,将以安全策略为中心,包含预测、防护、检测、响应、恢复五大核心安全能力和阶段,如图 2-30 所示。

1. 安全策略

安全策略是根据网络安全测试环境系统内在的安全需求、指导方针和原则,以及法律法规、监管要求等外部约束制定的一系列用于指导安全活动的规则,定义和

图 2-30　自适应安全能力模型

表达了网络安全测试环境中的机构、人员、设备、软件等实体如何实施保护，如何处置安全事件等方面的具体要求。整个网络安全测试环境安全体系是在安全策略的指导下运转工作的，因此安全策略是网络安全测试环境自适应防护体系的核心，是驱动和指导五大核心安全能力实现持续的安全闭环，进而实现自适应安全的关键。自适应安全的本质是安全策略能随着系统本身的安全状态和外部威胁的动态变化进行适应性的调整，以指导安全体系有效防护威胁。

2. 预测

预测阶段/能力的核心是通过感知内外部环境的变化来主动预测网络安全测试环境系统可能遭遇的攻击事件和潜在的资产暴露情况，并将预测结果反馈给防护和检测阶段形成闭环。为了避免潜在的事件，网络安全测试环境系统必须从外部事件中吸取教训，监视黑客和其他情报来源，以预测新的攻击。对内网络安全测试环境系统必须持续跟踪资产和环境的变化状态（如新版本、新用户和新漏洞的出现），分析新的漏洞暴露面。预测基于对内外部威胁的持续监控和分析，并将预测的知识应用到防护和检测当中，从而持续加固系统。为实现自动化的态势感知和威胁预测，本书针对网络安全测试环境系统研究态势感知平台（详见相关章节）。

3. 防护

防护阶段/能力的关键目标是减少网络安全测试环境系统的受攻击面，在攻击影响网络安全测试环境系统之前阻止攻击者及其攻击方法。该阶段通常包括一系列为防止攻击成功而制定的策略、产品和流程，实现的能力包括强化和隔离系统、脆弱性修补、转移攻击者以及防止未经授权的访问和活动等。

4. 检测

检测阶段/能力的设计是为了找出系统的脆弱性和已经从防护机制中逃避的

攻击,从而减少它们可能造成的潜在损害。由于网络安全测试环境系统业务和生态系统的复杂性,不可避免地会存在未发现的脆弱性和一些躲过防护机制的攻击。网络安全测试环境系统的防护体系必须假定它已经被攻陷或存在即将被攻陷的可能,因此检测能力是至关重要的。检测的目标就是通过发现、确认威胁来减少识别威胁所需的时间。这就要求对系统实施持续和全面的监测,并用日益先进的分析手段来提供检测能力。

5. 响应

响应阶段/能力主要是对检测发现的威胁和攻击事件进行及时的处置,发现威胁和攻击事件只是第一步。首先,必须结合全面的调查取证和溯源分析来确定威胁发生的根本原因和影响范围,并制定合适的策略进行快速处置;然后,必须设计、建模和实现对安全策略和防护措施的更改,以避免将来发生类似的事件。为实现精准自动的快速响应,本书在技术层面研究智能决策和联动响应技术(见相关关键技术研究章节),与态势感知技术协作实现威胁感知、智能决策和联动响应的闭环。

6. 恢复

恢复阶段/能力的主要目的是对攻击事件造成的破坏进行及时修复,保证网络安全测试环境系统服务的可用性和持续性。其通常包括数据的恢复和业务的恢复两个方面。

自适应安全防护过程整体上是在感知安全风险的基础上进行安全决策,调整安全策略实施响应处置的闭环过程。通过防护过程的持续闭环运转,使得安全防护体系能跟随内外部安全态势的动态变化,不断自我演进。

上述五大阶段/能力是网络安全测试环境实现自适应安全所需的核心能力,既可以整体组成安全活动闭环,也可以只有其中的若干个阶段/能力组成安全活动闭环。例如,根据持续的威胁情报评估网络安全测试环境可能遭受的攻击,提前设计部署安全防护机制,形成预测→防护的闭环;通过检测发现绕过防护机制的攻击事件,及时进行事件处置并恢复攻击对系统的破坏,形成检测→响应→恢复的闭环;通过检测发现新暴露的漏洞,并进行漏洞修补和防护机制部署,形成检测→防护的闭环等。

2.5.3.2 模型要素分析

1. 安全策略

安全策略是根据网络安全测试环境系统内在的安全需求、指导方针和原则,以及法律法规、监管要求等外部约束制定的一系列用于指导安全相关活动的规则,定义了网络安全测试环境要实现的安全目标和实现这些安全目标的途径,其目的是保护工作的整体性、计划性及规范性,保证各项安全措施和管理手段的正确实施,保证网络安全测试环境安全。安全策略反映网络安全测试环境对于现实和未来安全风险的认识水平,对于内部业务人员和技术人员安全风险的假定与处理。

安全策略可以划分为问题策略和功能策略两方面。问题策略描述网络安全测试环境所关心的安全领域和对这些领域内安全问题的基本态度。功能策略描述如何解决所关心的问题,包括制定具体的硬件和软件配置规格说明、使用策略以及人员行为策略等。

安全策略必须有清晰和完整的文档描述,描述语言应该是简洁的、非技术性的和具有指导性的,以便于安全人员掌握和使用。在技术层面可以根据需要转换为软硬件的配置规格,以便设备自动执行。

无论是管理层面还是技术层面的安全活动都应该有相应的安全策略。网络安全测试环境的安全策略应包括人员管理策略、设备安全策略、服务应用策略、加密策略、设备和服务使用策略、网络访问策略、恶意代码防护策略、漏洞管理策略、审计策略、数据库策略、敏感信息保护策略等。

安全策略的制定必须符合网络安全测试环境的安全要求,制定过程应考虑以下要素。

(1) 进行网络安全测试环境安全需求分析。

(2) 对网络安全测试环境系统资源进行评估。

(3) 对网络安全测试环境可能存在的风险进行分析。

(4) 确定内对外开放信息和服务的种类及发布方式和访问方式。

(5) 明确系统管理人员的责任和义务 。

(6) 确定针对潜在风险采取的安全保护措施的主要构成方面,制定控制规则,同时,安全策略的制定过程必须遵守以下原则。

① 适应性原则:在一种情况下实施的安全策略到另一环境下未必适合。

② 动态性原则:用户在不断增加,系统规模在持续扩大,技术本身在不断发展,网络攻击手段在不断变化,安全策略必须进行适应性调整。

③ 系统性原则:应全面考虑网络安全测试环境中各类用户、人员、各种设备、各种情况,有计划、有准备地采取相应的策略。

④ 最小特权原则:每个用户并不需要使用所有的服务;不是所有用户都需要去修改系统中的每一个文件;并不需要每个用户都知道系统的根口令,也没有必要让每个系统管理员都知道系统的根口令等。

安全活动本质上是利用安全策略处置安全事件和消除安全风险的过程。如果将网络安全测试环境视作一个安全状态机,则安全策略是控制器和调整状态机状态的依据,策略驱动的安全过程如图 2-31 所示。

图中:状态 I 是初始状态;状态 S 为终态,也为安全状态;状态 R 为危险状态;Pi 为管理策略;E 为安全事件;Pr 为触发的安全响应策略。假设某一时刻网络安全测试环境处于安全状态,在此状态下,发生了某种安全事件,则导致网络安全测

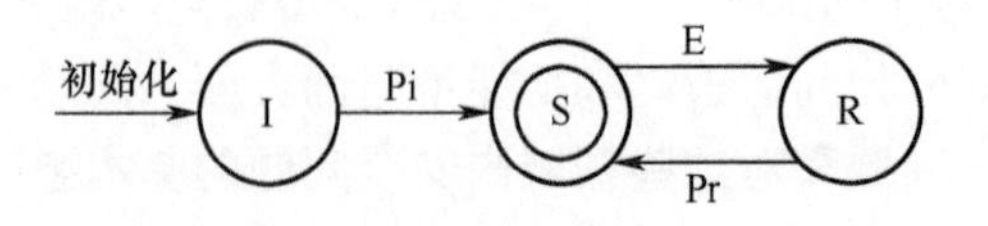

图 2-31　系统安全状态机

试环境进入一种危险状态。若某一时刻网络安全测试环境处于某种危险状态,在此状态下,执行某种安全策略,从而使测试环境进入安全状态。所以,网络安全测试环境安全体系的目标就是要使网络安全测试环境尽可能多地处于安全状态 S,少处于危险状态 R,而关键在于能防止出现安全事件,或出现安全事件后及时应用安全策略进行处置。

在早前的防护体系中安全策略的调整过程主要靠人工进行,根据事件进行人工分析决策后,新增安全策略或调整现有安全策略,导致安全响应效率低下。对于网络安全测试环境这样高度动态复杂的系统,通过人工进行安全决策和策略调整已无法满足安全需求。

随着人工智能技术的发展,当前利用人工智能技术实现自动化的智能决策已成为可能。本书的智能决策章节提出以一种可对在线网络攻击进行智能决策的人工智能引擎,并且提出的在线安全模型可以智能决策为中心,借助态势感知、自动化的联动响应技术实现安全威胁的自适应防护,极大地提高威胁响应速度。

2. 预测

"知己知彼,百战不殆",预测能力的核心价值是在事前预估即将发生的安全威胁,提前调整网络安全测试环境的安全策略进行防护。在图 2-31 所示的安全状态机中,发现安全事件后再调整策略进行处置的方法永远是被动的,网络安全测试环境存在暴露于危险中的时间,只是时间的长短取决于安全体系的响应能力,而准确的威胁预测可促使在事件发生前就预置安全策略进行防护。

预测可分为短期的对威胁事件的预测与长期的对安全威胁发展态势的预测。短期的事件预测可用于事件防御,长期的态势预测可驱动重新规划和调整安全体系。

整体上威胁预测需包含感知、评估和预测三个阶段。

(1) 感知。感知即全面掌握网络安全测试环境内外部的安全信息。

① 网络安全测试环境信息。其包括网络安全测试环境中的人员、资产和业务的信息。

② 威胁知识。通过威胁情报共享等方式建立威胁知识库,包括漏洞库、恶意代码库、安全事件库、攻击方法库等。

③ 安全事件信息。其包括历史的、当前的、已处置的、未处置的等。

④ 安全资源信息。安全资源信息是网络安全测试环境当前的安全资源类型、

数量和能力。

⑤ 安全策略。即网络安全测试环境当前实施的安全策略。

(2) 评估。根据掌握的信息识别网络安全测试环境中可能存在的脆弱性和安全威胁,评估网络安全测试环境可能暴露的风险及其危害程度。

(3) 预测。根据评估结果,结合安全威胁知识、网络安全测试环境的安全能力和历史安全事件,预测系统接下来可能遭受的攻击,或者安全态势发展趋势。

威胁预测往往需要非常专业的技能和经验才能完成。

网络安全测试环境系统是一个规模庞大并在持续发生变化的高度动态的系统,不断会有资产的变化、用户的演练任务、新披露的漏洞。同时,网络安全测试环境系统的外部安全环境也在不断发生改变。在这样的系统中,对威胁持续进行预测具有极大的难度。

随着大数据、机器学习等数据分析技术的不断进步,安全态势感知技术得到飞速发展,已经成为支持威胁预测的重要手段。安全态势感知技术通过持续监控和分析网络安全测试环境系统的资产状态、系统脆弱性、安全日志、攻击事件和威胁情报、知识库等海量数据和分析结果,分析各具体威胁的上下文环境、危害程度、影响范围和发展趋势,进而全面描述当前整个网络安全测试环境系统的安全态势,甚至预测接下来可能遭受的攻击及其危害。态势感知技术在技术层面解决了感知、评估、预测阶段的大部分问题,可有效提供威胁预测的效率。

3. 防护

防护阶段/能力的关键目标是减少网络安全测试环境系统的受攻击面,在攻击影响网络安全测试环境系统之前阻止攻击者及其攻击方法。该阶段通常包括一系列为防止攻击成功而制定的策略、产品和流程。

当前,防护依然是信息系统安全体系的核心,预测、检测和响应阶段的能力很多情况下都要与防护能力结合才能产生实际价值。目前,已经存在大量的较成熟的安全产品和规范化的管理流程。从防护原理出发,主要的防护手段可分为系统隔离、安全加固、访问控制、网络入侵防护、诱捕和欺骗等类别。

(1) 系统隔离。系统隔离是从根本上断绝攻击通道,包括物理隔离和逻辑隔离。物理隔离的系统不存在与外界的连接通路;逻辑隔离包括利用光闸、网闸等专用隔离的隔离、虚拟机隔离等。

(2) 安全加固。安全加固的目标是消除自身的脆弱性,提高自身安全能力。技术层面的物理环境防护、能源供应保障、漏洞修补、高强度口令、信道加密、数据加密、软件容错、备份与恢复等都属于安全加固手段。管理层面的人员安全、安全意识教育和技能培训也属于安全加固的范畴。

(3) 访问控制。访问控制主要是为了防止非授权的访问。技术层面的手段包括物理访问控制、口令登录、身份认证、防火墙、数据权限控制等;管理层面的手段包括授权与审批、密级管理、账户管理等。

(4) 网络入侵防护。网络入侵防护主要是为了阻止混杂在正常网络中的恶意访问行为。恶意代码防护、反垃圾邮件、敏感信息泄露防护、DDoS 防护、IPS、WAF 等都属于网络入侵防护的范围。

(5) 诱捕和欺骗。诱捕和欺骗的主要目的是用虚假的目标引诱攻击者暴露或迟滞攻击者的攻击。蜜罐、密网、网络信息迷惑等技术都是可用的诱捕和欺骗方法。

根据纵深防御思想,网络安全测试环境系统可以通过技术、管理维度的多重手段多层设防,以保证最大的安全,但是考虑安全防护是要在金钱、时间、效率方面付出成本的,网络安全测试环境的安全防护体系应该从实际业务和安全需求出发,合理配置和部署防护方案。

同时,防护应该考虑网络安全测试环境的动态性,根据业务和安全需求的变化及时调整防护方案。

4. 检测

“没有绝对的安全,任何系统都存在被攻破的可能”已经成为大家的共识。安全管理必须假设系统已经或即将被攻陷,尽可能采取各种安全措施提高系统的安全性。

检测阶段/能力的目标是找出系统的脆弱性和已经从防护机制中逃避的攻击,从而减少它们可能造成的潜在损害。由于网络安全测试环境系统业务和生态系统的复杂性,不可避免地会存在未发现的脆弱性和一些躲过防护机制的攻击。网络安全测试环境系统的防护体系必须假定它已经被攻陷,或存在即将被攻陷的可能,因此检测能力是至关重要的。

为高效地发现风险并指导响应和处置,检测能力应该包含系统脆弱性检测、异常与事件检测、风险确认和排序三大内容。

(1) 系统脆弱性检测。随着系统中人员、资产的不断变化和管理活动的不断进行,系统状态发生改变。系统脆弱性检测是通过技术和管理手段发现存在资产、人员、制度、流程等方面的脆弱性。在技术层面可以采用漏洞扫描、配置核查、基线一致性检查等手段对资产的脆弱性进行持续检测;在管理层面可以对策略、制度、人员等进行定期与不定期的审核与检查实现。

(2) 异常与事件检测。异常与事件检测主要用于发现系统中存在的异常行为与躲过防护机制的攻击事件。在技术层面可以采用大数据分析、恶意代码检测、入侵检测、敏感信息泄露检测、UEBA、镜像安全检测等手段;在管理层面可采用人员行为的审核与检测、安全审计等方法。

系统中的异常行为和 APT 攻击是无法通过基于规则和指纹的检测方法实现的,需借助大数据分析、机器学习等方法辅助人工进行分析,分析的数据可以包括网络流量、系统日志、设备告警、威胁情报等。

(3) 风险确认和排序。对于网络安全测试环境这样复杂庞大的系统,通过前述检测环节,通常会发现大量威胁,无法逐个处理,并可能存在误报。一旦发现了潜在的风险,就需要通过交叉验证、人工审核等方式进行确认,并根据内部和外部上下文(如用户、角色、所处理信息的敏感性、资产的业务价值等)对风险优先级进行排序,将其直观地呈现出来,以便安全分析和运维人员能够首先关注和处理高风险问题。

持续的安全监控是及时发现威胁并进行有效处置、保障网络安全测试环境系统时刻安全的关键。应采用技术和管理手段对网络安全测试环境系统中的设备、系统、平台、业务进行的 7×24 h 的不间断监控。

5. 响应

发现威胁和攻击事件只是第一步,必须结合全面的调查取证和溯源分析来确定威胁发生的根本原因和影响范围,并制定合适的策略进行快速处置。

响应能力/阶段应至少包含以下核心内容。

(1) 调查与取证。一旦检测并确认系统受到损害,一方面需追溯分析事件发生详情来确定具体成因和全部的影响范围,以便正确处置;另一方面也需要保留证据为后续追责提供支持。调查主要依靠网络流量、系统日志、人员活动记录等。

(2) 安全决策。对于完成调查的安全事件,在事件处置前,系统必须根据事件的起因、危害程度、影响范围,结合系统实际拥有的安全资源和能力,综合决策处置事件的优化方案。

(3) 事件处置。事件处置是实施已制订处置方案的过程。其具体包括实施新的安全策略、启用新的安全流程、部署新的安全设备、向安全设备下发新的配置策略(如关闭漏洞、关闭网络端口、更新签名、更新系统配置和修改用户权限)等。

在响应阶段,速度和效率都是第一位的,如何快速调查事件、形成决策并实施是决定事件响应成功与否的关键。传统的基于设备告警进行人工分析决策和处置的方法,响应一个事件通常需要相当长的时间,往往错过了最佳的处置时机。如何利用大数据、机器学习、人工智能等方法自动化地进行安全分析、决策和响应已成为近年的研究热点。

为实现精准自动的快速响应,本书在技术层面研究智能决策和联动响应技术(见相关关键技术研究章节),与态势感知技术协作实现威胁感知、智能决策和联动响应的闭环,可实现自适应防护体系由自适应向自动化转变。

6. 恢复

恢复阶段/能力的主要目的是对攻击事件造成的破坏进行及时修复,保证网络安全测试环境系统服务的可用性和持续性,其主要包括数据的恢复和业务恢复两个方面。恢复通常需要与备份配合使用。

为实现数据恢复,前提是要提前对数据进行备份,并保证备份数据的完整可靠。

业务恢复根据具体业务种类可采取不同的方式,对于数据服务类业务可以通过数据的备份和恢复实现;对于连续性要求高的计算类服务可以采用冗余备份,或服务镜像和快照备份与恢复的方法。

2.5.4 安全模型技术视图

网络安全测试环境的安全技术体系由在线部署设备、软件、平台及其支撑数据和协议规范组成,用于安全威胁的自动化检测和防护。安全模型的技术视图用于指导网络安全测试环境安全技术体系的构建和运营,主要包括技术层面的模型组成、安全能力、安全机制和技术框架。

本节首先从模型组成要素的角度提出整体在线模型;其次,从技术角度提炼安全模型中安全策略和五大能力阶段所需的14项核心安全能力;再次,根据网络安全测试环境特点和安全需求分析,实现各技术能力所需的安全机制;接着提出支撑所有安全机制所需的安全体系技术要素和技术框架;最后,描述安全威胁的自适应防护过程,在各项安全机制的支持下,利用态势感知→智能决策→联动响应的闭环实现安全防护和技术体系的自我改善和演进。

2.5.4.1 在线模型

在线模型主要从技术层面指导网络安全测试环境防护体系的构建,解决安全状态驱动的自动化威胁防护问题。根据2.4.1.1节的分析,逻辑上网络安全测试环境系统主要包括物理与环境、网络与通信、设备与计算、应用与数据4个层次,技术层面网络安全测试环境的安全就是要利用技术手段在这4个层面上为网络安全测试环境提供足够的自动化防护,防止网络安全测试环境的技术体系被各种威胁破坏。

基于以上考虑,网络安全测试环境的在线模型主要以“智能决策”为中心,由物理与环境安全、网络与通信安全、设备与计算安全和应用与数据安全4个方面的安全技术组成,共同实现P3DR2模型中的预测、防护、检测、响应和恢复能力,组成自适应的安全闭环,如图2-32所示。

1. 智能决策

智能决策是整个安全技术体系运转的核心。在自适应防护体系中,整个安全体系构建和运行均是由安全策略指导和驱动的,随着安全状态的变化必须动态决策并调整安全策略以实现安全。在早前的防护体系中,安全决策和策略调整主要依赖人进行配置,导致安全响应效率低下。对于网络安全测试环境这样高度动态复杂的系统,通过人进行安全决策和策略调整已无法满足安全需求。随着人工智

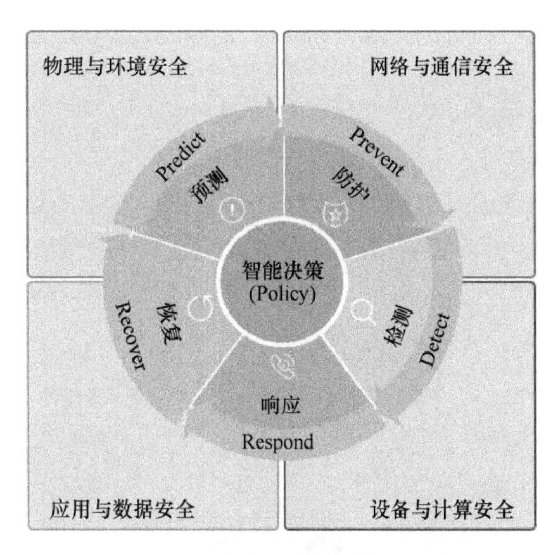

图 2-32　网络安全测试环境在线模型

能技术的发展,当前利用人工智能技术实现自动化的智能决策已成为可能。网络安全测试环境的在线模型需以智能决策为中心,借助态势感知、自动化的联动响应技术实现安全威胁的自适应防护,以极大提高威胁响应速度。

2. 物理与环境安全

物理与环境安全主要是指网络安全测试环境系统部署环境的物理安全,主要包括机房、办公区,以及配套设施等物理环境的安防与控制、自然灾害防护、电力供应、电磁防护等方面。物理与环境安全是保证其他层次安全的基础。

3. 网络与通信安全

网络与通信安全主要是指物理设备间的网络与通信通道的安全,主要保障网络通信可用、可靠、高效、信息不被泄露。对于网络安全测试环境这样的分布式系统,不但包括网络安全测试环境内部设备间、区域间网络通信的安全保障,也包括网络安全测试环境间、网络安全测试环境与用户间的网络通信保护,还包括通信网络架构安全、通信传输防护、通信边界防护、通信内容防护等方面。

4. 设备与计算安全

设备与计算安全主要是指主机设备、操作系统及其软件和服务的安全,保障设备和计算边界可控,内部环境可靠、服务可用,主要包括非授权访问的控制、系统资源防护、系统的运行保护、恶意软件防护等方面。

5. 应用与数据安全

应用与数据安全主要是指系统提供的应用服务和数据的安全,主要包括非授权访问控制,应用运行保护,应用资源保证,数据的保密性、完整性、可用性保护等方面。

在网络安全测试环境的安全技术体系中,模型的上述5个方面缺一不可,否则都无法保证安全。5个方面必须相互配合、互为补充才能实现网络安全测试环境的纵深防御和自适应安全。

2.5.4.2 安全能力

为保障网络安全测试环境系统各个层面的安全,实现网络安全测试环境系统的自适应安全防护,在线模型各阶段都需要实现若干关键能力。图2-33列举了网络安全测试环境的自适应防护体系必须具备的14项核心安全能力,及其与P3DR2模型能力阶段的对应关系。

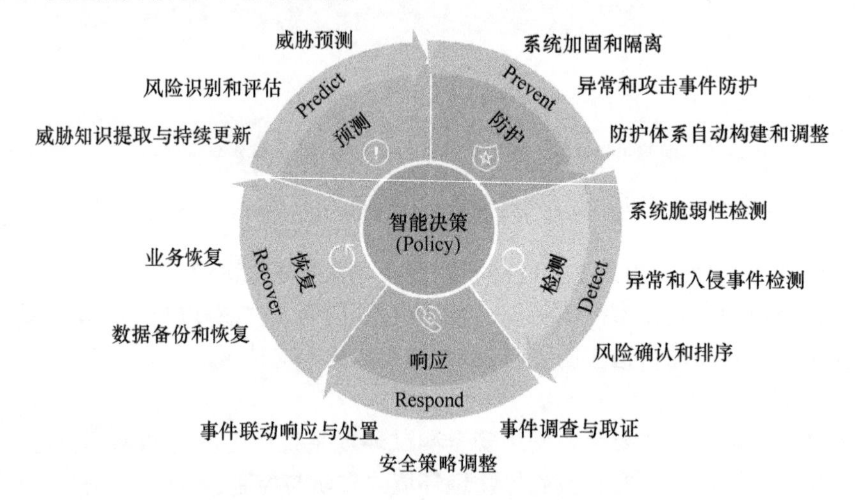

图2-33 在线模型核心能力

图中有关内容说明如下。

(1) 预测阶段需实现威胁知识提取与持续更新、风险识别和评估、威胁预测三大核心能力。

(2) 防护阶段需实现系统加固和隔离、异常和攻击事件防护、防护体系自动构建和调整三大能力。

(3) 检测阶段需实现系统脆弱性检测、异常和入侵事件检测、风险确认和排序三大能力。

(4) 响应阶段需实现事件调查与取证、安全策略调整、事件联动响应与处置三大能力。

(5) 恢复阶段需实现数据备份和恢复、业务恢复两大能力。

1. 威胁知识提取与持续更新能力

"知己知彼,百战不殆",整个网络安全测试环境的安全防护必须建立在全面掌握内外部威胁的基础上,全面、精准的威胁知识是进行准确高效的威胁预测、防护、检测和响应的关键。网络安全测试环境系统必须能通过威胁知识库构建、内部资产分析、外部情报共享等方式持续获取和更新威胁知识。

2. 风险识别和评估能力

网络安全测试环境系统将持续发生变化。例如,不断会部署新的设备和应用;不时会有用户账户被创建和注销;会有新的漏洞不断被披露。同时,网络安全测试环境系统的外部安全环境也在不断改变,通过对黑客的跟踪、黑产的调查和黑客公告栏的关注,可以及时发现外部的威胁趋势。因此,必须持续监控网络安全测试环境系统内部资产和业务变化,结合收集的威胁知识和最新的威胁情报,不断预测和评估资产可能暴露的风险和可能遭受的攻击,并按需调整安全策略或控制机制。

3. 威胁预测能力

不但资产和外部安全环境在不断变化,网络安全测试环境系统的安全状态也随着攻防过程在不断变化。态势感知作为新近出现的安全技术,能够采用大数据方法不断收集资产状态、安全日志、攻击事件和外部情报等数据,并通过持续分析感知系统上下文环境的安全态势,进而预测系统接下来可能遭受的攻击。网络安全测试环境系统应实现安全态势感知平台、自动感知系统的安全状态并进行攻击预测,结合自动决策和联动响应技术,实现入侵的自动防御。

4. 系统加固和隔离能力

任何信息安全保护架构的基础都应该从使用多种技术来加固和隔离系统、减少攻击面开始。这些技术限制了攻击者访问系统、发现攻击目标的漏洞和执行恶意软件的能力。可用的技术包括非授权访问控制、数据安全、系统脆弱性修补、物理与环境防护、网络通信防护和业务持续性保障等。传统的白名单就是一种强大的访问控制方法,如在网络防火墙的白名单(仅在此端口/协议上通信)或应用程序控制白名单(只允许这些应用程序执行)。数据加密可被视为数据层面的加固和隔离方法,可以阻止攻击者获取敏感信息。漏洞和补丁管理可以识别和关闭漏洞,减少资产被攻击的风险。端点隔离和“沙箱”技术主动限制了网络/系统/进程/应用程序与他人交互的能力,也属于此类技术。

5. 异常和攻击事件防护能力

该能力是防止黑客未经授权访问系统的能力,包括传统的“基于签名的”恶意代码防范以及基于网络和基于主机的入侵防御系统。“行为签名”也可以在不同的层面使用。例如,通过使用第三方信誉情报,并将其集成到网络、网关或基于主机的控制器(或在主机内部),以防止系统与已知的 C&C 服务器通信,或在主机内部防止一个进程将自身注入另一个进程的内存空间。

6. 防护体系自动构建和调整能力

网络安全测试环境系统的演练和测试环境多数是在控制网的操控下自动配置生成的,尤其对于使用虚拟化技术构建的环境。这就要求对应的防护体系能够自动构建,并能在必要时(如演练/测试环境改变或事件响应)进行动态调整。网络安全测试环境系统可以采用虚拟机安全、软件定义网络(SDN)、软件定义安全(SDS)、虚拟安全设备等技术实现防护体系的自动构建和动态调整。

7. 系统脆弱性检测能力

随着软件安装、系统更新、配置调整等活动的不断进行,资产的安全状态会持续改变。必须利用漏洞扫描、配置核查、基线一致性检查等手段对资产的脆弱性进行持续检测,及时发现风险及时修补,防止被各种威胁利用。

8. 异常和入侵事件检测能力

一些攻击不可避免地会绕过传统的拦截和防御机制。这种情况下,应在尽可能短的时间内检测到入侵,以最大限度地减少敏感信息的泄露和对系统的破坏。为此可以使用各种技术,但主要依赖于在自适应保护体系结构的核心处进行持续监视,收集并分析数据,发现网络或端点的异常行为。依赖于安全运营中心和态势感知平台,持续和全面的监视对于网络安全测试环境系统中异常行为的分析至关重要。

9. 风险确认和排序能力

对于网络安全测试环境这样复杂庞大的系统,通过前述检测环节,通常会发现大量威胁,很可能存在误报。一旦发现潜在的事件,就需要通过交叉验证、人工审核等方式进行确认,并根据内部和外部上下文(如用户、角色、所处理信息的敏感性、资产的业务价值等)对风险优先级进行排序,将其直观地呈现出来,以便安全分析和运维人员能够首先关注和处理高风险优先级问题。

10. 事件调查与取证能力

一旦检测并确认系统或账户受到损害,一方面需追溯分析事件发生详情来确定具体成因和全部的影响范围,以便正确处置;另一方面也需要保留证据为后续追责提供支持。调查主要依靠网络流量、系统日志、完整的数据报文等,对象可能包括攻击来源、攻击方法、利用的漏洞、使用的恶意软件、受影响的系统范围等。

11. 安全策略调整能力

对于完成调查的安全事件,在事件处置前,系统必须根据事件的起因、危害程度、影响范围,结合系统实际拥有的安全资源和能力,综合决策处置事件的优化方案。为防止再次发生类似事件,处置方案应包括调整安全策略和配置基线、修订管理流程、生成新的安全设备签名/规则/模式等。对于网络安全测试环境系统这样高度动态和协同的系统,安全防护体系需要同时具备联合各类安全资源进行协同处置的能力。

12. 事件联动响应与处置能力

事件处置是实施已制订处置方案的过程。具体包括实施新的安全策略、启用新的安全流程、部署新的安全设备、向安全设备下发新的配置策略(如关闭漏洞、关闭网络端口、更新签名、更新系统配置、修改用户权限)等。为优化资源利用、提高响应效率,系统可用新近出现的安全响应编排方案,自动化地编排设备响应过程。

13. 数据备份和恢复能力

为防止攻击破坏关键数据,防止业务因为数据损坏而出现异常,网络安全测试环境系统必须对关键数据进行备份,并在发现损坏后可以及时恢复。根据数据频度可以采用离线备份、在线冷备、在线热备等不同方式,同时,需提供备份数据的有效性核查机制,保证备份数据可用。

14. 业务恢复能力

为保证业务的可用性,网络安全测试环境系统应为系统、业务和服务提供备份,并在业务故障时及时进行恢复。根据服务可用性要求,系统或服务类的备份和恢复可以采用镜像备份、快照备份、冗余热备等不同方式。

2.5.4.3 安全机制

安全机制是实现安全能力的方法和手段的集合,上述各安全技术能力都必须有相应的安全机制支撑。本书结合网络安全测试环境的安全需求和技术架构特点,对各安全能力所需实现的安全机制进行了详细分析。

表2-3列举了安全模型各阶段的主要安全能力及其对应的主要技术机制,并将其对应到具体的安全层次。

表2-3中部分安全机制说明如下。

(1)部署环境防护机制:用于实现网络安全测试环境系统部署环境的保护,主要包括对火灾、水患、静电、电磁干扰等自然灾害的防护和对防盗、防抢等人为破坏的防护。

(2)能源供应保障机制:确保网络安全测试环境系统正常运行所需的电力、水、气等的稳定供应。

(3)物理访问控制机制:防止非授权人员进入网络安全测试环境系统的机房、监控室、办公室等场所。

(4)物理隔离机制:主要防止网络安全测试环境系统接入互联网,防止不需要互联通信的安全域或设备间存在网络连接,引入安全风险。

(5)安防监控机制:主要通过部署安防设备,对网络安全测试环境物理环境的关键位置进行24 h的监控,以便发现和处置威胁。

(6)故障监测机制:通过部署物理环境监测设备和系统,及时发现物理环境中的故障设备,指导修复。

(7)备份容灾机制:对网络安全测试环境物理环境和支撑环境进行冗余备份,在出现环境灾害或破坏时可以通过备份切换保障网络安全测试环境系统的可用。

(8)网络架构安全机制:通过合理的通信网络结构设计保证通信安全,包括网络区域划分、线路和网络设备的冗余备份等方面。

表 2-3　在线模型安全能力与安全机制对应关系

<table>
<tr><th rowspan="2">能力/阶段</th><th rowspan="2">核心安全能力</th><th colspan="4">安全机制</th></tr>
<tr><th>物理与环境安全</th><th>网络与通信安全</th><th>设备与计算安全</th><th>应用与数据安全</th></tr>
<tr><td rowspan="4">预测</td><td>威胁知识提取与更新</td><td rowspan="3"></td><td colspan="3">威胁情报共享</td></tr>
<tr><td rowspan="2">风险识别和评估</td><td colspan="3">资产监测</td></tr>
<tr><td colspan="3">漏洞扫描</td></tr>
<tr><td>威胁预测</td><td></td><td colspan="3">安全态势感知</td></tr>
<tr><td rowspan="20">防护</td><td rowspan="12">系统加固和隔离</td><td>部署环境防护</td><td>网络架构安全</td><td colspan="2">身份鉴别</td></tr>
<tr><td>能源供应保障</td><td>通信质量保证</td><td colspan="2">资源控制</td></tr>
<tr><td>物理访问控制</td><td>信道安全</td><td>镜像和快照保护</td><td>软件容错</td></tr>
<tr><td>物理隔离</td><td>链路加密</td><td>虚拟机安全</td><td>数据加密和校验</td></tr>
<tr><td rowspan="8"></td><td>边界防护</td><td>冗余备份</td><td>剩余信息保护</td></tr>
<tr><td>虚拟网络隔离</td><td>操作系统安全</td><td>个人数据保护</td></tr>
<tr><td>隔离网数据传输</td><td></td><td>敏感信息保护</td></tr>
<tr><td></td><td></td><td>密码保护</td></tr>
<tr><td></td><td></td><td>数据库安全</td></tr>
<tr><td colspan="3">访问控制</td></tr>
<tr><td colspan="3">安全审计</td></tr>
<tr><td colspan="3">安全隔离</td></tr>
<tr><td rowspan="2">防护体系自动构建和调整</td><td rowspan="2"></td><td colspan="2">安全资源虚拟化</td><td></td></tr>
<tr><td colspan="2">动态防护部署</td><td></td></tr>
<tr><td rowspan="6">异常和攻击事件防护</td><td rowspan="6"></td><td></td><td colspan="2">蜜罐与容侵</td></tr>
<tr><td colspan="3">入侵防范</td></tr>
<tr><td colspan="3">恶意代码防范</td></tr>
<tr><td colspan="2"></td><td>敏感信息泄露防护</td></tr>
<tr><td colspan="2"></td><td>数据加密和校验</td></tr>
<tr><td rowspan="3">检测</td><td rowspan="3">异常和入侵事件检测</td><td>安防监控</td><td colspan="3">异常行为发现</td></tr>
<tr><td>故障监测</td><td colspan="3">入侵检测</td></tr>
<tr><td></td><td colspan="3">恶意代码检测</td></tr>
</table>

续表

<table>
<tr><th rowspan="2">能力/阶段</th><th rowspan="2">核心安全能力</th><th colspan="4">安全机制</th></tr>
<tr><th>物理与环境安全</th><th>网络与通信安全</th><th>设备与计算安全</th><th>应用与数据安全</th></tr>
<tr><td rowspan="5">检测</td><td>异常和入侵事件检测</td><td></td><td colspan="3">安全运营监控</td></tr>
<tr><td rowspan="2">系统脆弱性检测</td><td rowspan="2"></td><td></td><td>镜像完整性检测</td><td>敏感信息泄露检测</td></tr>
<tr><td colspan="3">漏洞扫描</td></tr>
<tr><td rowspan="2">风险确认和排序</td><td rowspan="2"></td><td colspan="3">配置核查</td></tr>
<tr><td colspan="3">安全态势感知</td></tr>
<tr><td rowspan="5">响应</td><td rowspan="2">事件调查与取证</td><td>安防监控</td><td colspan="3">电子取证</td></tr>
<tr><td></td><td colspan="3">攻击溯源</td></tr>
<tr><td rowspan="2">安全策略调整</td><td></td><td colspan="3">智能决策</td></tr>
<tr><td></td><td colspan="3">安全策略自动配置</td></tr>
<tr><td>事件联动响应与处理</td><td>灾害自动响应</td><td colspan="3">联动响应</td></tr>
<tr><td rowspan="3">恢复</td><td>数据备份和恢复</td><td rowspan="3">备份容灾</td><td colspan="2"></td><td>数据备份和恢复</td></tr>
<tr><td rowspan="2">业务恢复</td><td></td><td colspan="2">镜像和快照备份与恢复</td></tr>
<tr><td colspan="2">冗余备份</td><td></td></tr>
</table>

(9) 通信质量保证机制:用于确保带宽、通信延迟等能满足网络安全测试环境系统的业务要求。

(10) 信道安全机制:保护网络信道不被干扰和破坏。

(11) 链路加密机制:采用加密或校验技术确保链路层和网络层的数据完整性和保密性。

(12) 边界防护机制:通过在区域网络边界部署防护设备对非授权的内外部网络通信行为进行限制和检查。

(13) 虚拟网络隔离机制:用于隔离不同的虚拟网络通信和演练/测试环境,避免相互干扰,确保各自网络中数据的完整性和保密性。

(14) 隔离网数据传输机制:用于在网闸、光闸、专用隔离设备等逻辑隔离的网络边界实现数据可控、可靠的传输。

(15) 访问控制机制:在网络、设备、应用、数据等不同层面设置访问控制规则,控制数据流动和用户访问行为。

(16) 安全审计机制:在网络、设备、应用、数据等不同层面对用户的行为和重要安全事件进行审计,防止非法访问。

(17) 安全隔离机制:用于在网络通信、设备、计算、软件和数据等层面实现物理和逻辑隔离。

(18) 安全资源虚拟化机制:用于实现虚拟化网络、安全设备和服务,以实现网络安全测试环境虚拟动态网络边界的安全防护体系构建。

(19) 动态防护部署机制:用于动态生成演练/测试环境的安全防护体系的自动编排和部署,以及安全事件响应过程中防护体系的重新编排和调整。

(20) 入侵防范机制:用于在网络、设备和应用层面对各种入侵行为进行防护。

(21) 恶意代码防范机制:在网络、设备和应用层面对各种恶意代码进行检测和拦截。

(22) 异常行为发现机制:对网络、设备和应用层面各种用户异常行为进行分析,发现异常的威胁。

(23) 安全运营监控机制:利用运营监控平台对网络安全测试环境系统的各种资产状态、访问行为和恶意事件进行持续监测。

(24)威胁情报共享机制:通过实现威胁情报平台或软件接口从其他网络安全测试环境或外部情报源获取威胁情报,更新本地知识库和情报库。

(25) 安全态势感知机制:用于对能够引起网络安全测试环境系统安全态势变化的安全要素进行获取、理解、显示,并对威胁的最近发展趋势的顺延性进行预测,以指导安全决策与行动。

(26) 资产监测机制:用于对网络安全测试环境中的软/硬件资产进行 7×24 h 监测,发现新出现的资产、收集资产的状态、配置和可用性信息。

(27) 漏洞扫描机制:通过扫描发现网络安全测试环境中各资产存在的安全漏洞,收集漏洞信息,为后续态势感知和漏洞修补提供支持。

(28) 配置核查机制:根据网络安全测试环境的配置基线对网络安全测试环境各资产配置的正确性进行检查,以发现错误配置及时修正。

(29) 身份鉴别机制:通过用户身份标志和鉴别,对非法的用户登录、远程管理等访问行为进行限制。

(30) 资源控制机制:通过监控重点节点和应用的 CPU、内存、磁盘、网络等系统资源,限制单个用户和应用的资源使用量,保证系统和应用的可用性。

(31) 镜像和快照保护机制:一方面用于修复镜像中的漏洞,加固镜像;另一方面防止镜像和快照被破坏不能恢复,防止镜像和快照中的机密信息泄露。

(32) 虚拟机安全机制:用于虚拟机自身的漏洞加固、访问隔离、迁移和运行过程中的保密性和完整性防护等。

(33) 冗余备份机制:通过对重点设备、软件和服务的冗余备份,防止突发故障对可用性的影响。

(34) 软件容错机制：通过输入校验、状态保护、功能降级等措施降低软件发生故障的可能，或者保证发生故障时能够继续提供核心功能。

(35) 数据加密和校验机制：通过数据加密、签名等措施用于保证数据的保密性和完整性。

(36) 剩余信息保护机制：保证资源共享环境下敏感数据的存储空间被释放或重新分配前得到完全清除，保证数据保密性。

(37) 个人数据保护机制：用于防止用户个人信息的未授权存储、访问和使用。

(38) 敏感信息保护机制：用于防止网络安全测试环境系统中的涉密和敏感系统被未授权存储、访问和使用。

(39) 密码保护机制：用于保护网络安全测试环境中的各类密码，防止被未授权访问和使用。

(40) 数据库安全机制：用于保护网络安全测试环境中的各类数据库，防止未授权的访问。

(41) 蜜罐与容侵机制：通过在网络安全测试环境的关键位置部署蜜罐和容侵系统，引诱攻击者进行攻击，阻扰攻击者攻击真实资产，并可发现攻击行为指导后续检测。

(42) 电子取证机制：对分析确认的威胁事件进行证据发现、提取和管理。

(43) 攻击溯源机制：用于对已经发现的攻击者的身份和攻击行为的实施过程进行追溯分析，以发现攻击背景和系统中存在的脆弱环节。

(44) 智能决策机制：根据安全事件的起因、危害程度、影响范围，结合系统实际拥有的安全资源和能力，综合决策处置事件的优化方案。

(45) 安全策略自动配置机制：用于依据智能决策结果自动配置和调整网络安全测试环境中的软硬件配置，以落实安全响应策略。

(46) 联动响应机制：根据安全处置决策自动地编排安全资源的响应策略和处置过程，联合各类安全资源对安全事件进行协同处置。

(47) 数据备份和恢复机制：对重点数据进行备份，当出现故障和破坏时及时进行恢复。

(48) 镜像和快照备份与恢复机制：以镜像和快照形式对重点虚拟设备、应用的运行状态进行备份，出现故障和破坏时通过镜像和快照及时恢复业务。

各安全机制的具体实施方法与各个网络安全测试环境系统的具体需求和环境相关。网络安全测试环境系统的具体实现可参见网络安全测试环境系统安全体系研究相关章节。

2.5.4.4 技术框架

利用上述安全机制构建的网络安全测试环境系统安全技术框架如图 2-34 所示。整个技术框架由物理与环境安全、网络与通信安全、设备与计算安全和应用与数据安全4个层次的安全机制和支撑机制实现的规范标准、威胁知识、安全平台和安全设备组件等安全资源组成。

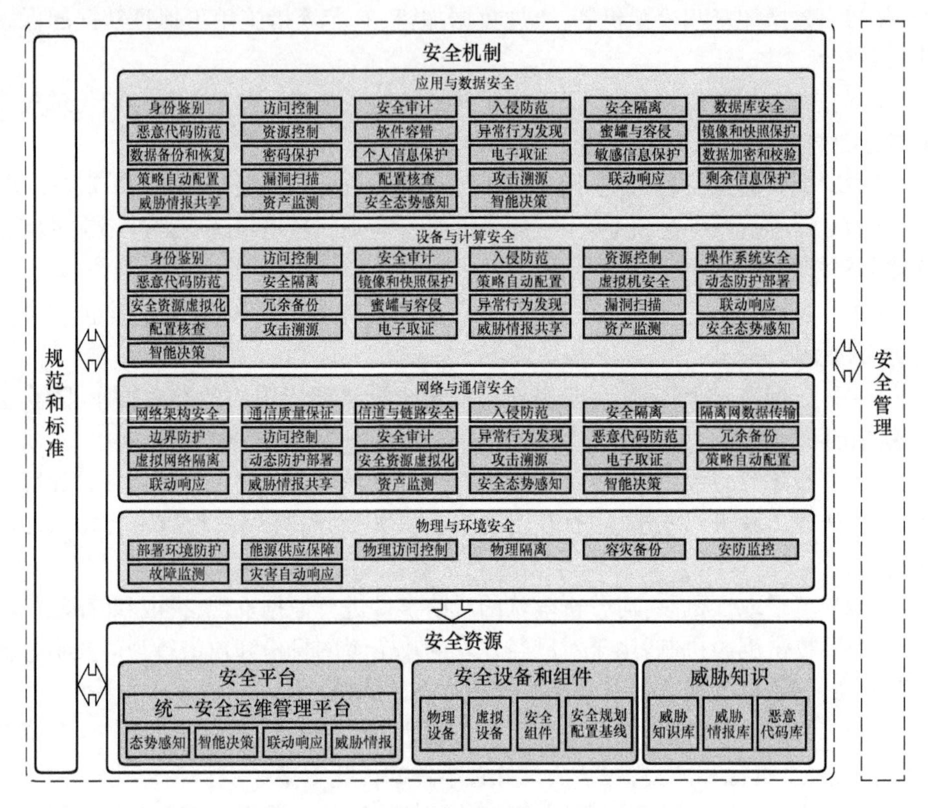

图2-34 在线模型技术框架

同时技术框架的实施和运营还需安全管理体系支撑。

安全平台方面，由统一安全运维管理平台负责整个网络安全测试环境的安全技术体系和管理体系的管理运营。其中包含态势感知、智能决策、联动响应和威胁情报四大核心功能。威胁情报功能用于从其他网络安全测试环境系统和外部情报源获取威胁情报；态势感知功能收集网络安全测试环境系统的各种态势感知相关安全要素和数据，理解、分析并展示当前的安全态势，并对威胁趋势进行研判；智能决策功能根据态势感知结果采用智能决策算法形成处置方案；联动响应功能根据智能决策形成的处置方案驱动各安全资源进行协同处置。

安全设备和组件方面，主要包括实施各种安全机制所需的物理设备、虚拟设备、安全组件，以及设备和组件的安全规则配置基线。

威胁知识方面，威胁知识库（含漏洞）、威胁情报库和恶意代码库用于支持威胁态势感知、智能决策和联动响应，以及资产的威胁评估和安全防护。

2.5.4.5 自适应安全防护

网络安全测试环境系统中影响安全的威胁因素主要分为两类：一类是资产存在的漏洞或错误配置导致的系统脆弱性；另一类是系统中潜在的异常或攻击活动。无论是脆弱性还是攻击活动，其识别和处置都遵循如下基本过程。

（1）发现威胁。通过技术或人力发现系统的脆弱性和影响安全的攻击活动。

（2）分析威胁。对威胁的来源、上下文、影响范围、威胁程度、发展趋势等影响响应策略制定的要素进行分析。

（3）制定响应策略。根据威胁分析结果、威胁知识、系统具备安全能力等因素，制定对威胁进行响应处置的安全策略。

（4）处置威胁。根据响应策略驱动技术和管理手段进行联动响应，处置威胁。

其中，能及时发现威胁并对其进行准确分析是成功地响应和处置威胁的前提。

网络安全测试环境系统的脆弱性会随着资产和业务状态的使用变化而不断变化，同时会有新的漏洞不断被披露。为及时发现网络安全测试环境系统的脆弱性和可能暴露的风险，必须持续监控网络安全测试环境系统内部资产和业务变化，核查其配置，结合收集的威胁知识和最新的威胁情报，不断检测其存在的脆弱性，并评估可能暴露的风险。

对于潜在的攻击活动，必须认识到黑客穿透系统和信息的能力永远不会被完全阻断，必须假定系统正不断受到破坏，因此必须通过不断监测和分析系统行为与数据，发现攻击行为的蛛丝马迹，进而展开追查。同时，通过持续跟踪和分析威胁情报，也可以及时发现外部攻击最新趋势对网络安全测试环境系统的威胁。在一个不断存在被攻陷可能的环境，安全防护的思维方式必须要从“事件响应”转变为“持续响应”。

基于本书提出的在线模型可实现如图 2-35 所示的安全威胁自适应防护过程。

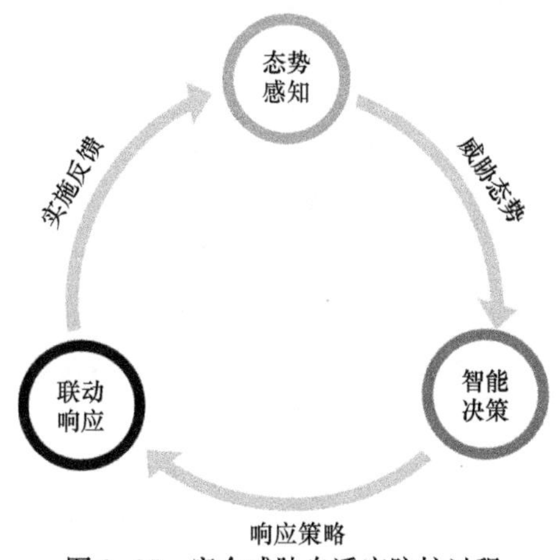

图 2-35　安全威胁自适应防护过程

自适应防护过程由态势感知、智能决策和联动响应三个闭环阶段组成,在全面“感知”网络安全测试环境系统安全状态的基础上,结合网络安全测试环境系统的安全目标、安全策略和安全能力,“智能决策”威胁响应策略,并驱动安全体系中的各种安全资源进行“联动响应”,处置威胁,从而自动适应系统安全状态的持续变化,实现动态的可持续安全。

1. 态势感知

态势感知持续监控和分析网络安全测试环境系统的资产状态、系统脆弱性、安全日志、攻击事件和威胁情报、知识库等海量数据和分析结果,分析各具体威胁的上下文环境、危害程度、影响范围和发展趋势,进而全面描述整个网络安全测试环境系统的当前安全态势、预测接下来可能遭受的攻击及其危害。当出现影响网络安全测试环境系统安全状态的安全威胁时,启动智能决策和联动响应过程。

态势感知中持续监控和分析主要对威胁发现、分析、决策和响应相关的各安全要素进行持续、全面的监控和分析,利用大数据方法采集数据、提取知识、分析威胁,为态势感知、智能决策和联动响应过程提供支持。监控的安全要素主要包括以下几种。

1) 威胁情报和知识

通过持续的情报共享及时获知新披露的漏洞、掌握外部网络威胁的变化趋势,建立威胁情报库,发现和评估最新威胁对本地网络安全测试环境系统的威胁状况。同时,通过持续的威胁情报分析和本地事件分析,不断更新本地威胁知识库,为威胁态势感知、智能决策和联动响应提供支持。

2) 资产和业务

通过持续的数据采集和信息汇总,监控网络安全测试环境系统内部资产和业务的数量与状态变化,更新资产库,分析资产的脆弱性,评估资产可能暴露的风险和可能遭受的攻击,支持态势感知和安全决策过程。

3) 威胁事件

不断地从安全设备、平台和人员收集与汇聚各种安全事件(历史的、当前的、已处置的、未处置的……),跟踪事件上下文和处置状态,进而可进行威胁态势分析、攻击预测、智能决策和事件处置。

4) 安全资源

实时跟踪安全资源池中安全设备(含虚拟设备)、软件、组件等各资源的种类、数量、能力、配置、位置、可用性等状态信息,更新安全资源库,为智能决策和联动响应提供支持。

5) 安全策略

实时跟踪各种安全策略的调整和安全策略库的变化,将安全策略应用于态势感知、智能决策和联动响应各过程,并跟踪和核查安全策略执行情况。

为了能够对高级威胁做出真正的适应性和基于风险的反应，安全保护过程的核心将是持续、普遍的监视和可见性，并不断地进行分析，以发现威胁的迹象。要将监控过程中获取的大量多维数据提取为企业的可操作洞察力，可以使用启发式、统计分析、推理建模、机器学习、聚类分析、实体链接分析和贝叶斯模型等多种技术对数据进行分析。有效的安全保护平台应包括特定领域的嵌入式分析作为核心能力，以及传统的安全信息和事件管理系统。尽可能多地覆盖网络活动、端点、系统交互、应用程序事务和用户活动监视。

2. 智能决策

智能决策依据态势感知描述的安全态势和威胁发展趋势，结合网络安全测试环境系统的安全目标、安全策略、安全能力和安全知识，综合确定对安全威胁进行响应策略。根据安全威胁的不同，响应策略可以包括安全策略调整、系统加固、防御体系调整、事件处置、备份和恢复等多种方式。

3. 联动响应

联动响应具体落实安全决策过程制定的响应策略，根据安全资源当前状况，联合采用技术、管理等不同手段对安全威胁进行处置，跟踪和验证响应结果，并将执行结果反馈给态势感知，以便态势感知实时掌握系统安全状态，必要时启动新的安全决策和联动响应过程。

自适应防护模型中的各个过程可以同时采用技术或管理手段实现。模型各过程与图2-33所示安全阶段和能力的对应关系如表2-4所列。

表2-4　安全过程与在线模型能力和阶段的对应关系

阶段	智能决策	预测	防护	检测	响应	恢复
态势感知		√		√		
智能决策	√				√	
联动响应			√		√	√

与态势感知、智能决策、联动响应相关的关键技术研究详见本书的后续章节。

2.5.5 安全模型管理视图

网络安全测试环境的安全管理体系由线下的策略方针、制度、机构、人员和操作流程等管理要素组成，着重解决需要人力和管理手段参与的网络安全防护体系构建和运营管理问题。安全模型的管理视图用于指导网络安全测试环境安全管理体系的构建和运营，主要包括管理体系组成、管理层面的安全能力、安全机制和组成框架。

本节首先从模型组成要素的角度提出整体离线模型；然后提炼安全模型中五

大能力阶段所需的13项核心安全管理能力;其次根据网络安全测试环境特点和安全需求分析实现各管理能力所需的安全管理机制;再次提出支撑所有安全机制所需的管理体系组成要素和框架;最后描述其持续改善和演进的过程。

2.5.5.1 离线模型

离线模型主要从管理层面指导网络安全测试环境防护体系的构建和整个安全体系的运营管理。

当前网络安全测试环境系统的安全防护问题尚无法通过技术手段完全解决,需要通过管理手段借助人力共同处理。首先,网络安全测试环境的安全体系建设需要人力参与管理,安全体系的运营管理也需要人力参与;其次,网络安全测试环境系统中技术以外的人员、机构、制度规范、对外协作等过程中引入的安全问题更需要管理手段加以解决。

从管理学的角度看,管理工作主要由业务管理,以及支撑业务管理的机构、人员、制度和规范的管理组成。基于以上考虑,同时参考等保、分保、ISO 27001等主流规范,本节提出的网络安全测试环境的离线安全模型以策略方针为中心,包括安全建设管理、安全运维管理、制度和规范管理,以及机构和人员管理4个方面,共同组成P3DR2模型的预测、防护、检测、响应和恢复的安全闭环,如图2-36所示。

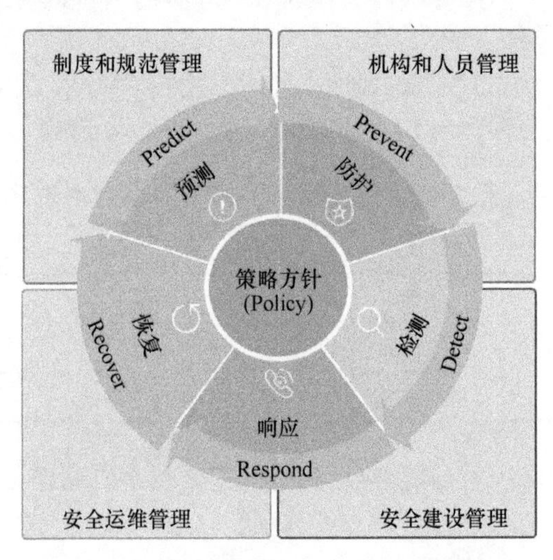

图2-36 网络安全测试环境的离线安全模型

1. 策略方针

策略方针是根据网络安全测试环境系统的安全需求和内外部约束制定的一系列用于指导防护体系设计、构建、运维、管理等安全活动的安全策略和指导方针,用于指导和约束网络安全测试环境安全管理工作的各个方面,是安全管理体系的核心。策略方针既包括安全工作的总体目标、范围、原则和框架等总体方针,也包括具体指导安全运维的管理策略、技术规范、防护规则等。安全管理体系的各项工作都必须在相应的策略方针指导下进行。

2. 制度和规范管理

制度和规范管理主要是对指导方针、安全策略,以及各项管理制度和标准规范的管理。指导方针、安全策略、管理制度和标准规范是对网络安全测试环境体系建设和运维管理的符合性要求,其中存在的缺陷将导致网络安全测试环境体系存在各种技术和管理层面的脆弱性,进而引起各种安全问题。制度和规范管理的目标就是要为网络安全测试环境系统维护一套符合策略方针的、完善的管理制度和标准规范,具体工作包括网络安全测试环境中各种指导方针、安全策略、管理制度和标准规范的制定、发布、核查、评审和修订等。

3. 机构和人员管理

机构和人员管理主要是对网络安全测试环境系统中的机构和人员进行管理,不仅包括对网络安全测试环境系统中各级机构及其工作人员的管理,也包括对外部相关机构和人员的管理。人是网络安全测试环境系统的直接使用者和操作者,是影响网络安全测试环境安全的重要因素。机构和人员管理的目标一方面是防止恶意的人员接触网络安全测试环境,防止人员进行非授权的访问;另一方面是为网络安全测试环境的管理设置合理的机构,并选配能胜任其岗位的工作人员。其主要包括管理机构设置,人员配置,工作人员的聘用、在岗、离岗管理,以及外部相关机构和人员的管理等。

4. 安全建设管理

安全建设管理包括网络安全测试环境系统建设过程中与安全相关的各种管理功能,其主要目标是通过建设阶段的严格管理,确保建立一个安全的网络安全测试环境系统,涉及网络安全测试环境初建和改建的所有过程,包括需求分析、方案设计、产品采购、软件开发管理、建设实施、验收等各个方面。

5. 安全运维管理

安全运维管理负责网络安全测试环境系统建成后持续运营阶段的安全管理工作,主要目标是保证网络安全测试环境系统整个运营过程中的持续安全,其管理工作包括网络安全测试环境的系统运维、运营监控、资产管理、脆弱性检测和防护、威胁事件检测与响应等方面。

网络安全测试环境的安全管理和安全技术是互相支撑、相互影响的两个方面,网络安全测试环境需要在在线模型和管理模型的共同指导下建设整体的安全体系,持续保障网络安全测试环境安全。

2.5.5.2 安全能力

为全面实现网络安全测试环境系统安全管理,管理模型各阶段都需要若干关键能力。图 2-37 列举了管理体系必须具备的 13 项核心安全能力,及其与 P3DR2

模型各安全能力和阶段的对应关系。

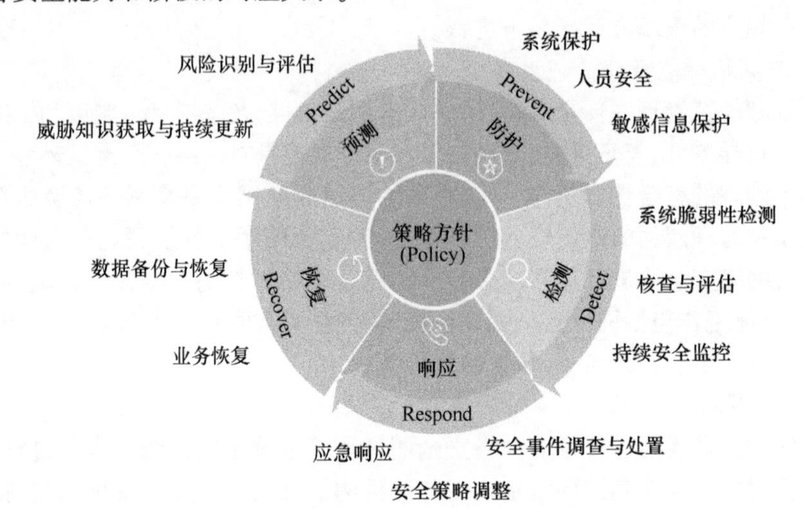

图 2-37　安全管理模型核心能力

图中的内容说明如下：

(1) 预测阶段需实现威胁知识提取与持续更新、风险识别与评估能力。

(2) 防护阶段需实现系统保护、人员安全、敏感信息保护三大能力。

(3) 检测阶段需实现系统脆弱性检测、核查与评估、持续安全监控能力。

(4) 响应阶段需实现安全事件调查与处置、安全策略调整、应急响应三大能力。

(5) 恢复阶段需实现数据备份与恢复、业务恢复能力。

1. 威胁知识提取与持续更新能力

具体内容与在线模型一致。

2. 风险识别与评估能力

具体内容与在线模型一致。

3. 系统保护能力

系统安全保护是安全管理体系的核心内容。为保护网络安全测试环境系统安全，必须借助技术和管理手段对系统中的人员、设备、系统和业务进行防护，其主要包括环境保护、资产管理、系统脆弱性识别和加固、入侵防范、授权管理等方面。

4. 人员安全能力

人员是安全管理的主体，人员安全通过对人员的录用、在岗、离岗和培训等阶段的安全管理，消除恶意人员对网络安全测试环境安全的威胁，同时通过增强人员的安全意识和能力确保系统各安全管理工作的有效实施。

5. 敏感信息保护能力

敏感信息保护能力是保护网络安全测试环境系统中的敏感数据、保密资料不被泄露,或非授权的访问和篡改的能力。

6. 系统脆弱性检测能力

随着软件安装、系统更新、配置调整等活动的不断进行,资产的安全状态会持续改变。必须利用漏洞扫描、配置核查、基线一致性检查等手段对资产的脆弱性进行持续检测,及时发现风险及时补救。

7. 核查与评估能力

核查与评估能力是指对网络安全测试环境安全管理体系涉及的机构、人员、制度、管理流程等安全元素进行周期性审核和检查,发现并消除存在安全隐患的能力。

8. 持续安全监控能力

持续的安全监控是及时发现威胁、并进行有效处置,保障网络安全测试环境系统时刻安全的关键。其包括采用技术和管理手段对网络安全测试环境系统中的设备、系统、平台、业务的 7×24 h 的不间断监控。

9. 安全事件调查与处置能力

一旦发现危害系统的安全事件,一方面需追溯分析事件发生详情来确定具体成因和全部的影响范围,以便正确处置并保留证据为后续追责提供支持;另一方面需要及时根据安全策略和处置预案对安全事件进行正确处置,可能的处置方式包括实施新的安全策略、启用新的安全流程、调整安全管理的制度、人员、部署新的安全设备、向安全设备下发新的配置策略(如关闭漏洞、关闭网络端口、更新签名、更新系统配置、修改用户权限)等。

10. 安全策略调整能力

对于完成调查的安全事件,在事件处置前,系统必须根据事件的起因、危害程度、影响范围,结合系统实际拥有的安全资源和能力,综合决策处置事件的优化方案。为防止再次发生类似事件,策略调整方案应包括调整安全策略和配置基线、修订管理流程、生成新的安全设备签名/规则/模式等。

11. 应急响应能力

应急响应能力是指根据安全策略、制度制订应急预案,在突发安全事故或紧急威胁时根据预案进行响应和处置能力。

12. 数据备份与恢复能力

具体内容与在线模型一致。

13. 业务恢复能力

具体内容与在线模型一致。

2.5.5.3　安全机制

安全机制是实现安全能力的方法和手段的集合。上述各安全管理能力都必须有相应的安全机制支撑。本书结合网络安全测试环境的安全需求和业务特点，对各管理能力所需实现的管理机制进行了详细分析。

表2-5列举了离线模型各阶段的主要安全能力及其对应的主要管理机制，并将其对应到制度和规范管理、机构和人员管理、安全建设管理和安全运维管理4个管理维度。

表2-5　安全管理模型安全能力与安全机制对应关系

<table>
<tr><th rowspan="2">阶段</th><th rowspan="2">核心安全能力</th><th colspan="6">安全机制</th></tr>
<tr><th colspan="2">制度和规范管理</th><th colspan="2">机构和人员管理</th><th>安全建设管理</th><th>安全运维管理</th></tr>
<tr><td rowspan="7">预测</td><td rowspan="4">威胁知识获取与持续更新</td><td rowspan="22">指导方针
安全策略
管理制度
标准规范</td><td rowspan="4"></td><td rowspan="22">机构和岗位设置
人员配置</td><td rowspan="4"></td><td rowspan="4"></td><td>威胁知识库管理</td></tr>
<tr><td>威胁情报库管理</td></tr>
<tr><td>漏洞库管理</td></tr>
<tr><td>恶意代码库管理</td></tr>
<tr><td rowspan="3">风险识别与评估</td><td rowspan="3">监管机构联系与管理</td><td>审核与检查管理</td><td>安全体系规划</td><td>安全态势评估</td></tr>
<tr><td>用户审批管理</td><td>安全需求管理</td><td>系统风险评估</td></tr>
<tr><td></td><td>设备安全性测试</td><td>演练方案评估</td></tr>
<tr><td rowspan="15">防护</td><td rowspan="12">系统保护</td><td>合规性检查</td><td rowspan="12"></td><td>安全方案设计</td><td>环境管理</td></tr>
<tr><td rowspan="14"></td><td>自行软件开发管理</td><td>资产管理</td></tr>
<tr><td>外包软件开发管理</td><td>业务管理</td></tr>
<tr><td>产品采购和使用</td><td>配置管理</td></tr>
<tr><td>工程实施管理</td><td>资产脆弱性修补</td></tr>
<tr><td>系统交付管理</td><td>网络与系统安全管理</td></tr>
<tr><td rowspan="6"></td><td>恶意代码防范管理</td></tr>
<tr><td>账号和密码管理</td></tr>
<tr><td>设备维护管理</td></tr>
<tr><td>外包运维管理</td></tr>
<tr><td>服务授权管理</td></tr>
<tr><td>镜像安全管理</td></tr>
<tr><td rowspan="3">人员安全</td><td>人员录用管理</td><td>服务供应商管理</td><td rowspan="3"></td></tr>
<tr><td>人员离岗管理</td><td>产品供应商管理</td></tr>
<tr><td>安全意识教育培训</td><td></td></tr>
</table>

续表

<table>
<tr><th rowspan="2">阶段</th><th rowspan="2">核心安全能力</th><th colspan="6">安全机制</th></tr>
<tr><th colspan="2">制度和规范管理</th><th colspan="2">机构和人员管理</th><th>安全建设管理</th><th>安全运维管理</th></tr>
<tr><td rowspan="6">防护</td><td rowspan="4">人员安全</td><td rowspan="20">制定和发布管理</td><td rowspan="4"></td><td rowspan="20">沟通和合作</td><td>业务相关单位管理</td><td rowspan="4"></td><td rowspan="4"></td></tr>
<tr><td>外部人员访问管理</td></tr>
<tr><td>授权和审批管理</td></tr>
<tr><td>外部专家和组织管理</td></tr>
<tr><td rowspan="2">敏感信息保护</td><td rowspan="2"></td><td rowspan="2">保密管理</td><td>安全保密产品选型</td><td>介质管理</td></tr>
<tr><td>源码和软件保护</td><td>数据和资料管理</td></tr>
<tr><td rowspan="8">检测</td><td rowspan="3">系统脆弱性检测</td><td rowspan="3"></td><td rowspan="6">审核与检查管理</td><td rowspan="6">测试与验收管理</td><td>漏洞扫描</td></tr>
<tr><td>配置核查</td></tr>
<tr><td>漏洞与风险管理</td></tr>
<tr><td rowspan="3">核查与评估</td><td>评审管理</td><td>系统可用性测试</td></tr>
<tr><td>实施管理</td><td>系统安全性测试</td></tr>
<tr><td>合规性检查</td><td>访问权限复查</td></tr>
<tr><td rowspan="2">持续安全监控</td><td rowspan="2"></td><td rowspan="2">工作日志管理</td><td rowspan="2">工程实施管理</td><td>安全事件监控</td></tr>
<tr><td>设备和系统运行监控</td></tr>
<tr><td rowspan="6">响应</td><td rowspan="2">安全事件调查与处置</td><td rowspan="2"></td><td>违规处置管理</td><td>合同和违约管理</td><td>安全事件处置</td></tr>
<tr><td></td><td></td><td>事件处置方案管理</td></tr>
<tr><td rowspan="2">安全策略调整</td><td rowspan="2">修订管理</td><td rowspan="2"></td><td rowspan="2">建设方案变更管理</td><td>规则变更管理</td></tr>
<tr><td>配置变更管理</td></tr>
<tr><td rowspan="2">应急响应</td><td rowspan="2"></td><td rowspan="2"></td><td rowspan="2"></td><td>应急预案管理</td></tr>
<tr><td>应急响应</td></tr>
</table>

续表

<table>
<tr><th rowspan="2">阶段</th><th rowspan="2">核心安全能力</th><th colspan="6">安全机制</th></tr>
<tr><th colspan="2">制度和规范管理</th><th colspan="2">机构和人员管理</th><th>安全建设管理</th><th>安全运维管理</th></tr>
<tr><td rowspan="3">恢复</td><td>数据备份与恢复</td><td rowspan="3">制定和发布管理</td><td></td><td rowspan="3">沟通和合作</td><td></td><td rowspan="3">源码和软件备份管理</td><td>数据备份管理</td></tr>
<tr><td rowspan="2">业务恢复</td><td rowspan="2"></td><td rowspan="2"></td><td>业务恢复管理</td></tr>
<tr><td>镜像与快照管理</td></tr>
</table>

表中内容说明如下。

(1) 指导方针:用于引导防护体系设计、构建、运营、管理等安全活动的原则和纲领。

(2) 安全策略:根据指导方针和安全需求制定的一整套用于网络安全测试环境系统所有与安全相关活动的规则。这些规则由安全管理机构建立并实施。

(3) 管理制度:根据网络安全测试环境安全需求和策略方针制定的,网络安全测试环境的安全管理相关活动中必须遵守的一系列操作规程。

(4) 标准规范:网络安全测试环境系统的安全管理相关活动必须遵守的规范性文件,既包括网络安全测试环境外部已经存在的标准规范,也包括网络安全测试环境内部制定的标准规范。

(5) 制定和发布管理:对指导方针、安全策略、管理制度和标准规范的制定与发布过程进行管理。

(6) 评审和修订管理:对已制定的指导方针、安全策略、管理制度和标准规范的合理性和适用性进行论证、审定和修改过程进行管理。

(7) 实施管理:对指导方针、安全策略、管理制度和标准规范在实际工作中的落实情况进行监督和管理。

(8) 合规性检查:检查核对网络安全测试环境中的安全活动是否符合指导方针、安全策略、管理制度和标准规范的具体要求。

(9) 监管机构联系与管理:网络安全测试环境安全策略、管理制度和标准规范的制定会受到外部相关监管机构的监管要求影响。该项管理用于保持与这些监管机构的联系,获取最新的监管要求,以评估和修订现有的各项制度标准。

(10) 机构和岗位设置管理:根据网络安全测试环境的业务和管理需要进行管理机构、岗位及其管理职能和任职要求的设置、调整和管理。

(11) 人员配置管理:根据岗位任职要求和数量进行人员配置、调整和管理。

(12) 人员录用管理:在人员的招聘、选拔和录用过程中对人员的安全性和技能满足程度进行考核的管理机制。

(13) 人员离岗管理:在人员离岗过程中的安全管理,主要包括工作交接、账号消除、介质回收、安全保密等方面。

(14) 安全意识教育培训:对网络安全测试环境工作人员和用户进行安全意识教育和安全技能培训,以减少人为因素引入的安全风险。

(15) 外部人员访问管理:对外访人员在网络安全测试环境系统内各项活动的管理,防止外访人员违规访问系统,泄露敏感信息。

(16) 沟通和合作管理:负责组织内部(人员、组织、机构)和外部(网络安全测试环境系统、监管机构、上下游供应商、安全专家及组织等)的合作与沟通管理。

(17) 授权和审批管理:对网络安全测试环境系统中的各项操作和管理活动设立和实施审查审批程序和制度,防止非授权活动破坏系统安全。

(18) 保密管理:根据保密规定对保密相关的人员、规程和制度的管理,为防止涉密信息和系统被破坏和泄露。

(19) 审核与检查管理:定期或不定期地对机构和人员的工作情况进行审核与检查,以发现工作中存在的安全问题,并及时排除。

(20) 用户审批管理:对网络安全测试环境中参与演练测试的人员和机构进行审批与管理。

(21) 业务相关单位管理、外部专家和组织管理:对业务相关单位、外部专家和组织进行备案和管理,一方面减少对外合作中引入的安全风险,另一方面为安全活动提供支持。

(22) 违规处置管理:建立违规处罚标准和制度,对网络安全测试环境活动中人员和机构的违规行为进行处罚。

(23) 安全需求管理:制定、审核和修订网络安全测试环境的安全需求,并监督其实施。

(24) 安全体系规划:根据网络安全测试环境业务和安全现状,预测网络安全测试环境安全体系建设的新需求,对未来网络安全测试环境安全体系建设的目标、内容和进度进行合理规划。

(25) 安全方案设计管理:对安全体系设计过程的管理,保证安全设计能满足网络安全测试环境系统安全需求,消除安全体系中存在的风险。

(26) 工程实施管理、测试与验收管理、系统交付管理:对网络安全测试环境系统建设各过程的安全管理,检测并消除系统存在的各种安全风险,保证上线系统的安全。

(27) 产品采购和使用:对安全产品的选型、测试和采购等环节进行管理,保证采购产品的功能和安全性符合要求。

(28) 自行软件开发管理、外包软件开发管理:对网络安全测试环境系统中软件的开发环境、开发规范、开发流程、软件测试等环节的管理,以消除软件中存在的漏洞、恶意代码等安全隐患。

(29) 服务供应商管理、产品提供商管理:对网络安全测试环境系统中服务提供商和产品提供商的选择、评估、审核、变更等过程的管理,确保服务质量和安全性,排除服务供应商和产品提供商泄露敏感信息的隐患。

(30) 安全保密产品选型:确定网络安全测试环境使用的安全保密产品的安全指标,管理安全保密产品选购过程。

(31) 源码和软件保护:对网络安全测试环境中自行开发或外包开发的软件及其源码进行安全存储,防止非授权的访问,通过备份防止丢失。

(32) 威胁知识库管理、威胁情报库管理:对威胁知识和情报库的构建、更新、使用等过程的管理。

(33) 系统风险评估:根据网络安全测试环境业务、资产现状、发现的脆弱性、外部威胁态势和历史威胁发生情况,评估网络安全测试环境面临的安全风险,指导网络安全测试环境安全体系建设和威胁防护。

(34) 安全态势评估:对网络安全测试环境系统的安全现状和未来发展趋势进行评估,指导网络安全测试环境安全体系规划。

(35) 演练方案评估:在演练测试任务执行前,对用户上报的安全方案进行评估,以发现演练测试过程中可能引发的安全威胁,提前制订防护方案。

(36) 环境管理:对网络安全测试环境系统的机房、监控室、办公室等物理环境及其配套设施的安全管理,包括环境安全、设施维护、出入管理等方面。

(37) 资产管理:对网络安全测试环境系统中设备、系统、装备、软件、数据等资产的管理,包括资产清单、状态跟踪、重要性和优先级标志和排序、资产相关人员和供应商的角色和职责管理,使用、传输、存储等过程管理等方面。

(38) 业务管理:对网络安全测试环境系统中业务和服务的管理,包括业务和服务的目标、关键功能、依赖物、利益相关方、优先级、服务质量、安全管理角色、职责和风险管理决策等。

(39) 介质管理:对数据和信息存储介质的存储、传输和使用过程的保护和管理。

(40) 数据和资料管理:对重要的数据和资料进行安全存储,防止非授权的访问。

(41) 设备维护管理:对设备、设施进行维护、维修等管理,包括维护人员、维护管理制度、流程等方面。

(42) 漏洞与风险管理:对网络安全测试环境系统中的漏洞和隐患进行识别、评估和修补。

(43) 网络与系统安全管理:主要是对网络安全测试环境系统中的通信网络和计算机系统进行管理,包括网络连接、网络配置、访问控制管理,系统账号管理、系统配置和升级管理、日志和运营记录管理,网络和系统的日常巡检管理等方面。

（44）配置管理：主要是对网络、设备、系统、软件组件等的参数、配置和基线进行管理。

（45）恶意代码防范管理：对恶意代码库和防范恶意代码的设备、软件、技术、流程和制度的管理。

（46）账号和密码管理：根据相关账号和密码管理规定与安全策略，对账号验证和通信加密使用的密码设置、存储和传输过程进行管理。

（47）外包运维管理：对外包运维服务商的筛选、技术和管理能力评估、签约、日常运维服务等的管理，确保外包运维服务能满足网络安全测试环境系统安全要求，控制泄露敏感信息的风险。

（48）配置变更管理：主要是对网络安全测试环境系统中的人员、设备、业务、配置、基线、流程、制度等不同类型的变更过程的管理，保证变更过程符合变更需求和安全策略要求。

（49）服务授权管理：对网络安全测试环境中服务的开放对象、开放内容和开放权限进行审批与授权管理。

（50）系统安全性测试：定期或不定期地利用模拟攻击、验证测试等手段检测网络安全测试环境系统的安全性，发现系统中存在的风险。

（51）设备和系统运行监控：在技术手段辅助下对整个网络安全测试环境系统中的设备和系统的运行状态、安全威胁进行监控的过程。

（52）安全事件处置：制定安全事件报告和处置的管理制度和流程，并根据制度和流程对安全事件进行报告、处置和响应。

（53）应急预案管理：包括不同事件的应急预案库，以及预案的制定、培训、演练、评估、修订和人员与技术等资源保障等方面。

（54）数据备份与业务恢复管理：包括数据、应用、设备和系统等不同类型的备份策略制定和备份的制作、存储、恢复等过程的管理，以及备份本身的安全性和可用性保护。

（55）镜像与快照管理：包括网络安全测试环境系统中所有镜像和快照的制作、存储、传输和使用的管理，以及镜像本身的加固和配置管理。

以上各管理机制在网络安全测试环境系统中的具体落实措施详见安全体系研究相关章节。

2.5.5.4 管理框架

利用上述安全机制构建的网络安全测试环境系统安全管理框架，如图 2-38 所示。整个安全管理框架由制度和规范管理、机构和人员管理、安全建设管理和安全运维管理 4 个方面的管理体系和相关的法规标准以及外部相关方组成。

法规和标准是安全体系建设必须满足的外部约束，包括法律法规、国家标准、等保/分保/网络安全测试环境标准规范等。

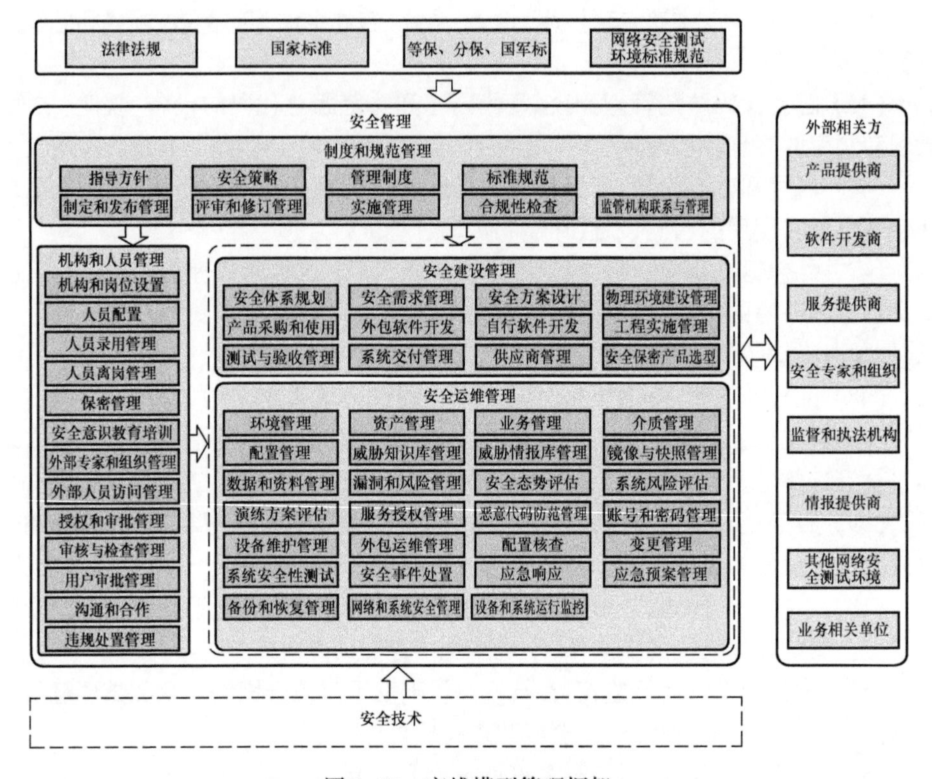

图 2-38　离线模型管理框架

外部相关方包括安全管理体系的建设支撑机构和利益或业务相关单位。

安全管理框架中,制度和规范管理、机构和人员管理是实施安全建设管理与运维管理的基本保障;安全建设管理和安全运维管理负责网络安全测试环境系统建设和运营过程中的具体安全保障。

2.5.5.5　管理体系持续改进

安全体系的运营过程应该是一个持续治理、不断完善的过程。随着时间的推移,安全需求、法律规范、体系架构等都会逐渐变化,安全策略、人员、制度、流程、技术等方面也会不断发现问题,安全体系应遵循规划、实施、评估和调整的流程持续治理和改善,保持与网络安全测试环境系统的安全要求相匹配。

参 考 文 献

[1] LELARGE M, BOLOT J. Network Externalities and the Deployment of Security Features and Protocols in the Internet [J]. ACM SIGMETRICS Performance Evaluation Review, 2008, 36(1): 37-48.

[2] KENT S, SEO K. Security Architecture for the Internet Protocol:RFC 4301[S]. IETF, 2005.
[3] RESCORLA E. SSL and TLS: Designing and Building Secure Systems [M]. Boston: Addison-Wesley Reading, 2001.
[4] LEECH M,GANIS M,LEE Y,et al. SOCKS Protocol Version 5:RFC 1928[S]. IETF,1996.
[5] SCOTT D, SHARP R. Abstracting Application-level Web Security[C]// Proceedings of the 11th International Conference on World Wide Web,2002:396-407.
[6] BABAR S, STANGO A, PRASAD N, et al. Proposed Embedded Security Framework for Internet of Things (IoT)[C]// Proceedings of the 2nd International Conference on Wireless Communication, Vehicular Technology, Information Theory and Aerospace & Electronic Systems Technology (Wireless VITAE), 2011.
[7] FOLTS H C. Open Systems Interconnection Reference Model [M]//MAZDA F(Ed). Telecommunications Engineer ' s Reference Book. Elsevier,1993.
[8] 张建标, 赖英旭, 侍伟敏. 信息安全体系结构 [M].北京: 北京工业大学出版社, 2011.
[9] DEFENSE INFORMATION SYSTEMS AGENCY. Technical Architecture Framework for Information Management[Z]. US DoD,1993.
[10] 文锋, 罗川. Intel CDSA 概述 [J]. 电子计算机, 2001(6):16-19.
[11] 赵静, 杨宝琪. 美军信息系统网安全保密体制 [J]. 外军电信动态, 2004(3):22-26.
[12] NSA. Information Assurance Technical Framework,Release 3.1:ADA606355[R]. NSA,2002.
[13] 闫辉, 杜建发. 关于加强信息安全保障体系的思考 [J]. 信息通信, 2017(4): 167-168.
[14] SCHWARTAU W. Time-based security explained: Provable security models and formulas for the practitioner and vendor [J]. Computers & Security, 1998, 17(8): 693-714.
[15] HAN R S, XU K Y, ZHAO B. Research and Design of Policy Deployment Model for P2DR Model [J]. Computer Engineering, 2008, 34(20):180-183.
[16] 林柄梅, 张建东, 胡睿智. PDRR 网络安全模型 [J]. 计算机光盘软件与应用, 2010(11): 57-59.
[17] 周海刚, 邱正伦, 肖军模. 网络主动防御安全模型及体系结构 [J]. 解放军理工大学学报 (自然科学版), 2005, 6(1): 40-43.
[18] 潘洁, 刘爱洁. 基于 APPDRR 模型的网络安全系统研究 [J]. 电信工程技术与标准化, 2009, 22(7): 27-30.
[19] 姚传军. WPDRRC 信息安全模型在安全等级保护中的应用 [J]. 光通信研究, 2010(5): 27-29.
[20] 夏拥军, 杜文琦. 浅谈 MAP2DR2 安全模型在等级保护下的应用 [J]. 信息网络安全, 2013(10):17-20.
[21] 方滨兴, 贾焰, 李爱平, 等. 网络空间靶场技术研究 [J]. 信息安全学报, 2016, 1 (3):1-9.
[22] 周学广, 刘艺. 信息安全学 [M]. 北京:机械工业出版社. 2003.
[23] KREIZMAN G, ROBERTSON B. Incorporating Security into the Enterprise Architecture Process [R]. Gartner Research, 2006.

[24] SHERWOOD J, CLARK A, LYNAS D. Enterprise Security Architecture-SABSA [J]. Information Systems Security, 2004, 6(4): 1-27.

[25] HAREN V. TOGAF Version 9.1 [M]. Zaltbommel,Netherlands:Van Haren Publishing, 2011.

[26] SHERWOOD N A,CLARK A,LYNAS D. Enterprise Security Architecture: A Business-Driven Approach [M]. Boca Raton,FL:CRC Press, 2005.

[27] 吴炎太，林斌，孙烨．基于生命周期的信息系统内部控制风险管理研究 [J]. 审计研究，2009，(6):87-92.

[28] RACHAMADUGU V, ANDERSON J A. Managing Security and Privacy Integration Across Enterprise Business Process and Infrastructure[C]// Proceedings of the 2008 IEEE International Conference on Services Computing, SCC, 2008:351-358.

[29] ROSS R. Managing Enterprise Security Risk with NIST Standards [J]. Computer, 2007, 40(8): 88-91.

[30] BAHMANI F, SHARIATI M, SHAMS F. A Survey of Interoperability in Enterprise Information Security Architecture Frameworks[C]// Proceedings of the 2010 2nd International Conference on Information Science and Engineering. ICISE,2010:1794-1797.

[31] MYLER E, BROADBENT G. ISO 17799: Standard for security [J]. Information Management, 2006, 40(6): 43-52.

[32] COCKBURN A. Agile Software Development The Cooperative Game [M]. Boston:Addison-Wesley 2002.

[33] CALDER A, WATKINS S. IT Governance: An International Guide to Data Security and ISO 27001/ISO 27002 [M]. London:Kogan Page Publishers, 2012.

[34] ODA S M, FU H R ZHU Y. Enterprise Information Security Architecture a Review of Frameworks, Methodology, and Case Studies[C]//Proceedings of the 2009 2nd IEEE International Conference on Computer Science and Information Technology. ICCSIT 2009:333-337.

[35] KIZZA J M. Standardization and Security Criteria: Security Evaluation of Computer Products [M]//Guide to Computer Network Security Cham. Springer, 2017: 351-364.

[36] 黄元飞．信息技术安全性评估准则研究 [D]. 成都:四川大学, 2002.

[37] MELTON R. Integration of Risk Management with the Common Criteria (ISO/IEC 15408: 1999)[C]// Proceedings of the 5th International CC Conference. Berlin, 2004.

[38] ZHANG H,ZHAN H H. A Comparative Study of ISO/IEC27001 Based Information Security System and the Existing System of State Grid [J]. Electric Power IT, 2009, 7(5): 43-46.

[39] POUNDER C. The Revised Version of BS7799-So What's New? [J]. Computers & Security, 1999, 18(4): 307-311.

[40] 全国信息安全标准化技术委员会.信息技术 安全技术 信息安全管理体系 要求:GB/T 22080—2016[S]. 北京:中国标准出版社,2008.

[41] ROSS R S,KATZKE S W, JOHNSON L A,et al. Recommended Security Controls for Federal Information Systems:NIST SP800-53[R]. NIST. 2006.

[42] JELEN G. SSE-CMM Security Metrics[C]// Proceedings of the NIST and CSSPAB Workshop,

F, 2000.
[43] 左美云, 陈蔚珠, 胡锐先. 信息化成熟度模型的分析与比较 [J].管理学报, 2005(3): 340-346.
[44] SHEN L. The NIST Cybe Rsecurity Framework: Overview and Potential Impacts [J]. Scitech Lawyer, 2014, 10(4): 16-19.
[45] 郭启全. 深化国家信息安全等级保护制度全力保卫国家关键信息基础设施安全 [J]. 网络安全技术与应用, 2016(9): 1.
[46] 李瑜, 赵勇, 郭晓栋,等. 全系统一体的访问控制保障模型 [J]. 清华大学学报(自然科学版), 2017, 57(4):432-436.
[47] 陈春燕. 计算机信息完整性度量与保护方法研究 [J]. 电脑知识与技术, 2017, 13(1): 9-10.
[48] 刘明聪, 王娜. 支持中国墙策略的云组合服务信息流控制模型 [J]. 计算机应用,2018,38(2):310-315.
[49] 刘英杰, 汪伦焰, 胡方圆, 等. 基于改进 RBAC 模型的 SaaS 模式下安全访问控制 [J]. 现代计算机: 上下旬, 2017(15):81-84.
[50] 张坤. 基于云计算技术等级保护测评标准完善的探讨 [J]. 信息系统工程, 2017(12): 126-127.
[51] 房晶, 吴昊, 白松林. 云计算安全研究综述 [J]. 电信科学, 2011, 27(4): 37-42.
[52] 张慧, 邢培振. 云计算环境下信息安全分析 [J]. 计算机技术与发展, 2011, 21(12): 164-166,171.
[53] MITRE. Common Attack Pattern Enumeration and Classification[EB/OL]. http://capec. mitre. org /data/definitions/3000. html.
[54] Information Technology-Security Techniques-Information Security Management Systems-Overview and Vocabulary:ISO/IEC 27000:2018 [S]. ISO/IEC,2018.
[55] Standards for Security Categorization of Federal Information and Information Systems:FIPS 199 [S]. NIST, 2002.
[56] 全国信息安全标准化技术委员会. 信息安全技术 术语:GB/T 25069—2022[S]. 北京:中国标准出版社,2022.
[57] 信息安全技术 网络安全等级保护基本要求:GB/T 22239—2019[S]. 北京:中国标准出版社,2019.
[58] Information Security,cybersecurity and privacy protection-Evaluation criteria for IT security-Part 1: Introduction and general model:ISO/IEC 15408-1:2022. ISO/IEC,2022.
[59] 全国信息安全标准化技术委员会. 信息技术 安全技术 信息技术安全性评估准则 第 1 部分 简介和一般模型:GB/T 18336. 1—2015[S]. 北京:中国标准出版社,2016.
[60] 方滨兴. 信息安全四要素:诠释信息安全 [EB/OL]. (2020-04-19)[2023-12-12]. https://www.renrendoc. com/p-74338152.html.
[61] 韩锐生,赵彬, 徐开勇. 基于策略的一体化网络安全管理系统 [J]. 计算机工程, 2009, 35(8): 201-204.

[62] 刘文懋,刘威歆.基于软件定义安全的企业内网威胁诱捕机制[J].信息技术与网络安全,2018,37(07):9-12+32.
[63] 赵千,李耀兵,杨帅锋,等.网络靶场服务体系剖析[J].保密科学技术,2021(06):10-17.
[64] 安帝科技.工业网络靶场漫谈(二)|工业网络靶场的主要用途[EB/OL].(2021-11-19)[2022-11-01].https://www.freebuf.com/articles/ics-articles/305301.html.
[65] 肖月. OSI 安全体系结构[J]. 科技广场, 2009(9):2.
[66] 龙冬阳. 网络安全技术及应用[M]. 广州:华南理工大学出版社, 2006.
[67] 马力,毕马宁,任卫红.安全保护模型与等级保护安全要求关系的研究[J].信息网络安全,2011(06):1-4.
[68] 刘华群.传统网络与现代网络安全[J].计算机安全,2014(03):52.
[60] 刘元. SY 集团公司资金管理系统中的信息安全研究[D].成都:电子科技大学,2010.
[70] 马雪.信息系统安全评估模型的研究[D].大连:大连海事大学,2013.
[71] 黄新波. 智能变电站原理与应用[M]. 北京:中国电力出版社, 2013.
[72] 王东霞, 赵刚. 安全体系结构与安全标准体系[J]. 计算机工程与应用, 2005, 41(8):4.
[73] 郜宪林. DGSA、SSAF 和 CDSA 安全体系结构比较与分析[J]. 计算机工程与应用, 2002, 38(3):4.
[74] 曾庆凯, 许峰, 张有东. 信息安全体系结构[M]. 北京:电子工业出版社, 2010.
[75] 李红艳. 科技情报系统安全体系结构研究[D]. 西安:西安电子科技大学,2010.
[76] 苏骏. 信息系统安全体系构建研究[D]. 武汉:武汉理工大学.
[77] 马力, 毕马宁, 任卫红. 安全保护模型与等级保护安全要求关系的研究[J]. 信息网络安全, 2011(6):4.
[78] 刘峰, 林东岱. 美国网络空间安全体系[M]. 北京:科学出版社, 2015.
[79] 王东霞, 赵刚. 安全体系结构与安全标准体系[J]. 计算机工程与应用, 2005, 41(8):4.
[80] 刘华群. 传统网络与现代网络安全[M]. 北京:电子工业出版社, 2014.
[81] 刘颖. 密钥管理基础设施中的非对称密钥管理系统设计[D]. 上海:上海交通大学,2008.
[82] 尹钰. 基于报警关联分析的智能入侵检测技术[D]. 西安:西安电子科技大学,2010.
[83] 何升文. 网络安全管理系统研究与实现[D]. 西安:西安建筑科技大学, 2006.
[84] 汪秀元. 基于异常检测的入侵检测系统设计与实现[D]. 北京:北方工业大学, 2004.
[85] 彭晓通. 建立安全邮政企业网络体系[D]. 成都:电子科技大学,2008.
[86] 葛玮, 谢坚, 刘斌. 基于终端的计算机网络防御体系技术小析[J]. 江西电力职业技术学院学报, 2011, 24(1):3.
[87] 张亚平. 基于分布智能代理的自保护系统研究[D]. 天津:天津大学,2005.
[88] 朱周华. 电子政务网络与信息安全保障体系设计[J]. 微计算机信息, 2009, 25(3):3.
[89] 刘建伟. 网络安全实验教程[M]. 北京:清华大学出版社, 2007.
[90] 顾迪. 浅析局域网安全及其动态联动[J]. 淮阴师范学院学报(自然科学版), 2011, 10(4):5.
[91] 卢青.信息安全等级保护安全建设培训建设案例[EB/OL].https://wenku.baidu.com/view/88d4497ccd22bcd126fff705cc17552706225e60.html.

[92] 安芯网盾. 安芯网盾:守护主机安全,在靶心处构筑最后一道防线[EB/OL].https://www.anxinsec.com/view/about-us/news/0133.html.
[93] 王杰, 刘亚宾.基于数据挖掘的入侵防御系统研究[EB/OL].http://www.chinaaet.com/article/14741.
[94] 赵振洲. 信息安全管理与应用[M]. 北京:中国财富出版社, 2015.
[95] 王小萌,马晓玲.信息安全[M].上海华东师范大学出版社, 2016.
[96] 左锋. 信息安全体系模型研究[J]. 信息安全与通信保密, 2010(1):3.
[97] 夏石科技.安全思维模型解读谷歌零信任安全架构-安全运营视角[EB/OL].https://www.sohu.com/a/287501599_120070054.
[98] 陈广成.梆梆安全:找准一根主线 以移动安全为起点"御未来"[EB/OL].https://security.zhiding.cn/security_zone/2018/0507/3106362.shtml.
[99] 微言晓意.自适应安全框架(ASA)在网络安全2.0新防御体系中的应用[EB/OL].https://zhuanlan.zhihu.com/p/28427207.
[100] 唐洪玉. 电信支撑系统信息安全体系研究及应用[D]. 太原:太原理工大学,2008.
[101] 佚名. 网络安全之网络隐患扫描[J]. 中国检验检疫, 2003(05):62-63.
[102] 方滨兴, 贾焰, 李爱平,等. 网络空间靶场技术研究[J]. 信息安全学报, 2016(3):9.
[103] 钟平. 校园网安全防范技术研究[D]. 广州:广东工业大学, 2007.
[104] 岑岚, 王军. 自适应响应式信息安全识别模型[J]. 数字通信世界, 2018, 168(12):142.
[105] 曾辰熙. 网络仿真平台中的木马危害性评估研究与实现[D]. 长沙:国防科学技术大学,2017.
[106] 刘光轶. 省级移动数据通信网(MDCN)安全域划分与边界整合方案的设计和实施[D]. 北京:北京邮电大学, 2008.
[107] 丁禹哲, 敬铅, 孙伟. 面向企业信息化规划的安全架构开发模型设计[J]. 信息安全研究, 2018, 4(9):11.
[108] 孙军军, 赵明清, 李辉,等. 企业信息安全现状与发展趋势分析[J]. 信息网络安全, 2012(10):3.
[109] 杨翔云. 四川邮政综合网网络安全体系设计[D]. 成都:电子科技大学,2008.
[110] 任忠保, 黄逸之, 李德周. 通用信息安全风险评估体系结构研究[J]. 计算机与信息技术, 2008(10):3.
[111] 施峰. 信息安全保密基础教程[M]. 北京:北京理工大学出版社, 2008.
[112] 栾方军,师金钢,任义,等.信息安全技术[M].北京:清华大学出版社,2018.
[113] 田思明,王振合,崔敬学,等. 军工质量管理体系与装备承制资格评定实践[M]. 北京:北京理工大学出版社, 2008.
[114] 方勤. 基于《信息安全技术信息系统安全保护等级定级指南》的定级量化模型研究及实践[D]. 重庆:重庆大学,2008.
[115] 周旭辉. IT战略规划与实施[D]. 上海:上海外国语大学, 2012.
[116] 潘霄. 网络信息安全工程技术与应用分析[M]. 北京:清华大学出版社, 2016.
[117] 肖睿,徐文义,刘方涛,等.云计算与网络安全[M].北京:中国水利水电出版社,2017.

[118] 杨曙贤. 软件外包概论[M]. 北京:人民邮电出版社, 2015.
[119] 严世清, 焦杨. BPO 基础知识[M]. 北京:中国商务出版社, 2012.
[120] 高文涛. 国内外信息安全管理体系研究[J]. 计算机安全, 2008(12):3.
[121] 王晋东.信息系统安全风险评估与防御决策[M].北京:国防工业出版社,2017.
[122] 孙建国,张立国.涉密信息管理系统[M].北京:人民邮电出版社,2016.
[123] 沈昌祥,张鹏,李挥,等.信息系统安全等级化保护原理与实践[M].北京:人民邮电出版社,2021.
[124] 胡程枫. SP800-53 实现安全分级[J]. 软件和集成电路, 2006(13):87-87.
[125] 田思明,王振合,崔敬学,等. 军工质量管理体系与装备承制资格评定实践[M]. 北京:北京理工大学出版社, 2008.
[126] 国家工业信息安全发展研究中心.工业控制系统信息安全防护指引[M].北京:电子工业出版社, 2018.
[127] 沈昌祥,张鹏,李挥,等.信息系统安全等级化保护原理与实践[M].北京:人民邮电出版社,2017.
[128] 杜彦辉. 信息安全技术教程[M]. 北京:清华大学出版社, 2013.
[129] 郭曙光. 信息安全评估标准研究与比较[J]. 信息技术与标准化, 2007(11):3.
[130] 黄遵国. 信息系统生存性与安全工程[M]. 北京:高等教育出版社, 2010.
[131] 刘炜, 刘鲁. 电子政务系统安全工程能力的综合评估方法[J]. 计算机工程与应用, 2006, 42(25):4.
[132] 莫轶, 彭国建. 系统安全工程能力成熟模型及其评估[J]. 软件导刊, 2010(4):3.
[133] 胡山泉, 王安生. SSE-CMM 在信息系统安全体系建设中的应用[J]. 网络安全技术与应用, 2006(4):3.
[134] 韩晓露. 美国新一代信息技术安全标准研究发展状况及对我国的启示[J]. 信息安全与通信保密, 2017, 000(009):100-105.
[135] 石非. 等级保护 2.0 时代,PCSF 护航行业云安全[J]. 中国信息化, 2016(11):4.
[136] 佚名. 2G/3G 互操作主要功能[J]. 电信交换, 2009(2):1.
[137] 田思明,王振合,崔敬学,等. 军工质量管理体系与装备承制资格评定实践[M]. 北京:北京理工大学出版社, 2008.
[138] 何小东,陈伟宏,彭智.网络安全概论[M].北京:北京交通大学出版社,2014.
[139] 刘孝保, 杜平安. J2EE 模式下基于角色访问控制的应用[J]. 计算机应用, 2006, 26(6):1331-1333.
[140] 白秀杰, 李汝鑫, 刘新春,等. 云安全防护体系架构研究[J]. 信息安全与技术, 2013, 4(5):46-48.
[141] 范增震. 网络安全管理系统集中日志审计子系统的设计与测试[D]. 北京:北京邮电大学, 2008.
[142] 陈驰, 于晶. 云计算安全体系[M].北京:科学出版社, 2014.
[143] 刘鸿霞, 李建清, 张锐卿. 立体动态的大数据安全防护体系架构研究[J]. 信息网络安全, 2016(9):8.

[144] 安全牛编辑部.从单点加固到能力平台化 看梆梆安全如何将自适应安全理念融入其产品和服务体系[EB/OL].https://www.aqniu.com/tools-tech/34314.html.
[145] 黄遵国. 信息系统生存性与安全工程[M]. 北京:高等教育出版社, 2010.
[146] 佚名. 美国 NIST 发布网络安全框架(第二稿)[J]. 网信军民融合, 2017.
[147] 李广明, 宁鸿翔. 浅谈计算机网络安全与防火墙技术[J]. 电脑知识与技术, 2012(2X):3.
[148] 王世伟. 论信息安全、网络安全、网络空间安全[J]. 中国图书馆学报, 2016, 41(2):4-28.
[149] 皓远. 美国信息系统分级化保护[J]. 信息网络安全, 2005.
[150] 徐小涛, 杨志红. 物联网信息安全[M]. 北京:人民邮电出版社, 2012.
[151] 胡舒予. 证券企业客户管理信息系统的设计与实现研究[D]. 长沙:湖南大学, 2015.
[152] 中国人民银行货币政策司.货币信贷政策文件汇编[M].北京:中国经济出版社,2003.
[153] 施峰. 信息安全保密基础教程[M]. 北京:北京理工大学出版社, 2008.
[154] 沈敦厚. 网络信息安全原理和应用[M]. 海口:海南出版社, 2006.
[155] 王飞. 基于物联网的智能家居系统构建分析[J]. 物联网技术, 2018, 8(2):4.
[156] 赵刚.信息安全管理与风险评估[M].第 2 版. 北京:清华大学出版社,2020.
[157] 庄严. 商用密码应用流量监督检测系统的设计和实现[D]. 北京:中国科学技术大学, 2018.
[158] 李晓松,孙登峰,吕彬.军民信息交流体系及平台建设[M]. 北京:国防工业出版社,2017.
[159] 甘勇,尚展垒,叶志伟,等. 大学计算机基础[M].北京:人民邮电出版社,2017.
[160] 徐婧, 李建华. 信息安全内涵属性的系统性分析[J]. 信息网络安全, 2007(2):5.
[161] 王浩,郑武,谢昊飞,等.物联网安全技术[M].北京:人民邮电出版社, 2016.
[162] 张剑,廖国平,林利,等.信息安全风险管理[M].成都:电子科技大学出版社, 2016.
[163] 左永利. 自适应入侵容忍数据库体系结构及其关键技术研究[D]. 重庆:重庆大学,2007.
[164] 赵俊阁. 信息安全概论[M]. 北京:国防工业出版社, 2009.
[165] 温涛. 中国人民银行计算机信息安全管理的问题与对策研究[D]. 重庆:重庆大学,2008.
[166] 林梦泉. 网络信息系统安全评估理论与应用[M]. 北京:科学出版社, 2010.
[167] 李维龙. 武警部队信息安全管理问题研究[D]. 长沙:国防科学技术大学,2010.
[168] 吉增瑞, 景乾元. 计算机信息系统安全等级保护标准体系及其应用[J]. 网络安全技术与应用, 2003(10):44-47.
[169] 蒋建春. 计算机网络信息安全理论与实践教程[M]. 西安:西安电子科技大学出版社, 2005.
[170] 陈忠文. 信息安全标准与法律法规[M]. 武汉:武汉大学出版社, 2009.
[171] JAJODIA S,LIV P,SWARUP V,et al. 网络空间态势感知问题与研究[M]. 余健,游凌,樊龙飞,等译. 北京:国防工业出版社, 2014.
[172] 李慧. 信息安全管理体系研究[D]. 西安:西安电子科技大学,2005.
[173] 李德芳. 企业信息化管理实践[M]. 北京:中国石化出版社, 2014.
[174] 李红娇.信息安全概论[M].北京:中国电力出版社,2012.
[175] 葛彦强, 汪向征. 计算机网络安全实用技术[M]. 北京:中国水利水电出版社, 2010.

[176] 谭伟贤. 计算机网络安全教程[M]. 北京:国防工业出版社, 2001.
[177] 韩锐生, 赵彬, 徐开勇. 基于策略的一体化网络安全管理系统[J]. 计算机工程, 2009, 35(8):4.
[178] 张双. 大数据对新产品开发决策支持关系的研究[D]. 西安:西安电子科技大学,2020.
[179] 宋明秋. 软件安全开发:属性驱动模式[M]. 北京:电子工业出版社, 2016.
[180] 李冬梅. 若干外包云计算中隐私保护的研究[D]. 上海:上海交通大学, 2018.
[181] 石墨. 面向新能源消纳的负荷群态势观测器模型及调控策略研究[D]. 北京:华北电力大学. 2019.
[182] 李云雪. 安全操作系统分布式体系框架研究[D]. 成都:电子科技大学,2004.
[183] 山东省电力企业协会组. 电力企业信息系统安全等级保护培训教材[M]. 北京:中国电力出版社, 2015.
[184] 高云云. 数据挖掘技术在网络安全等级保护测评决策中的应用研究[D]. 北京:北京交通大学,2021.

第3章　网络安全测试环境安全架构设计

3.1　设 计 目 标

为网络安全测试环境自身安全防护提出较为前瞻且务实的指导思想，要兼具全方位和分层次的安全保护理论，指导网络安全测试环境建立动态的、智能的、联动响应的信息安全防护体系，保障网络安全测试环境自身和承载测试任务的可靠运行，减少各种安全事件对网络安全测试环境的威胁，避免外来威胁的入侵和内部攻击实验的外溢。高起点地支持网络安全测试环境建成纵横相间的、合规的、自适应的安全防护体系。

具体设计目标有以下三种。

1. 构建可信可控的防护体系

遵循国家相关标准的要求，对网络安全测试环境实施全面的信息安全等级保护，合理划分安全域，明确不同安全域之间的信任关系和数据流向关系，并相应地采取访问控制等各类安全措施，实现不同网络安全测试环境和安全域之间多个层面的访问控制和检测，构建可信可控的网络安全测试环境平台。

2. 构建安全可靠的防护体系

遵循安全业务需求，网络安全测试环境安全体系的建立要充分认知传统威胁和新型威胁，深入分析外来威胁和内在威胁，通过部署完善的安全系统，并结合全面的安全服务和管理，构建出网络安全测试环境安全可靠的防护体系。

3. 构建统一、高效的安全管理平台

在充分利用目前先进的安全技术的基础上，融入大数据、智能决策和联动响应等功能，将安全管理平台建设为可持续改进的、自适应安全架构的核心。

3.2　美国 NCR 系统分析

2008 年 1 月，美国启动国家赛博网络安全测试环境项目（National Network Range，NCR），NCR 项目建成后将为美国国防部、陆海空“三军”和其他政府机构服务。美国赛博网络安全测试环境的建设目标是提供虚拟环境来模拟真实的网络攻防作战，针对敌对电子攻击和网络攻击等电子作战的手段进行测试，以实现网络空间作战能力的重大变革，打赢网络战争。美国国家赛博网络安全测试环境承担6个方面的任务：一是在典型的网络环境中对信息保障能力和信息生存工具进行定量、定性评估；二是对美国国防部目前和未来的武器系统、作战行动中复杂的大规模异构网络和用户进行逼真的模拟；三是在统一基础设施上，同时进行多项独立的实验；四是实现针对因特网/全球信息栅格等大规模网络的逼真测试；五是开发具有创新性的网络测试能力并部署相应的工具和设备；六是通过科学的方法对各种网络进行全方位严格的测试。美国国家赛博网络安全测试环境原型系统的体系结构如图3-1所示。

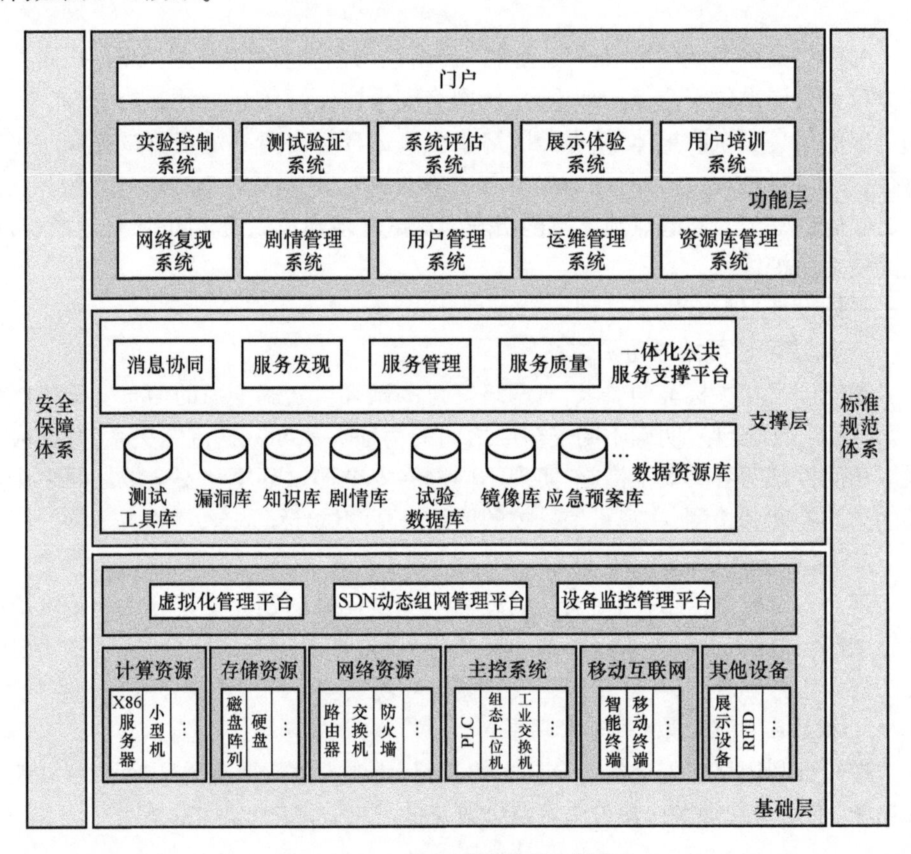

图3-1　NCR原型系统体系结构

NCR系统主要包括网络安全测试环境基础环境、数据资源库、服务支撑、网络安全测试环境应用、标准规范体系和安全保障体系。

其中，网络安全测试环境基础环境是网络安全测试环境运行的基础，支撑网络安全测试环境功能系统的运行，具体包括运行资源建设（包括计算资源、存储资源、网络资源）、目标系统建设（工控系统、移动互联网等）、虚拟化管理平台、SDN

动态组网管理平台和设备监控管理平台等。虚拟化管理平台、SDN 动态组网管理平台、设备监控管理平台对网络安全测试环境的物理资源和虚拟资源统一管理和调度。其中,虚拟化管理平台通过对网络安全测试环境中各类虚拟资源(如计算、存储、网络等资源)的统一调度和管理,从而提供可根据测试需求弹性扩展的节点虚拟机资源;SDN 动态组网管理平台对所有虚拟网络进行集中式监、管、控;设备监控管理平台主要对网络安全测试环境中各类硬件设备(如服务器、交换机、安全设备、工控设备等)的运行状态进行实时监控和管理。

数据资源库是网络安全测试环境的核心资源,是网络安全测试环境运行和测试操作的工具、数据和知识保障,支持网络安全测试环境业务的开展和测试的运行。数据资源库分为三大类,分别是核心基础资源、测试支持资源和服务支撑资源。核心基础资源包括测试工具库、防御产品库、漏洞库、软件库和镜像库等。测试支持资源包括模库、剧情库、测试数据库和知识库等。服务支撑资源包括应急预案库和情报库等。

一体化公共服务支撑平台采用面向服务的体系结构(Service Oriented Architecture,SOA)的思想进行搭建,实现服务管理、调度、运行和监控等各个层面的解耦,达到完全的消息化、服务化,以及业务的无关性,为各类用户提供信息共享与协同、信息聚合、服务聚合,以及能力聚合等面向服务的典型应用支撑能力。

网络安全测试环境功能层提供网络安全测试环境测试的管理和应用业务,分为网络复现、剧情管理、测试控制、系统评估和展示体验等 10 个功能系统,通过统一门户与用户进行交互。

安全保障体系从物理环境安全、安全基础设施、网络安全、计算环境安全、应用安全、安全管理、风险评估 7 个方面采用技术手段和措施,确保网络安全测试环境可靠稳定运行和测试安全可信开展。同时,采用测试隔离和数据擦除等技术手段,确保网络安全测试环境中同时开展的测试相互独立,网络安全测试环境中的敏感信息彻底销毁,无泄露风险。

标准规范体系是网络安全测试环境高效运行和协同的重要保障,网络测试语言、测试过程、资产、数据库和测试过程的规范化、标准化将贯穿一个完整的网络测试生命周期。

3.3 网络安全测试环境安全风险分析

3.3.1 网络安全测试环境系统分析

网络安全测试环境的定位是国家级网络安全测试环境,未来无论是实验种类还是网络规模,都将是空前的。根据设想,未来网络安全测试环境将由多个跨区域的相关单位组成,每个网络安全测试环境内部也将由管控网和业务网组成。管控网作为白方,担负任务编排和数据分析的角色,业务网作为红蓝双方的模拟区域,负责专用网、关键基础设施和民网设施的模拟,且尽可能多地模拟各类场景应用,并满足不断扩展和更新的需求;每个网络安全测试环境在业务资源上会有不同分工,同时又能满足业务资源跨网络安全测试环境的调用。

网络安全测试环境将由各类实体装备、虚拟化装备和应用装备等资源要素组成,每个实验任务按需由资源要素动态生成,这也将使网络安全测试环境在业务管控和数据采集方面具备强大的能力。

网络安全测试环境安全体系建设的根本目的是保障网络安全测试环境系统中各种业务的正常开展。最有效的安全体系并不是采用尽可能多的安全手段,构建最牢固的系统,而是根据系统业务的实际安全需求,提供最合适的安全。网络安全测试环境安全体系必须与网络安全测试环境业务的安全需求相适应,处理好业务、安全、效益三者的关系。

本节主要对网络安全测试环境业务和技术架构的概要分析,识别网络安全测试环境的业务和技术特点,进而分析系统特点引入的安全需求。

3.3.1.1 系统架构

如图3-2所示,网络安全测试环境系统整体上由若干个分网络安全测试环境组成。各分网络安全测试环境是对等关系。各网络安全测试环境具有相对独立的资源和管理,分属于各自独立的管理域。各网络安全测试环境既可以利用自身资源独立进行演练/测试,也可以相互协作组合资源进行更大规模和复杂度的演练/测试。

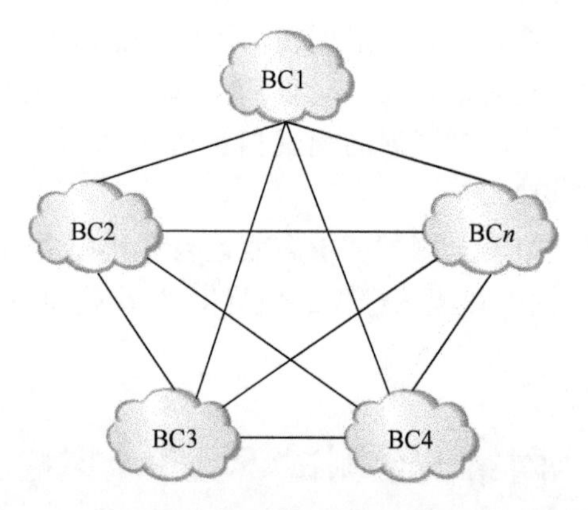

图3-2 网络安全测试环境系统整体部署结构

每个网络安全测试环境的资源逻辑上分为管控网和业务网如图3-3所示。管控网负责演练/测试任务的管理和控制,在演练中作为白方;业务网在管控网的控制下进行具体演练/测试任务的执行环境构建和实施,任务中的红、蓝双方在限定的演练环境中进行攻防演练和测试。每个网络安全测试环境可以同时执行多项演练/测试任务,管控网可根据演练/测试任务需要动态配置任务资源和网络环境,并相应地自动配置安全防护资源和边界。业务网中的各演练/测试任务环境要求相互隔离,互不干扰。

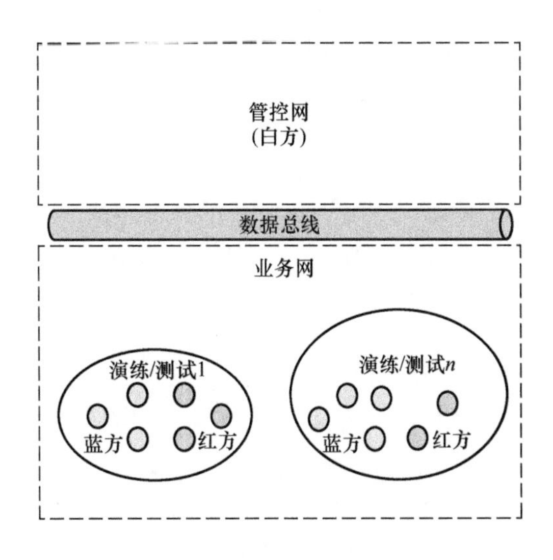

图 3-3　网络安全测试环境逻辑结构

当演练/测试任务所需资源规模或种类超出单个网络安全测试环境能力时,可由多个网络安全测试环境协作完成任务的管控和实施。协作场景下各网络安全测试环境的管控网协作完成任务的管理和控制,各网络安全测试环境的业务网在本地管控网的管理下各贡献一部分资源共同构建任务的执行环境并负责任务实施,如图 3-4 所示。协作场景要求各网络安全测试环境能协作进行身份认证与访问控制,并能跨自治域边界进行安全策略协同和安全防护体系构建。

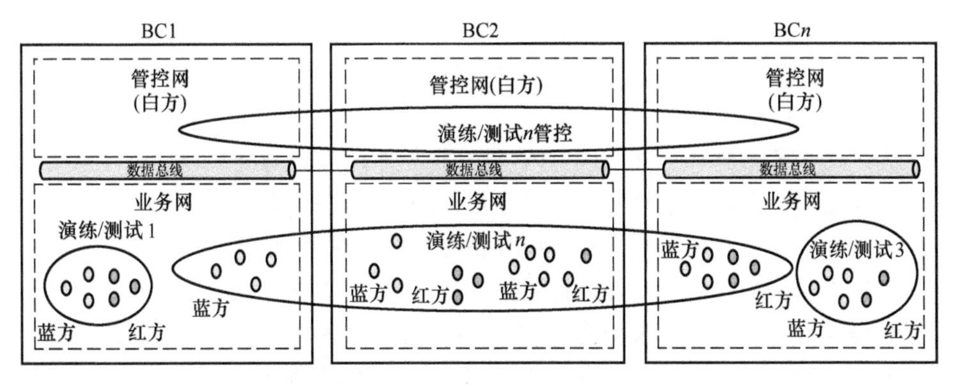

图 3-4　网络安全测试环境协作逻辑结构

由于功能差异，管控网和业务网具有不同的资源、架构和业务，如图 3-5 所示。

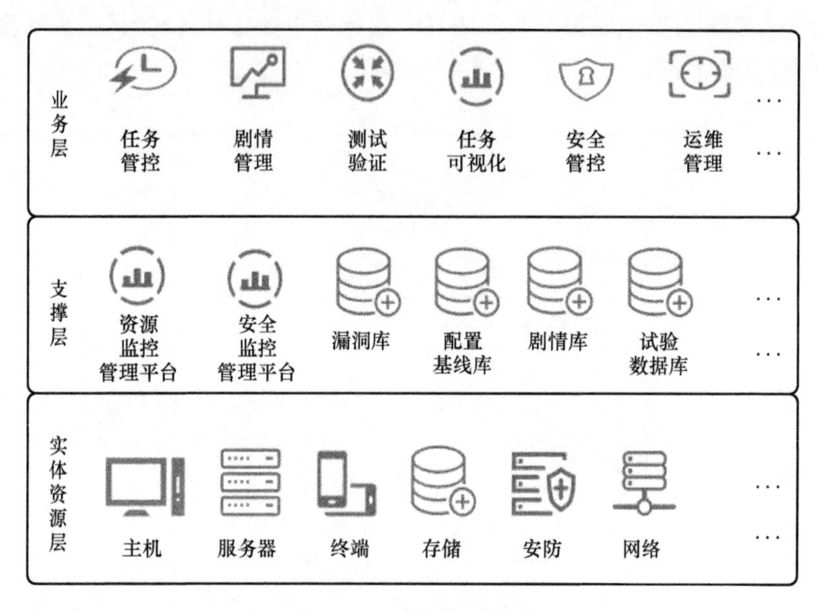

图 3-5　管控网逻辑架构

管控网逻辑上由实体资源层、支撑层和业务层组成。实体资源层提供管控网所需的软硬件基础资源，包括服务器、主机、终端、数据库存储、安防设备、网络设备等。支撑层提供实现管控网业务所需的支撑平台和数据，包括资源监控管理平台、安全监控管理平台、漏洞库、配置基线库、剧情库、试验数据库等。业务层表示管控网提供的管理功能，包括任务管控、剧情管理功能、测试验证功能、任务可视化功能，安全管控功能、运维管理功能等。管控网是一种传统的信息系统，其逻辑架构和安全防护体系也与传统的信息系统类似。当然，管控网也可以基于私有云资源构建，此时安全体系需要包括云计算安全。

业务网逻辑架构主要由实体资源层、功能构件层、虚拟组织层、支撑层和业务层组成，如图 3-6 所示。

实体资源层包括各种演练/测试任务环境所需的软硬件资源和支撑保障演练/测试任务所需的各种软硬件资源。除了传统的计算资源、存储资源和网络资源，业务网的实体资源还包括工控资源、移动网资源、安防资源和物联网资源等特定业务领域所需的软硬件资源。功能构件层提供构建演练/测试环境所需的各种子构件，包括设备构件、传输构件、系统构件、服务构件等。这些构件基于实体资源封装，可以是物理主机、服务器、安全设备等实体构件，也可以是虚拟机、SDN 网络、虚拟服务、基于 SDS 技术构建的虚拟安全设备等虚拟构件。虚拟组织层表示基于功能构

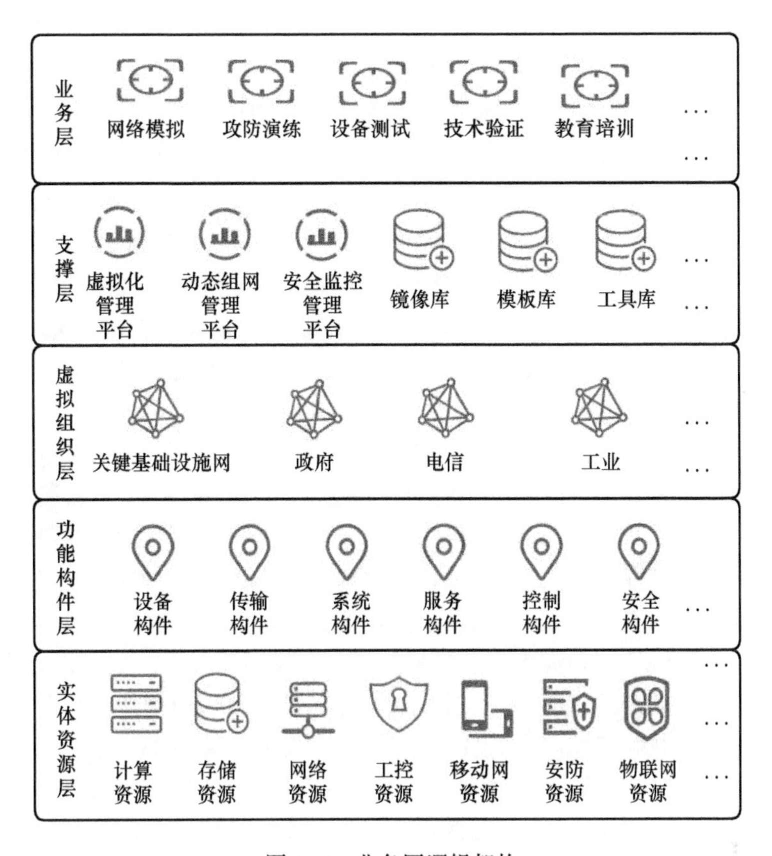

图 3-6　业务网逻辑架构

件组建的各种演练/测试环境，业务网应能支持关键基础设施、政府、电信和工业等多种类型的演练/测试环境。支撑层提供虚拟化管理平台、动态组网管理平台、安全监控管理平台、镜像库、模板库、工具库等支撑各种任务构建和管理的资源。业务层表示业务网可以实现的演练/测试任务类型，应能支持网络模拟、攻防演练、设备测试、技术验证、教育培训等各种类型的任务。

业务网相较传统的信息系统，在业务、技术和管理层面都复杂得多。业务网在管控网控制下工作，运行的演练/测试任务本身就是网络攻防，一旦因为错误配置或系统故障造成攻击外溢，不但会严重影响业务网本身和其他演练/测试任务的安全，还有可能影响控制网。业务网大量使用虚拟化技术，在网络、主机、组件和服务等不同层面提供虚拟化能力，凭借传统的信息系统安全和云安全技术无法满足各层面的安全防护需求。业务网动态构建的演练/测试环境，要求防护体系能根据任务要求动态调整，且要求高效可靠。同时，为满足不同领域的演练/测试需求，系统同时具备传统信息系统、工控、物联网、移动网络、特种设备等多个领域的设备和系统，都需要部署针对性的防护方案并满足各自的合规性要求。

3.3.1.2 业务特点分析

网络安全测试环境基本目标是提供安全可靠的大规模试验测试环境,支持各种安全产品、安全技术和安全方案的测试和论证。

网络安全测试环境是一个多用户的业务系统,需要支持政府、企业、厂商、科研院所等不同类型的用户在其上进行各种测试和演练任务。用户既可能从本地网络安全测试环境接入,也可能来自网络安全测试环境之间。不同的用户背景决定其任务需求和应用领域会存在较大差异,用户的接入、管理、授权和访问控制都比传统的信息系统更为复杂。网络安全测试环境系统的安全体系必须考虑不同类型用户的接入和管理问题,从技术和管理等不同维度提供多层次的授权和访问控制能力。

网络安全测试环境同时也是一个多业务系统,应能完成网络空间安全相关的各种演练和测试任务,当前可见的业务包括网络模拟、攻防演练、设备测试、技术验证、教育培训等不同方面。不同业务的场景设置、资源规模和类型、业务流程、安全威胁和任务管理都存在较大差异。网络安全测试环境的安全体系必须为不同的业务类型预置不同的安全方案,以满足不同业务的特性安全需求。

网络安全测试环境还需满足多领域的演练和测试要求。当前的网络空间是由不同领域的局部网络组成的,既包括传统的基础设施网、政府部门网、企业网、电信网等,也包括移动网、工控网、物联网、云计算、大数据等新兴网络类型。不同领域的网络布局、设备类型、网络协议和业务类型各有特点。网络安全测试环境在支持不同领域的演练测试任务的同时,其安全体系必须针对其特点设置安全措施,以保证安全。

除了上述业务网的不同类型业务,网络安全测试环境的管控网也需具备演练/测试任务的管控功能、剧情管理功能、测试验证功能、任务可视化功能、安全管控功能、运维管理功能等多维度的管理功能。网络安全测试环境的安全体系也需根据这些功能在技术和管理流程层面的不同特点提供针对性的安全防护。

3.3.1.3 技术特点分析

网络安全测试环境系统的各种业务能力最终需要落实到技术实现。网络安全测试环境建设目标和业务特点决定了其技术体系较传统的信息系统有较大差异,同时网络安全测试环境综合性的业务要求其能满足当前网络空间中各种类型系统和技术的演练和测试,导致其技术体系几乎覆盖了当前网络空间中的所有技术。网络安全测试环境的安全体系必须能满足各种技术和业务层面的安全需求。总体来说,在传统的信息系统安全之外,网络安全测试环境的安全体系还需重点关注以下技术和架构特点引入的安全需求。

1. 多边界安全

网络安全测试环境是由多个分网络安全测试环境组成的分布式系统,同时整个网络安全测试环境系统要求与互联网物理隔离。多个分网络安全测试环境既要求能独立实施测试演练任务,又需要在松耦合的关系下协作来实现大规模的测试演练。这就要求网络安全测试环境安全体系能实现传统的物理隔离、逻辑隔离和边界访问控制,实现隔离状态下的安全数据交换。

同时,单个网络安全测试环境内部也存在业务网与管控网间的隔离控制要求,以及业务网与管控网内部不同安全域之间的边界防护要求。

最主要的是,为并发实现多种类型的模拟测试任务,网络安全测试环境需大量使用虚拟化、SDN 网络、动态网络、网络模拟等核心技术,这就要求网络安全测试环境安全体系能实现多种类型的虚拟边界隔离和控制,可见的包括演练任务间、虚拟资源间(包括虚拟机间、虚拟网络间、虚拟组件间、功能服务间)的虚拟边界。虚拟技术的复杂性和动态性极大地增加了边界防护的难度。

2. 多资源安全

为实现各种领域的演练测试任务,网络安全测试环境系统中既存在传统的主机和网络设备,也存在工控设备、移动网设备、物联网设备等新兴的技术设备,还包含一些特种装备,这些设备有实体的也有虚拟的。网络安全测试环境的安全体系必须有针对性地实现不同类型装备的安全,并防止这些装备危害整个系统。

3. 虚拟化安全

网络安全测试环境系统整体上的物理资源是有限的,而各种演练和测试任务的资源类型和数量需求往往超出物理资源的类型和数量,网络安全测试环境严重依赖于各种虚拟化技术来满足这些要求。例如,利用虚拟机技术实现一个物理设备上多个不同的虚拟设备,利用 SDN 和网络功能虚拟化(Network Functions Virtualization,NFV)技术实现虚拟网络,利用容器技术实现虚拟组件和服务等。虚拟化技术导致虚拟资源受控于物理资源,且其防护边界更加复杂和脆弱,导致对虚拟资源本身的保护需要引入专门的安全技术,且其边界防护相对于物理设备难度大得多。同时,虚拟化技术动态复用资源的特性,对数据安全提出新的要求。网络安全测试环境的安全体系必须针对不同虚拟化技术实现针对性的安全防护技术。

4. 动态网络安全

网络安全测试环境中演练和测试任务的网络环境多数是在控制网的操控下自动配置生成的,尤其对于使用虚拟化技术构建的环境。在复杂的测试任务中,动态生成的网络环境可能会同时包括物理设备、虚拟设备和虚拟组件,要求同时利用多种资源防护和边界隔离技术。同时,测试环境的自动化生成和配置要求对应的防护体系能够自动构建,并能在必要时(如演练/测试环境改变或事件响应)进行动态调整。网络安全测试环境系统可以采用虚拟机安全、软件定义网络(SDN)、软件定义安全(SDS)、虚拟安全设备等技术实现防护体系的自动构建和动态调整。

5. 大数据安全

在网络安全测试环境业务场景中,采用大数据技术对网络安全测试环境业务系统数据、攻防任务数据、全网资产日志信息进行实时采集,为网络安全测试环境业务分析、全网安全态势、智能决策等提供数据支撑,所以大数据技术是网络安全测试环境信息化建设的核心技术之一。目前,大数据系统的多域数据的分发、存储、访问存在数据的私密性、完整性、访问控制及其操作验证等问题,由于节点和数据本身的时效性以及大数据检索的困难性,在确保数据高可用的前提下保证其安全是网络安全测试环境安全体系需要重点关注的。大数据的安全包括平台安全、数据安全、计算和服务安全等方面。

6. 云计算安全

网络安全测试环境在业务网和管控网普遍依赖云计算技术实现资源的虚拟化和动态管理,所以云计算安全是网络安全测试环境整体安全防护体系的重要组成部分。云计算采用虚拟化和服务化技术,满足资源的按需分配、弹性伸缩、自动化部署和动态管理。区别于传统的安全防护方案,网络安全测试环境需要从Hypervior安全、虚拟机安全、平台网络安全、平台的安全评估与加固等方面研究云计算的安全技术,来保证云平台及其服务和数据的安全。

3.3.2 网络安全测试环境威胁分析

总体来说,安全威胁是对资产或组织可能导致负面结果的事件的潜在源。本节从威胁来源、攻击途径和攻击方法三个方面对网络安全测试环境系统面临的安全威胁和安全需求进行概要分析。

未来的网络安全测试环境除能满足模拟进攻和防御的实验任务,还要保证自身的安全,在做好网络安全测试环境自有安全防护的情况下,积累安全经验。

在当前的和可预见的安全形势下,网络安全测试环境面临的威胁可从以下几个维度进行分析。

(1) 根据威胁方向判断:可分为外来威胁和内部威胁,恶意攻击者来自外部人员和内部人员,其中外部人员又由专业集团、黑客和恐怖分子构成,内部人员由内部工作人员和可接触网络安全测试环境的外来人员构成;另外,威胁可能来自外部恶意代码的引入泛滥,也可能来自实验失控造成的攻击外溢。

(2) 根据主观故意判断:攻击分为主观恶意和误操作,但危害程度不能根据主观恶意和误操作来判断,而应由可能的结果进行判断分析。

(3) 可利用的脆弱点:安全隔离手段缺失或不完善;过度开放的端口服务;软件系统漏洞(包括操作系统、应用系统、云计算平台等);硬件漏洞(如CPU漏洞);系统安全配置不合规;认证手段脆弱;授权制度不严谨;备份和恢复手段缺失或不完善;抗电磁干扰能力不足。

(4) 新型威胁:APT 入侵;勒索病毒;跨平台传染的恶意代码;虚拟机逃逸。

3.3.2.1 威胁来源

网络安全测试环境的安全威胁有来自内部的也有来自外部的,有技术层面的也有管理层面的。总体来说,网络安全测试环境系统存在外部攻击者、内部人员和系统问题三类威胁源。

1. 外部攻击者

网络安全测试环境系统作为重要的网络安全资源,其运行的多是关乎国家重要部门和机构网络安全体系建设的演练和测试任务,演练环境和任务具有高度的真实性和敏感性,不可避免地会成为外部敌人渗透和攻击的重点目标。通过攻击网络安全测试环境系统,攻击者可以获取国家网络安全战略、核心关键技术、新研制装备参数、重要部门和机构网络安防体系现状等大量敏感信息,甚至可以在测试装备中预制后门。

作为国家级的网络安全基础设施,网络安全测试环境安防不仅要考虑个人以及组织级别的外部攻击者,更要对国家级的威胁进行防护。根据攻击能力和意图,外部攻击者可以细分为国家机构、犯罪集团、黑客组织、犯罪分子、黑客、恐怖分子等,如表 3-1 所列。

表 3-1 外部攻击者分类

攻击者分类	攻击意图	资源和能力
国家机构	以全面掌握我国的网络安全战略和能力,控制和破坏我国的政治、经济命脉为目标;以窃取机密情报、关键技术资料、预置后门漏洞为主要手段,攻击网络安全测试环境是为攻击我国网络空间的关键基础设施作准备	拥有国家和政府的支持,几乎具有无穷的资源,攻击人员能力强,能够设计和执行非常复杂和有效的攻击作战
犯罪集团	主要以获取政治和经济利益为目标,通过窃取情报、资料、控制和破坏网络安全测试环境等手段达到其目的	通常是具有丰富资源的大型团体,能够实施大规模的网络攻击和犯罪活动。但整体能力低于国家机构
黑客组织	以获取经济利益和完成挑战性的任务为目标,实施窃取数据、控制和破坏系统等各种类型的攻击	具有一定规模攻击资源的黑客团体,能够实施大规模的网络攻击和犯罪活动
犯罪分子	以获取经济利益为主要目标	通常是个人或非常小的组织,攻击资源较少
黑客	以寻求刺激和完成挑战性的任务为目标,可能实施各种类型的攻击	通常是个人或小团伙,攻击资源较少
恐怖分子	因政治或社会原因,以实施破坏或曝光敏感信息进而引起社会骚乱为目标	通常是具有少量资源的个人或团伙

外部攻击者通常从网络安全测试环境系统外部直接或间接地通过网络通信或移动介质发起攻击。为防范此类攻击者,网络安全测试环境需加强外部边界防护,通过物理隔离或严格边界防护和控制,着重防止信息泄露和系统受控。

2. 内部人员

网络安全测试环境内部人员既包括各网络安全测试环境的管理和工作人员,也包括网络安全测试环境的各种用户。

根据是否具有恶意动机,内部人员又可以分为内部恶意人员和内部无意人员。

内部恶意人员与外部攻击者类似,以窃取敏感信息或进行破坏为目的,却更加了解系统和攻击目标,有更多的权限和方法来攻击系统。可以通过网络从内部发起攻击,有条件的也可以直接操作设备获取信息或实施破坏,甚至可以直接盗取敏感书面材料。

内部无意人员通常是因为工作失误导致信息泄露或系统被攻击破坏。网络安全测试环境系统上运行的演练和测试任务本身就是网络攻防,一旦因为错误配置或误操作造成攻击外溢,就会严重影响网络安全测试环境系统本身和其他演练与测试任务的安全。在网络安全测试环境系统中因内部人员工作失误导致的破坏较传统的信息系统会更加严重,需要引起高度重视。

相较于外部攻击者,内部人员是更难以防护的威胁,其防护边界更加模糊,权限越高、职权范围越广,其危害越大,需要同时采取技术和管理手段进行防护。

3. 系统问题

系统问题是指因为网络安全测试环境灾害(如电力中断、水管爆裂等)或软硬件故障或系统不可用导致的安全威胁。网络安全测试环境为满足不同领域的演练和测试需求,配置各类场景的应用资源必将种类繁多且属性不同,也一定会带来更为复杂多样的风险。

因为网络安全测试环境用于红蓝双方攻防演练,系统问题导致的危害将不仅是系统不可用。例如,演练/测试环境边界的防护设备和软件故障将导致演练/测试环境中的攻击流量外溢到业务网和管理网,导致网络安全测试环境被“无意”攻击。

综合上述分析,根据威胁程度由高到低的威胁源如下:

(1) 国家机构;

(2) 犯罪集团;

(3) 黑客组织;

(4) 网络安全测试环境内部恶意人员;

(5) 犯罪分子;

(6) 黑客;

(7) 网络安全测试环境内部无意人员;

(8) 系统问题。

3.3.2.2 攻击途径

如前所述,不同威胁源采用的攻击手段不尽相同,可能是系统错误,也可能是内部人员采取的非技术手段。本节主要对网络攻击途径进行分析,主要的攻击手段和方法详见后续章节。

如图 3-7 所示,网络安全测试环境系统中攻击者主要的攻击途径有以下几种。

1. 网络安全测试环境外攻击

网络安全测试环境外攻击是指从网络安全测试环境外部对网络安全测试环境中目标发起的攻击。其主要是外部攻击者通过网络、通信、移动介质等通道对网络安全测试环境发起的信息窃取、恶意篡改、系统破坏等攻击。

2. 管控网内攻击

管控网内攻击主要包括内部恶意人员或已经侵入管控网的攻击者通过管控网内节点对管控网目标发起的攻击。因为防护策略问题,通常来说,内部攻击要比外部攻击容易得多。

3. 管控网攻击

管控网攻击业务网主要是指内部恶意人员或已经侵入管控网的攻击者通过管控网内节点对业务网及其上的演练/测试环境发起的攻击。因为管控网负责业务网的管理和控制,很难区分攻击行为和正常的管理行为,因此也更难防护。

4. 管控网间直接攻击

管控网间直接攻击是指攻击者从一个管控网对另一个管控网发动攻击。借助于管控网间的协作通道,这种攻击较外部攻击容易。

5. 管控网借助演练/测试任务攻击

攻击者通过多个网络安全测试环境间的协作演练/测试任务,设置中的红、蓝方对其他管控网进行攻击。因为演练/测试环境边界的严格隔离是网络安全测试环境的重要安全要求,这种攻击实现难度较大。

6. 演练/测试网间攻击

该场景下,攻击者借助演练/测试环境和其中的红蓝方,对其他演练/测试环境进行攻击。这种攻击可通过网络实现,也可通过虚拟环境中的漏洞实现。防范此类攻击要求网络安全测试环境实现完备的虚拟安全技术和虚拟边界隔离。

7. 演练/测试网攻击

该攻击途径是指攻击者借助演练/测试环境和其中的红蓝方,对业务网进行攻击。这种攻击的实施方法和防范要求与前述演练/测试环境间的攻击类似。

8. 演练/测试网攻击

该攻击途径是指攻击者借助演练/测试环境和其中的红蓝方,对所在的管控网进行攻击。在网络安全测试环境严格防护演练/测试环境边界的情况下，这种攻击实现难度也较大。

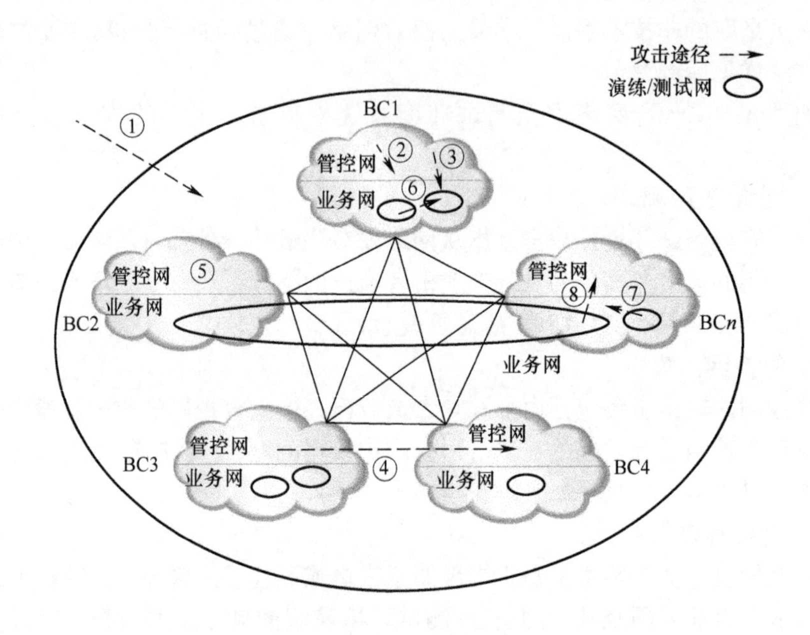

图 3-7　攻击途径

3.3.2.3　攻击方法

网络安全测试环境系统为研究网络攻防技术、进行网络攻防测试、验证攻防工具效果、攻防演练对抗等提供基础设施，其所面临威胁攻击和影响范围不同于传统互联网。例如，网络安全测试环境系统中直接开展真实的大范围的网络安全测试和攻防演练，容易造成物理设备故障和系统崩溃，侵害系统的完整性、可控性和可用性等多个安全属性。本节结合 CAPEC（Common Attack Pattern Enumeration and Classification）的攻击分类，分析网络安全测试环境系统所面临威胁攻击方法、对应的危害和应对措施（表 3-2），分析结果可用于指导后续安全模型中对安全机制的设计。

表 3-2　攻击方法与应对措施

攻击方法分类	攻击方法	危　害	应对措施
物理	绕开物理安全	资源访问不可控	部署环境保护
	物理盗窃	内部资产丢失	
	设备和组件的物理破坏	设备和组件不可用	

续表

攻击方法分类	攻击方法	危　害	应对措施
硬件	硬件信息勘测	破坏硬件的保密性	物理访问控制
	硬件完整性攻击	破坏硬件的完整性	故障监测
	恶意逻辑插入	硬件遭到破坏	
通信	窃听	破坏通信的保密性	窃听行为发现
	协议操纵	协议交互出错	异常行为检测
	流量注入	破坏正常通信	边界防护 流量监测
	阻塞		
软件	暴力破解	密码被破解	异常行为发现
	认证滥用	认证遭到破坏	
	绕开认证	软件资源被无权访问	访问控制
	信息挖掘	软件内部机密性遭到破坏	信息资产监测
	缓冲区操纵	破坏软件可用性,不可控	
	flooding 攻击	消耗软件资源,导致正常功能不可用	抗 Ddos 攻击
	指针操纵	破坏软件可用性,不可控	恶意代码防范
	资源过度分配	导致正常功能不可用	资源监控
	资源泄漏暴露	资源机密性遭到破坏	
	参数注入	软件遭到破坏	恶意代码防范
	内容欺骗	造假内容破坏软件抗抵赖性	用户异常行为分析
	身份欺骗	造假身份破坏软件抗抵赖性	
	输入数据操纵	软件可用性遭到破坏	恶意代码防范
	资源位置欺骗	造假位置,导致软件行为不可控	用户异常行为分析
	扫描探测	获取软件内部机密	扫描行为监测
	动作欺骗	软件运行出错	异常行为发现
	代码包含	破坏软件功能	恶意代码防范
	软件完整性攻击	破坏软件完整性	—
	逆向工程	破解软件	恶意代码防范
	功能滥用	软件运行出错	软件访问控制
	指纹信息识别	指纹信息被泄露	身份鉴别

续表

攻击方法分类	攻击方法	危　害	应对措施
软件	长时间资源占用	软件资源受限,影响可用性	软件资产监测
	代码注入	影响可用性	恶意代码防范
	命令注入		软件访问控制
	恶意软件	软件正常功能被破坏,信息被盗取等	恶意软件检测入侵防御
供应链	构造时修改	构造出错	安全审计
	发布时操纵	发布过程被破坏	
社会工程学	信息嗅探	信息被盗取	信息加密保护
	行为操纵	行为不可控	异常行为分析

3.3.3 网络安全测试环境脆弱性分析

脆弱性是系统中存在的能被威胁所利用的弱点。网络安全测试环境系统的脆弱性整体上分为软硬件系统存在的漏洞、软/硬件系统不正确的配置和管理体系的缺陷三大方面。

因为设计和实现的问题,网络安全测试环境系统中硬件设备、通信协议、操作系统、软件和服务等软/硬件资产不可避免地会存在各种漏洞。通过前面对系统业务和技术架构的分析,可知网络安全测试环境系统中资产种类多,技术覆盖面广,系统结构复杂,其必然存在比传统信息系统更多的漏洞,给各种威胁提供了更大的利用空间。及时发现资产中存在的漏洞并进行修补,减少暴露面,是网络安全测试环境安全体系的重要方面。为此,需要在全面掌握系统资产的前提下,综合利用威胁情报、漏洞库管理、漏洞扫描、漏洞修补等安全机制构建完备的漏洞管理体系。

不正确的系统配置也是导致系统脆弱性的主要方面。错误的网络连接、不正确的访问控制规则、弱口令、低安全的通信协议等配置问题会极大地降低系统的安全性。为防止此类问题导致的安全威胁,网络安全测试环境的安全体系需根据安全需求和策略建立统一的配置基线、定期进行配置核查,并制定常态化配置基线评估、更新和管理流程,确保系统软硬件配置正确。

管理体系的缺陷是指安全策略、规章制度、流程、机构和人员等管理要素中存在的不足。缺失的安全策略、不健全的规章制度、错误的威胁处理流程、技能低下的人员聘用、不正确的漏洞和配置基线管理等安全管理体系的不足,不但会导致完全依赖管理手段的安全能力的缺失,同时也会导致安全技术体系的无效和低效。作为网络安全测试环境安全的重要组成部分,网络安全测试环境必须根据安全需求和安全策略构建完备的安全管理体系，并定期进行审查、评估和修正，以保证其始终有效。

3.3.4 网络安全测试环境风险分析

对于其他信息系统，网络安全测试环境系统环境更为复杂多变。网络安全测试环境系统除了能满足模拟进攻和防御的实验任务，还要保证自身的安全。网络安全测试环境系统自身安全所面临的不仅来自外部的威胁，还包括内部的红蓝白三方的威胁，以及其他网络安全测试环境系统的威胁。

结合网络安全测试环境系统的结构和业务特征，对其进行风险分析是防护体系建设的首要工作。分析结果不仅可以指导安全模型和防护体系设计，更有助于安全运营工作中的风险评估和响应处置。

安全风险是存在的安全威胁利用系统的脆弱性对其造成损害的潜能。本节将从网络安全测试环境面临的安全威胁和自身的脆弱性两个方面对网络安全测试环境的安全风险进行分析。

3.3.4.1 资产分析

网络安全测试环境作为国家级的综合网络安全测试环境，具备模拟各类应用场景的能力是其核心目标，这也决定了组成其应用场景的应用资源必将种类繁多且属性不同，也一定会带来更为复杂多样的安全风险。因此，网络安全测试环境安全体系也应关注装备的种类和特点。

从网络安全测试环境资产分析，以当前的认知水平，攻击威胁可利用的单一装备脆弱风险基本属于以下范畴：过度开放的端口服务；软件系统漏洞；硬件漏洞（如 CPU 漏洞）；系统安全配置不合规；认证手段脆弱；授权粒度不严谨；抗电磁干扰能力不足。

3.3.4.2 资产风险分析

网络安全测试环境资产风险威胁应对如表 3-3 所列。

表 3-3 资产风险威胁应对

受影响资产类别	可利用脆弱点	攻击手段及后果	安全机制	防护装备
指挥控制、通信系统 操作系统 工控系统 网络类 主机类 存储备份类 数据库 专业应用 通用应用 虚拟化平台	安全隔离手段缺失或不完善	蠕虫传播、攻击渗透、越权访问	物理隔离、访问控制	防火墙、网闸

续表

受影响资产类别	可利用脆弱点	攻击手段及后果	安全机制	防护装备
主机类 操作系统	过度开放的端口服务	主机探测、端口扫描、蠕虫传播、溢出攻击、远程控制	服务最小化	防火墙、网闸、防病毒
指挥控制、通信系统 操作系统 数据库 中间件 专业应用 通用应用 虚拟化平台	软件系统漏洞	蠕虫传播、溢出攻击、远程控制	修复漏洞	入侵检测、漏洞扫描、软件升级、规则拦截设备(防火墙、WAF等)、防病毒
指挥控制、通信系统 安防系统 环境动力监控类 工控系统 保密专用	硬件漏洞(如CPU漏洞)	数据泄露、远程控制	更换硬件或软件修复	规则拦截设备(防火墙、WAF等)
操作系统 数据库 专业应用 通用应用 虚拟化平台	系统安全配置不合规	远程控制	增强自身安全配置、外围防护	漏洞扫描、配置核查、防火墙
主机类 操作系统 数据库 专业应用 通用应用 虚拟化平台	认证手段脆弱	越权访问、远程控制	强化认证手段	采用强认证系统或细化策略
指挥控制、通信系统 数据库 专业应用 通用应用 虚拟化平台	授权粒度不严谨	越权访问	服务最小化、精确授权	防火墙、堡垒机、应用系统自身
指挥控制、通信系统 数据库 专业应用 通用应用 存储备份类	备份和恢复手段缺失或不完善	数据丢失	建立备份机制	链路备份、主机备份、应用和数据容灾备份
指挥控制、通信系统 安防系统 专业应用	抗电磁干扰能力不足	通信中断	跳频	无

3.3.5 合规要求分析

本节从两个角度对网络安全测试环境安全体系的合规进行分析。

1. 安全合规

所有的安全体系建设总体要求是将安全风险降到最低,以适应实际的动态变化的风险需求为首要目标,网络安全测试环境的安全体系建设同样如此,在编写安全合规的过程中,需要充分结合网络安全测试环境的业务架构、业务关系和数据流,以期指导未来3~5年的安全建设。

2.《信息安全技术 网络安全等级保护基本要求 第1部分 安全通用要求》

1999年,国家发布了等级保护权威安全标准规范,经多年实践检验,等级保护逐步得到认可和贯彻,为国家整体信息安全建设提供了很好的指导,网络安全测试环境安全体系建设也要以此类标准为准绳开展安全体系的研究和建设。等级保护2.0基本要求框架如图3-8所示。

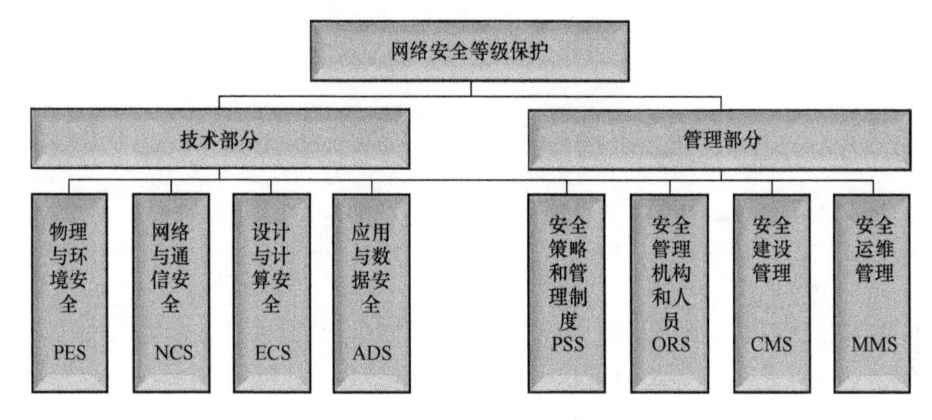

图3-8 等级保护2.0基本要求框架

3.《涉及国家秘密的信息系统分级保护技术要求》(BMB 17—2006)(机密级-增强保护要求)

新修订的《中华人民共和国保密法》第二十三条规定:“存储、处理国家秘密的计算机信息系统按照涉密程度实行分级保护。”这一规定表明了网络安全测试环境涉密信息系统建设、网络安全测试环境单位对涉密信息系统进行保护是必须履行的法律义务。分级保护要求框架如图3-9所示。

4.《信息安全保障体系框架》(GJB 7250—2011)

通过预测、防护、检测、响应和恢复对信息与信息系统进行保护和防御,以确保信息和信息系统的可用性、完整性、真实性、保密性和不可否认性。该标准指导网络安全测试环境构建信息安全保障体系框架,根据保障等级,对局域计算环境、区域边界、网络及其基础设施进行保护。信息安全保障体系框架如图3-10所示。

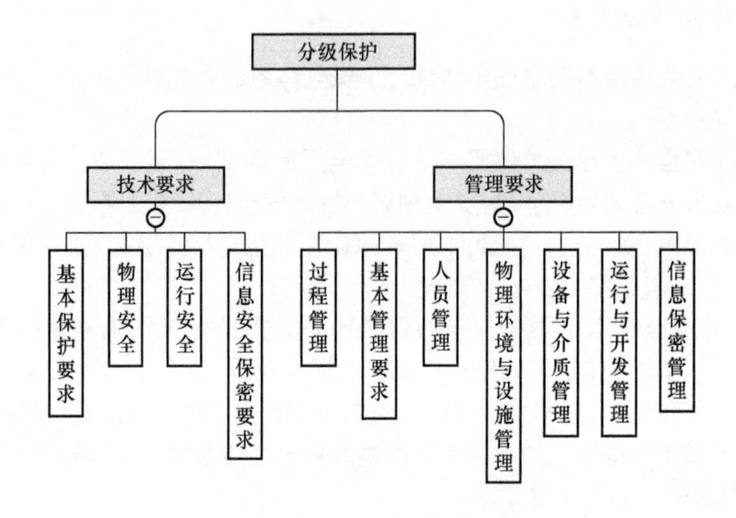

图 3-9 分级保护要求框架

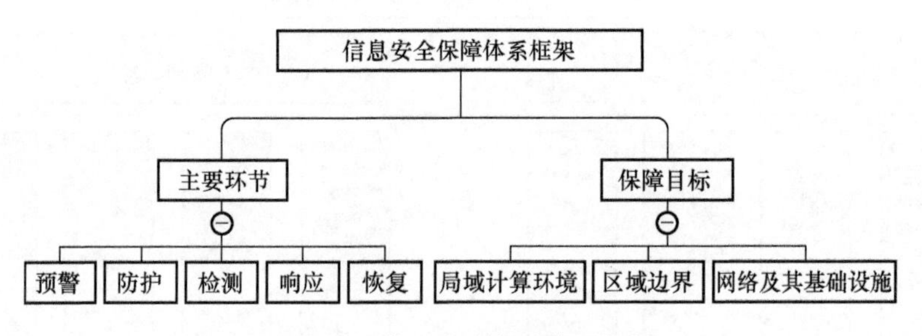

图 3-10 信息安全保障体系框架

3.4 设计思想

本节结合了如下安全设计思想：

(1) 基于国家战略的安全思想；

(2) 萃取先进安全理念思想；

(3) 等级保护思想；

(4) 动态网络安全体系思想。

3.4.1 服务于国家安全战略

习近平主席在中央网络安全和信息化领导小组第一次会议上讲话(2014 年 2 月 27 日)时作出了重要论断："没有网络安全就没有国家安全，没有信息化就没有现代化。”充分强调了网络安全在国家层面的重要性。网络安全测试环境作为国家级项目，未来必定承担国家级实验项目，首先必须从理论上武装安全思想。

3.4.2 萃取先进安全理念

笔者深入研究 PDR、P2DR、IATF、GB 17859—1999《计算机信息系统 安全保护等级划分准则》、ISO 27001、PPDR(Gartner 自适应安全架构)和 DevSecOps 等国内外先进安全理论和思想，并试图将提取的安全精髓融入网络安全测试环境项目当中，努力将先进且合理的安全思想贯穿于项目的整个生命周期。

PDR、P2DR、IATF、GB 17859—1999《计算机信息系统 安全保护等级划分准则》、ISO 27001、PPDR(Gartner 自适应安全架构)和 DevSecOps 是当前公认的先进安全理念，但每种理念也不可避免存在缺陷，本节在学习引用各家经典时，需做到博采众长，结合等级保护标准，努力形成适合网络安全测试环境项目的安全思想。

3.4.3 全面合规

无论是部队，还是地方，分等级保护思想始终是国内信息化安全建设的核心指导思想，且与各类先进的安全理念相辅相成。

分等级保护的核心思想是：坚持从实际出发、保障重点的原则，综合平衡建设成本和安全风险，区别不同情况，分类、分级、分阶段进行信息安全建设和管理；持续改进也是等级保护的核心思想，为适应快速变化的信息安全形势，要不断进行版本升级和优化。

遵循分等级保护的要求，本节建议对网络安全测试环境实施全面信息安全等级保护，从技术层面和管理层面等角度，结合具体的安全技术要求和安全管理要求，对网络安全测试环境的信息系统安全进行具体的规划、设计和实施，确保网络安全测试环境项目的安全保护水平。

对于网络安全测试环境安全建设，至少达到安全等级保护三级要求，具体要求包括以下几个方面。

1) 技术方面

采用结构化设计方法，按照完整的安全策略模型，实现各层面相结合的强制性安全保护，使威胁可知可控，让数据和装备免遭破坏，保证高安全性的系统服务。

该等级的技术要求，采用一系列措施来保证其安全性达到所要求的目标。实现这些安全功能和提供安全保证的安全技术如下。

(1) 对各信息化装备、环境和介质采用严格的防护措施，确保其为信息系统的安全运行提供支持，防止由于物理原因造成信息的泄露和破坏。

(2) 通过局域计算环境内各组成部分采用网络安全监控、安全审计、全方位的备份与故障恢复、集中统一的病毒监控体系、基于密码技术或生物特征的强身份鉴别和多重鉴别、强制访问控制、高强度密码支持的存储和传输数据的加密保护、严格的客体重用等安全机制,实现对计算环境内信息的安全保护和系统安全运行的支持。

(3) 采用分区域保护和边界防护(如物理隔离、高等级的防火墙、信息过滤、边界完整检查和其他隔离部件),实现不同安全等级区域之间安全互操作的严格控制。

(4) 按照结构化的方法设计和实现安全子系统,使在不同层面实现的访问控制、身份鉴别、审计、加密等安全机制的交互作用最小化,从而使复杂性降低,充分实现系统安全设计要求。

2) 安全管理方面

要求"建立完整的和持续改进的信息系统安全管理体系,在对安全管理过程进行规范化定义,并对过程执行实施监督和检查的基础上,具有对缺陷自我发现、纠正和改进的能力。根据实际安全需求,采取安全隔离措施,限定信息系统规模和应用范围。建立安全管理机构,配备专职安全管理人员,落实各级领导及相关人员的责任"。

完整的信息系统安全管理体系包括如下内容。

(1) 在信息系统的安全方针和策略的指导下,在策略、组织、人员、风险、工程、运行、应急与安全事件处理等安全管理的各个环节建立相应的管理制度和工作规范;

(2) 通过建立安全管理机构,配备专职安全管理人员为安全管理提供必要组织保证和人员保证,目的在于落实各级领导及相关人员的责任;

(3) 各项管理制度明确管理目标、人员职责、关键控制点和管理手段;

(4) 具备对管理制度执行情况的监督和检查机制,加强集中统一管理,注重引入自动化的管理工具,丰富管理和监督检查手段。

持续改进的信息系统安全管理体系是指:

(1) 在维护完整的信息系统安全管理体系的基础上,建立系统的自我完善机制,具备对不断变化的系统状态自我发现和解决问题的能力;

(2) 通过采用安全隔离措施,限定信息系统的规模和应用范围,增强信息系统的安全性,以达到所要求的安全目标。

3.5 设计原则

3.5.1 遵循原则

网络安全测试环境信息安全架构设计原则是:在保障网络安全测试环境业务

连续性的前提下,实现对全网络的安全管控。

该设计编写遵循以下基本原则。

(1) 开放性原则:在充分保证网络安全测试环境的安全前提下,网络安全测试环境应该兼容并蓄,尽可能地向新技术、新理念开放,尽可能地向安全子系统打开必要的数据接口。

(2) 可扩展性原则:由于目前安全技术的发展和变化非常迅速,网络安全测试环境采用的技术应具有良好的可扩展性,充分保护国家投资和利益。

(3) 先进性原则:具体技术和技术方案应保证整个系统具有技术先进性和持续发展性。

(4) 创新性原则:在保证先进性的基础上,网络安全测试环境应该具备自身的创新点。

(5) 安全性原则:使用的网络安全产品和技术方案在设计和实现的全过程中应有具体的措施来充分保证其安全性。

(6) 可靠性原则:对项目实施过程实现严格的技术管理和设备的冗余配置,保证系统的安全可靠。

(7) 兼容性原则:系统的标准化程度高,可以做到不同的应用系统间的安全兼容。

(8) 可管理性原则:所有安全系统都应具备在线式的安全监控和管理模式。

(9) 综合性、整体性原则:安全设计力求全面、深入,做到分层次、多角度、全方位地保障网络安全测试环境的网络安全。

(10) 标准性原则:构建网络安全测试环境这样庞大的安全体系,必须坚持遵循必要的标准。

(11) 一致性原则:网络安全问题应与整个网络的工作周期(或生命周期)同时存在,制定的安全体系结构必须与网络、业务的安全需求相一致。安全的网络系统设计(包括初步或详细设计)及实施计划、网络验证、验收、运行等,都要有安全的内容及措施。

(12) 纵深性原则:提供的安全解决方案是一个多层保护体系,各层保护相互补充,当一层保护被攻破时,其他层保护仍可起到安全防范的作用。

(13) 集成性:未来提供的安全管理工具应能够和其他系统管理工具有效集成。

(14) 保障安全系统自身的安全:未来应用的安全产品和系统都关注系统自身的安全保护。

(15) 适应性原则:安全措施必须能随着网络性能及安全需求的变化而变化,要容易适应、容易修改。

(16) 合理规划、分步实施的原则:一个完整的网络安全解决方案不可能在很短的时间全部实施完成,需要对整个安全建设过程进行合理的规划,根据公司网络安全现状,有步骤地实施。

3.5.2 开放性与可扩展性

网络安全测试环境安全体系建设的开放性和可扩展性体现在两个方面:一是安全体系建设的参照标准具备开放性和可扩展性;二是安全体系运营的核心——统一安全运营平台具备开放性和可扩展性。

1. 参照标准的开放性和可扩展性

网络安全测试环境安全体系建设参照等级保护、分级保护、国家军用标准等安全标准要求,在体系的顶层设计上具备开放性和可扩展性。首先,不管是等级保护,还是分级保护,对业务系统的定级是根据其重要性和是否涉密进行匹配的,每个级别对应不同的保护要求,所以在级别选择上具备开放性。其次,等级保护、分级保护、国家军用标准为安全体系建设提供指导思想,但在实际建设过程中需要根据网络安全测试环境实际信息安全需求、业务特点,进行落地化保护,将等保、分保的要求体现到方案中,切实结合网络安全测试环境信息安全建设的实际需求,建设一套全保护、重点突出、持续运行的安全保障体系,将等保、分保、国家军用标准制度明确落实到网络安全测试环境的信息安全规划、建设、评估、运行和维护等各个环节,结合网络安全测试环境各业务系统的实际情况进行落地化建设。最后,等级保护、分级保护、国家军用标准只提供安全防护基线,其防护要求并不能覆盖实际网络环境下的实际安全需求,还有部分安全防护需求,需要根据实际情况进行安全功能扩展。

2. 安全体系运营的开放性和可扩展性

安全体系构建的核心为统一安全运营平台,同时它也是整个安全体系运营的核心。所以统一安全运营平台的开放性和可扩展性也体现了整个安全体系的开放性和可扩展性。

安全平台的可扩展性和开放性体现在“北向”“南向”“东西向”三个方面,如图 3-11 所示。

(1)“北向”可扩展性和开放性体现在安全平台的服务层,平台对外提供 REST 接口和数据接口,可与身份认证系统进行对接,也可根据权限设置,向外提供平台安全数据。另外,平台在功能设计上采用“高内聚,低耦合”的设计界思想,使其在服务层的功能呈现上是模块化的,各功能模块之间低耦合,可以证书的方式控制功能模块的使用权限,并且在功能扩展上,可在数据层的基础上开发新的功能模块,体现对服务上的开放性和可扩展性。

(2)“南向”可扩展性和开放性体现在平台对网络安全测试环境网络节点的数据采集上,平台对接安全产品、主机设备、安全设备的种类越多,数据采集方式越

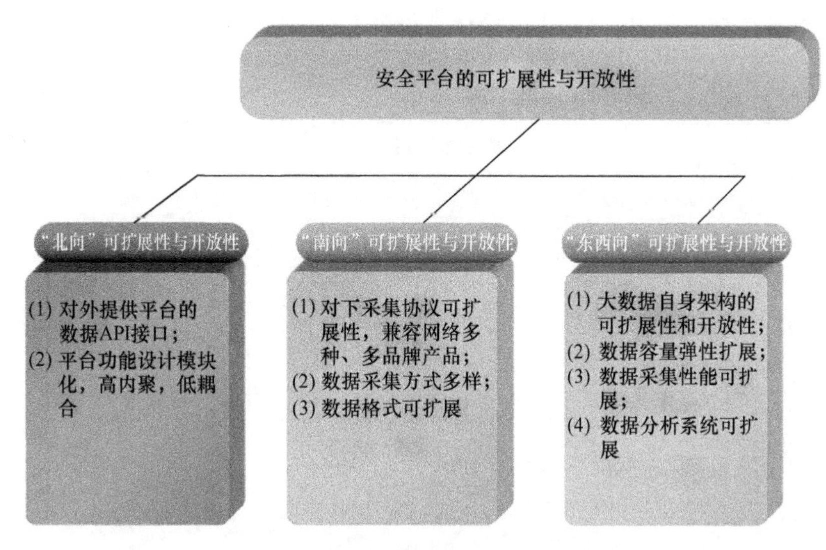

图 3-11　安全平台的可扩展性与开放性展示图

多样,该平台向下兼容的程度就越好,同时数据存储格式和采集协议的延展性越好,向下采集节点资源的开放性和可扩展性就越好。具体体现在以下三点。

① 平台提供多种协议的数据接入,并且还可根据网络安全测试环境私有协议进行扩充,以兼容网络安全测试环境网络中的多平台、多型号的节点设备。

② 平台数据采集方式多样,支持标准日志协议的数据采集,也可通过在主机端安装代理方式,发送相关日志数据,还支持离线方式导入数据。

③ 平台数据存储格式多样,以大数据仓库方式可存储结构化数据、非结构化数据。

(3)“东西向”可扩展性和开放性体现在平台自身的性能弹性扩展上。首先,安全平台搭建在服务器集群基础上,采用云和大数据的基础架构,平台自身具备存储资源、计算资源、网络资源的可扩展性;此外,平台以分布式方式实现平台功能,数据的采集和分析是分离的,数据采集采用专用高速采集器,采集器将收集的数据进行清洗后,供平台分析引擎调用,可根据实际性能要求,分别扩展采集器和分析引擎的性能。

3.6 总体安全架构设计

3.6.1 安全防护体系组成架构

以前期各项研究为基础,结合网络安全测试环境的实际情况和国内外先进安全思想,考虑安全方案的先进性、可靠性以及实用性,参考等级保护、分级保护、国家军用标准等标准要求，设计出安全体系框架，如图 3-12 所示。

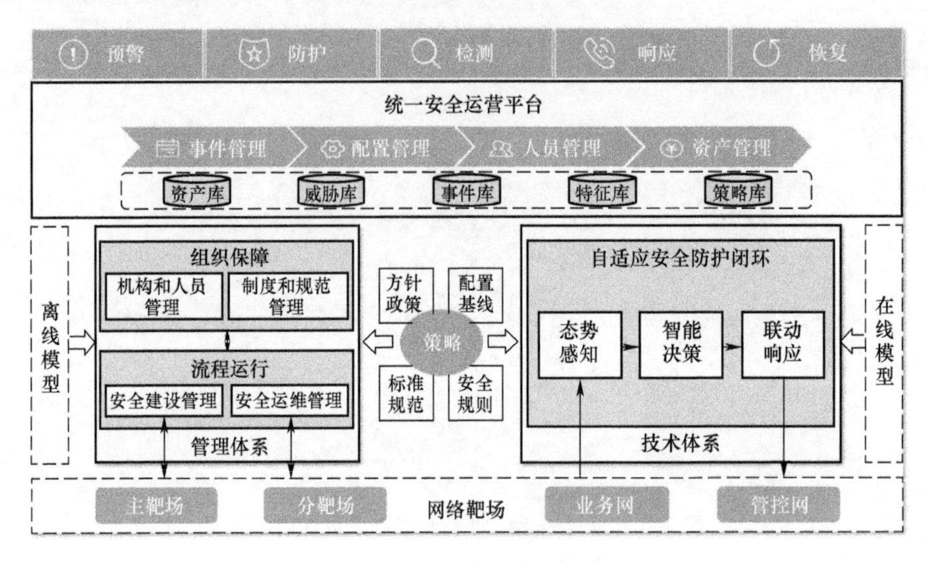

图 3-12　安全防护体系构架

网络安全测试环境系统的安全主要从保障系统的物理与环境、网络与通信、设备与计算、应用与数据等方面，按照离线模型和在线模型的设计思路，以策略为中心，从管理体系和技术体系两个方面有机结合地开展设计。其中，管理体系通过机构和人员管理、制度和规范管理实现安全组织保障，并指导安全建设、安全运维，从流程运行的角度开展系统全生命周期的管理实施工作。技术体系则按照自适应安全防护闭环的方法，通过安全防护设备采集网络安全测试环境系统的实时安全状态数据，通过态势感知模块分析其中的异常及存在的攻击行为，支撑智能决策模块形成安全防护命令，并通过联动响应模块下发到安全防护设备，调整安全策略实现安全闭环。管理体系和技术体系通过统一安全运营平台实现全面结合和协调管理，最终建设形成面向网络安全测试环境系统安全的整体预测、防护、检测、响应和恢复能力。

3.6.2　各安全组成要素之间的信息交互关系

作为一个大型、全面的安全防护体系，网络安全测试环境安全防护体系必然由各类安全要素组成，它们之间的关系如何、如何做到分工协作、如何做到安全数据共享、如何做到联动响应，本节将从以下几个视角进行分析。

（1）分工协同关系：按照等级保护和实际的安全边界等因素要求，安全要素被分别部署于物理层、网络层、主机层和应用数据层，安全要素分工负责各层的安全防护任务。

（2）数据融合关系：未来的网络安全测试环境安全防护体系中必然存在一个数据分析、决策响应中心，各安全要素需将自身采集和自身生成数据集中汇总到这个中心，由该中心负责数据的收集存储和关联分析，为决策响应提供依据。

（3）联动响应关系：联动响应可分为两个层面的响应：一个是直接响应，如目前常见的防火墙和入侵检测系统（Intrusion Detection System，IDS）响应，IDS 一旦发现入侵行为，就直接将入侵行为中的源 IP、目标 IP 等关键信息发送给防火墙，防火墙动态生成阻断策略，切断该源 IP 对目标 IP 的入侵；另一个是间接响应，由某安全要素先采集数据，发送到数据分析、决策响应中心，由该中心分析处置结果，再通知关键节点上的安全要素采取必要的处置措施。

各安全要素交互关系如图 3-13 所示。

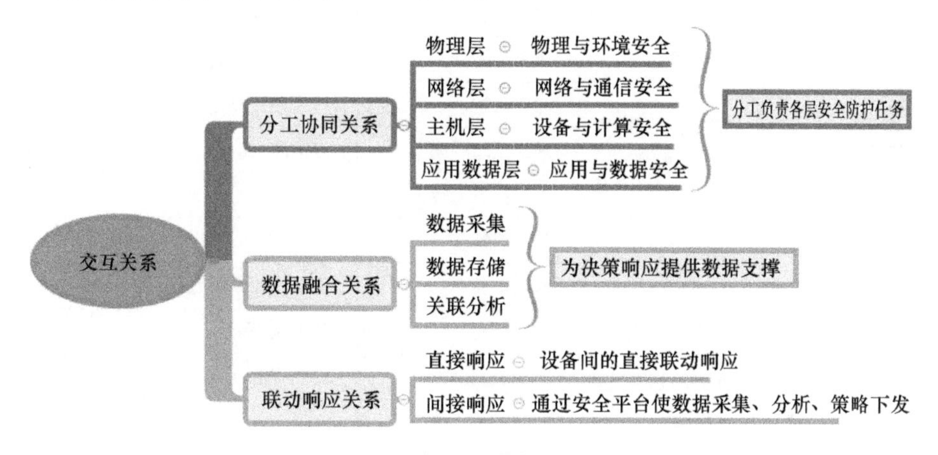

图 3-13　各安全要素交互关系

3.6.2.1　分工协同关系

对网络安全测试环境网络环境进行按层防护，各安全要素按其功能分布于物理层、网络层、主机层和应用数据层，对应实现物理与环境、网络与通信、设备与计算、应用与数据的安全防护需求，在分工协作的基础上，保障全网安全机制的高效运营。安全要素分工关系如表 3-4 所列。

表 3-4　安全要素分工关系

序号	安全层面	安全能力	安全机制	安全要素分工
1	物理层	系统加固和隔离	部署环境防护	防火、防雷、防水、防潮设备
2			能源供应保障	UPS
3			物理访问控制	电子门禁系统
4			物理隔离	物理隔离装置

续表

序号	安全层面	安全能力	安全机制	安全要素分工
5	物理层	异常和攻击事件检测	安防监控	视频监控系统
6			故障监测	监控报警系统
7		事件联动响应	灾害自动响应	火灾自动消防系统
8		数据备份和恢复	备份容灾	机房异地备份
9		业务恢复		
10	网络层	系统加固和隔离	网络架构安全	链路冗余
11			通信质量保证	负载均衡系统、抗拒绝服务攻击系统
12			信道安全	VPN、加密机
13			链路加密	VPN、加密机
14			边界防护	防火墙、IPS
15			虚拟网络隔离	虚拟防火墙
16			隔离网数据传输	网闸
17			访问控制	防火墙
18			安全审计	安全审计系统、堡垒
19			安全隔离	防火墙、网闸
20		防护体系自动构建和调整	安全资源虚拟化	安全资源池
21			动态防护部署	SDN
22		异常和攻击事件防护	入侵防范	IPS
23			恶意代码防范	防毒墙
24		异常和攻击事件检测	异常行为发现	上网行为管理
25			入侵检测	IDS
26			恶意代码检测	防毒墙
27			安全运营监控	安全管理中心
28		风险确认和优先级排序	安全态势感知	态势感知系统
29		事件调查与取证	电子取证	电子取证分析系统
30			攻击溯源	全流量分析系统
31		安全策略配置	安全策略自动配置	安全管理中心
32		事件联动响应	联动响应	安全产品联动响应
33		业务恢复	冗余备份	链路冗余

续表

序号	安全层面	安全能力	安全机制	安全要素分工
34	主机层	威胁知识提取与持续更新	威胁情报共享	威胁情报系统
35		风险识别和评估	资产监测	网管软件
36			漏洞扫描	漏洞扫描
37		威胁预测	安全态势感知	安全态势感知
38		系统加固和隔离	身份鉴别	身份认证系统
39			资源控制	终端管理系统
40			镜像和快照保护	安全镜像
41			虚拟机安全	安全镜像
42			冗余备份	双机热备
43			操作系统安全	配置核查、漏洞扫描
44			访问控制	堡垒机
45			安全审计	日志审计系统
46			安全隔离	防火墙、交换机
47		防护体系自动构建和调整	安全资源虚拟化	安全资源池
48			动态防护部署	SDN 引流
49		异常和攻击事件防护	蜜罐与容侵	蜜罐系统
50			入侵防范	防病毒软件
51			恶意代码防范	防病毒软件
52		异常和攻击事件检测	异常行为发现	防病毒软件
53			入侵检测	防病毒软件
54			恶意代码检测	防病毒软件
55			安全运营监控	安全管理中心
56			镜像完整性检测	安全镜像
57		系统脆弱性检测	漏洞扫描	漏洞扫描系统
58			配置核查	配置核查系统
59		风险确认和优先级排序	安全态势感知	态势感知系统
60		事件调查与取证	电子取证	电子取证分析系统
61			攻击溯源	蜜罐系统
62		安全策略配置	安全策略自动配置	安全管理中心
63		事件联动响应	联动响应	安全管理中心
64		业务恢复	镜像和快照备份与恢复	安全镜像
65			冗余备份	业务冗余备份

续表

序号	安全层面	安全能力	安全机制	安全要素分工
66	应用数据层	威胁知识提取与持续更新	威胁情报共享	威胁情报分析系统
67		风险识别和评估	资产监测	安全管理中心
68			漏洞扫描	漏洞扫描
69		威胁预测	安全态势感知	态势感知系统
70		系统加固和隔离	身份鉴别	身份认证系统
71			资源控制	应用系统资源控制
72			软件容错	应用系统加固
73			数据备份和恢复	数据库备份系统
74			剩余信息保护	操作系统加固软件
75			个人数据保护	数据泄露防护系统
76			敏感信息保护	数据泄露防护系统
77			数据库安全	数据库安全审计系统、数据库防火墙
78			访问控制	上网行为管理
79			安全审计	安全审计系统
80			安全隔离	防火墙
81		异常和攻击事件防护	蜜罐与容侵	蜜罐系统
82			入侵防范	WAF、防病毒软件
83			恶意代码防范	WAF、防病毒软件
84			敏感信息泄露防护	数据泄露防护系统
85			数据加密和校验	数据泄露防护系统
86		异常和攻击事件检测	异常行为发现	上网行为管理、堡垒机
87			入侵检测	防病毒软件
88			恶意代码检测	防病毒软件
89			安全运营监控	安全管理中心
90			敏感信息泄露检测	数据泄露防护系统
91		系统脆弱性检测	漏洞扫描	漏洞扫描系统
92			配置核查	配置核查系统
93		风险确认和优先级排序	安全态势感知	态势感知系统

续表

序号	安全层面	安全能力	安全机制	安全要素分工
94	应用数据层	事件调查与取证	电子取证	电子取证分析系统
95			攻击溯源	全流量分析系统
96		安全策略配置	安全策略自动配置	安全管理中心
97		事件联动响应	联动响应	安全管理中心
98		数据备份和恢复	数据备份和恢复	数据库备份系统
99		业务恢复	镜像和快照备份与恢复	业务系统备份

3.6.2.2 数据融合关系

通过对网络安全测试环境进行业务分析和拓扑规划,结合技术管理体系中"三重防护,一个中心"的思想,在网络安全测试环境网络边界、核心交换区、网络安全测试环境业务网和管控网的安全域中,部署实体安全设备或虚拟化安全产品,从物理与环境安全、网络与通信安全、区域边界安全、设备和计算安全4个层面,对网络安全测试环境网络进行多维数据采集。在网络安全要素之上,构建网络安全测试环境全网的统一安全运营平台。以各安全要素为有机整体,各安全要素除完成自身在线的安全任务之外,还同步进行数据采集,为网络安全测试环境统一安全运营平台提供依据,中心与各安全要素组成一个分工明确、态势追踪、策略演进的在线安全模型;安全要素按中心调度指令,随适配网络安全测试环境任务建立,适应全网动态安全防护。

所以在数据融合流向上,分为自下而上和自上而下两路流向,如图3-14所示,首先平台自下而上从网络的安全系统、网络设备、主机系统和应用系统中进行

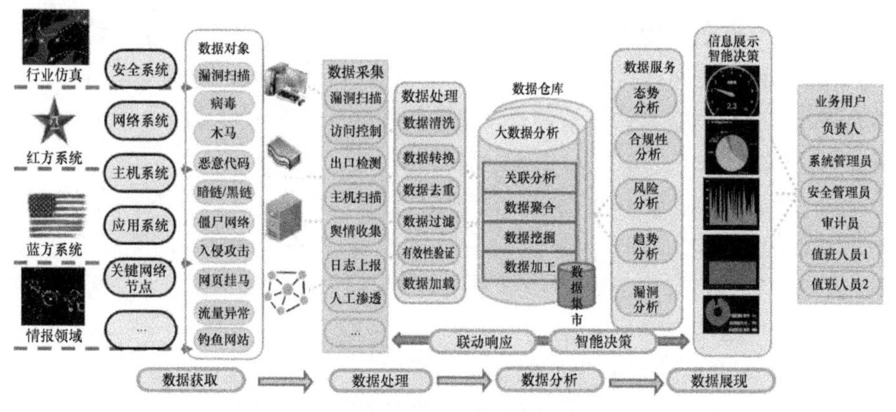

图3-14 靶场系统数据融合关系

数据融合,通过数据处理后进行存储,并对数据加以分析。一方面对全网安全资产进行数据展示;另一方面为智能决策提供输出,联动响应系统在将智能决策系统生成的策略,自上而下下发至安全系统、网络资源和应用系统中。

网络安全测试环境网络环境复杂、网络构成要素多样,要实现对全网安全状况的检测与响应,需要在各组成要素的分工协同合作基础上,通过数据融合,对全网多层数据进行收集、分析与展示,数据融合具体分类如表3-5所列。

表3-5 数据融合分类

分类	描述
数据采集层次	物理层、网络层、主机层、业务与数据层
采集对象	人工输入、漏洞扫描、安全设备、主机、数据库、中间件、虚拟化产品、存储系统、业务系统等
融合数据分类	网络入侵数据、流量数据、僵木蠕数据、漏洞数据、资产数据、日志数据等
数据采集方式	标准日志格式发送、主机代理日志发送、离线数据采集、私有协议定制等
数据存储与分析	数据仓库、大数据分析
融合数据展示	态势感知呈现

3.6.2.3 联动响应关系

网络安全测试环境网络中的安全要素在功能层面各司其职,在数据层面进行融合、分析,除此之外,安全要素之间还存在联动响应关系,响应关系分为安全要素间的直接响应和安全管理平台控制下的间接联动响应。

1. 安全要素间的直接响应

网络安全测试环境网络中的安全要素均有自己的功能特性,在正常业务场景下采用静态的防御策略,如通过防火墙、访问控制、内容过滤、加密、身份认证等方式加固安全,但安全是动态的,随着入侵检测、漏洞扫描和安全审计等动态检测技术的发展,动态的网络防护技术也占据重要位置,但这种动态防御系统有很强的检测与报警能力,但不能进行有效阻断攻击,需要以产品联动的方式,形成一个综合的、"动""静"结合的、关联互动的安全体系。

此外,网络安全测试环境网络中的每种安全元素都应该是可扩展的,而联动正好赋予这种扩展能力。通过联动策略,在"强强组合、互补互益"的基础上,选择各自功能的优势产品,构建最强的防御系统,这样既不会损失各安全要素的主流功能,还能扩展其他功能。

通过以下两个应用场景来说明安全要素之间联动的优势。

场景一:防火墙与漏洞扫描系统联动,形成智能补丁方案。

防火墙的防护原理是基于包检测的流量行为分析,防火墙拦截所有外网企图对内网主机攻击的流量。在所有的攻击记录中,最重要部分是对内网薄弱点的攻击,即针对于内网主机漏洞的攻击,而这部分信息目前是无法获取的,因为防火墙对内网主机的漏洞情况一无所知。同样,对于漏洞扫描系统,它对防火墙的安全规则配置情况一无所知,无法提供那些没有被防火墙等网络安全设备防护的部分,而这部分漏洞具备很高风险,需要最高优先级处理。

防火墙与漏扫联动特性就是针对如上问题的解决方案,如图 3-15 所示。

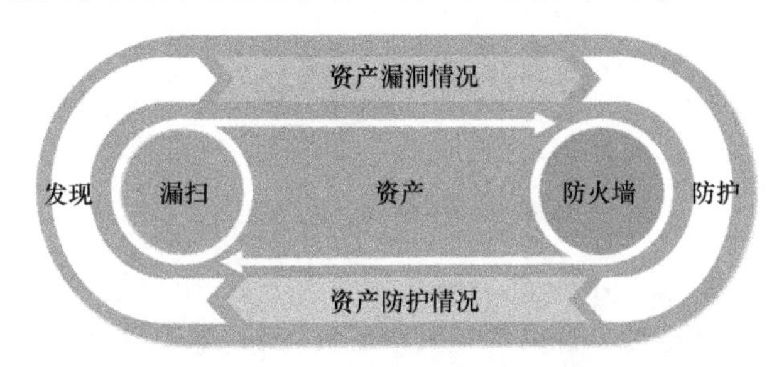

图 3-15　防火墙漏扫联动响应

防火墙与漏扫共享漏洞和安全防护信息,漏扫系统能够提供精确的内部网络安全漏洞清单,通过联动响应,这些安全漏洞中的相当一部分可以被防火墙的入侵防护规则和安全策略防护,并且在漏扫界面上可展示哪些漏洞已经被防护,而在防火墙也可以展示对漏扫上报漏洞的拦截情况和拦截计数,并突出对高危漏洞的拦截。通过联动,实现内网高危漏洞的智能防护。

场景二:APT 攻击联动防护方案。

安全是动态的,现有的安全产品,如防毒墙、IPS、WAF 等,可专门针对传统威胁进行防护,如对蠕虫、木马、病毒的防护。但是,新一代威胁攻击者在发起攻击前,会测试是否绕过目标网络的安全检测,因此会采用新型的攻击手段,如通过零日漏洞进行 APT 攻击,这种攻击是传统安全机制无法有效检测和防御的,需要通过沙箱系统来进行动态检测,而不是依赖于传统的签名技术,但由于是基于沙箱的模拟环境下的动态检测,它的执行效率低很多。所以网络安全测试环境网络中既需要以入侵防御系统来进行签名检测,还需要沙箱来检测未知威胁文件。通过两者的联动,来实现全网已知威胁入侵和未知威胁入侵的防护。

沙箱系统与网关设备(IPS/FW)的联动模式如图 3-16 所示。

沙箱系统提供开放 API,可以与网关设备一起协同防护。其原理是:网关设备提交文件到沙箱进行安全检测,然后返回检测结果,形成本地安全信誉,实现安全阻断。借助这种联动机制,网关设备具有了对未知威胁的感知能力。沙箱系统也借助网关设备,实现了安全检测与阻断的闭环。

2. 安全管理平台控制下的间接联动响应

安全管理平台构建于网络安全测试环境网络层之上,通过对网络层安全要素

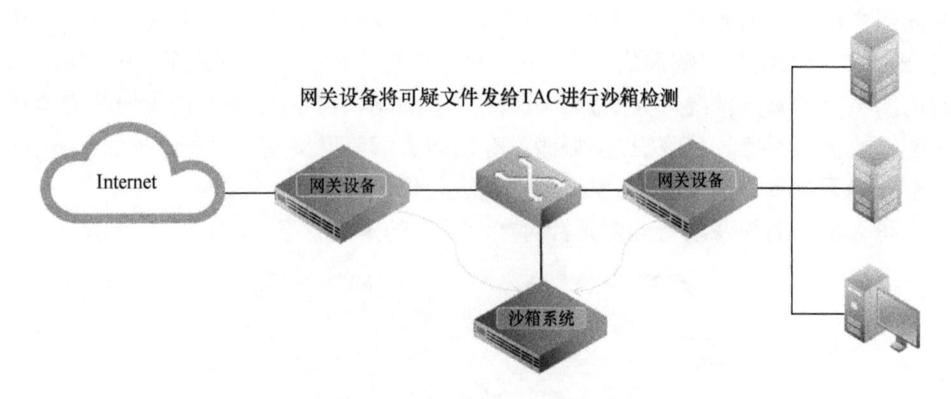

图 3-16 APT 攻击联动防护

的告警信息、日志的收集、分析,然后从平台向网络层中的安全要素下发安全策略,这个安全策略并不仅是对单台设备的策略配置,而是基于整个网络安全需求的协同安全策略推送。也就是说,通过安全管理平台实现全网安全元素的动态联动。

由于网络安全测试环境网络环境的多样性,包含传统的网络环境、云计算虚拟环境、仿真测试环境等,而借助平台实现的联动响应,通过安全资源池、服务编排、软件定义网络(SDN)的方式均可实现以上环境下的协同安全防护。

3.6.3 安全防护体系运行模式

网络安全测试环境安全防护体系包括三个基本元素和一个目标。三个基本元素分别对应于人、技术和流程,这三个要素互相关联、互相制约,共同决定安全防护体系运行的成效。

(1) 人。基本元素"人"强调人员组织,突出了任何一个体系中人的重要作用。对于"人"的建设不仅是安全组织机构的建设,确立人员的职责,更重要的是制定安全策略、安全管理规范和安全指南。安全策略详细描述了信息安全各方面的目标,用于指导安全管理规范和安全指南的建设和修改;安全规范为"人"提供了安全行为的规范和制度,安全指南为实施安全的管理人员或者最终用户提供了安全操作的具体指南和手册。此外,安全建设由于其复杂性和全面性的要求,一个完整的安全组织架构还必须有外部安全服务体系作为有力支撑。针对网络安全测试环境网络的实际情况,必须突出集中管理的思想,统一的安全策略和安全平台是网络安全测试环境网络安全管理的关键。此外,对于安全管理规范的制定只是安全管理的第一步,更为重要的是如何将安全管理规范有效地推广和实施,真正成为安全标准和人员的行为准则。

(2) 技术。基本元素"技术"涉及安全技术体系建设的整个生命周期,"创造价值的不是技术本身,而是通过技术的部署和实现有效地满足了网络安全测试环境网络的需求”,同样,安全技术的价值也是体现在通过安全技术的部署和实现推动安全服务提供水平满足业务需求。因此,“技术”体系以业务视角为起点,对资产进行归类,梳理关键业务流,分析评估风险,确定风险控制的环节,最终实现具体的安全功能。

以信息安全评估为切入点和着手点,识别评价当前的信息安全风险,作为安全设计和规划的依据。同时,风险会不断变化,风险的管理也必然是动态和长期的,整个安全技术体系都应当不断地根据新的风险的引入而响应变化。动态的安全风险管理思想指导用户关注、监控风险,在风险累积到一定程度危害业务安全时,及时进行安全策略的调整和新一轮的安全体系完善建设。

风险识别和评价的结果作为安全防护的输入,引用 IATF 深度防御体系理念,确定风险控制的关键环节。按照纵深防御的层次设计,把各种安全措施、安全产品、安全操作层次化、纵深地应用到物理与环境、网络与通信、设备与计算环境、应用与数据等多个层面。为了建立清晰准确的网络域边界,首要前提是根据基于网络安全测试环境网络实际情况划分信息系统安全域。纵深防护体系着重考虑了网络边界和层次性的划分,解决了在信息系统什么位置使用安全技术和手段的问题。

等级保护 PPDR(策略、防护、检测、恢复)模型则是对风险控制环节的具体技术部署和实现。解决了应该利用哪种安全技术和操作的问题。纵深防御模块和 PPDR 模块保证了完整的信息安全技术体系设计和实现。

(3) 流程。基本元素“流程”模块不但是技术和人之间的桥梁,也是安全体系与整个 IT 服务管理体系的界面。等级保护支持的安全策略和管理制度、安全管理机构和人员、安全建设管理、安全运维管理等流程规范了安全管理活动,按照流程的方式加以组织,并且赋予每个流程以特定的目标、范围和职能,安全管理对组织业务的支持更为彻底和有效。等级保护管理流程为安全管理提供了最佳的操作实践。安全事件可以作为事故管理流程的输入,安全知识库可以作为问题管理流程的输入,任何安全操作必须按照变更管理和配置管理流程进行。

(4) 目标。“一个目标”体现了安全体系建立的最终目的,是保障网络安全测试环境网络安全运行。而衡量是否达到目标的方法就是定义、评价和管理服务级别。因此,安全目标的量化体现就是安全体系框架所描述的安全服务提供水平。之所以要在安全体系框架中引入 ITIL 服务提供,一个重要的原因是 ITIL 要求在服务中设计并制定出一致的、可衡量的信息安全指标,而不是事后着手。

安全体系框架人、技术、流程本身是互相关联、相互作用的关系。人是核心,技术是基础架构和载体,流程是导向。三要素共同支撑实现了最终的目标:保障系统安全,安全服务满足业务所要求的服务提供水平。

综上所述,技术和流程都应遵循持续改进的永恒定律,逐步构建出自适应的安全防护体系,如图 3-17 所示。

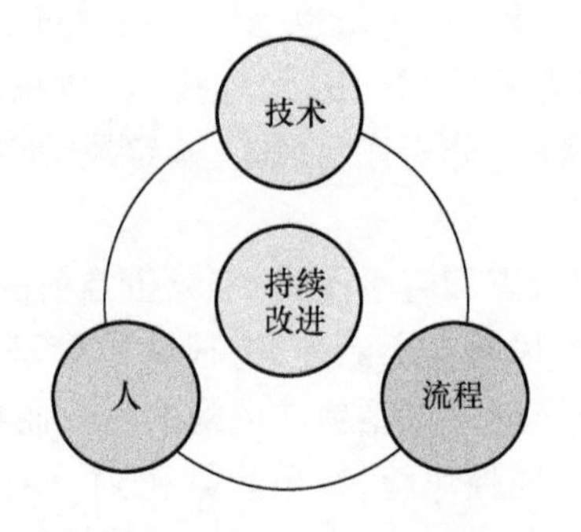

图 3-17　持续改进的体系运行模式

3.7　安全技术体系设计

3.7.1　安全技术架构设计

网络安全测试环境的安全技术体系架构如图 3-18 所示。

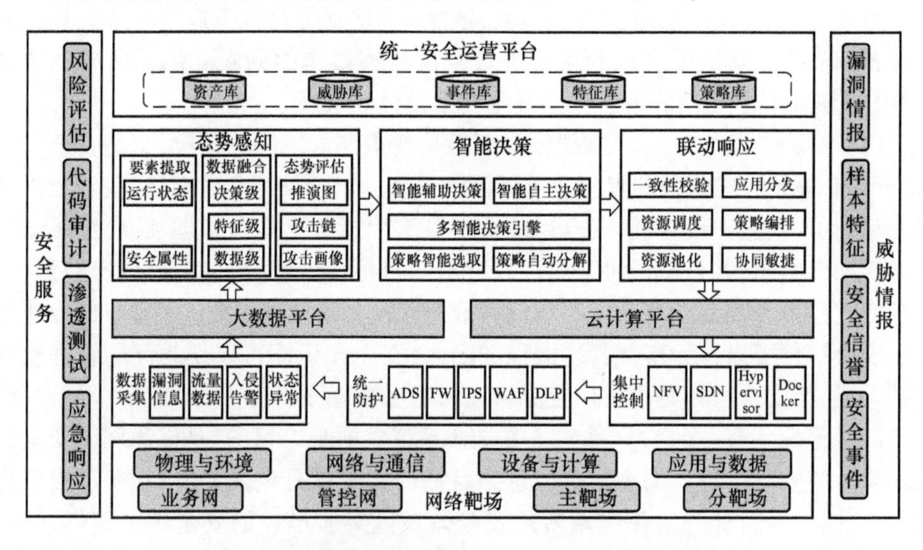

图 3-18　网络安全测试环境的安全技术体系架构

从图 3-18 可知，网络安全测试环境安全技术架构以自适应安全闭环为核心，以大数据平台和云计算平台为支撑，通过统一防护系统的各功能承载模块(安全设备)，采集系统运行的漏洞信息、流量数据、异常状态和告警日志，并按照运行状态和安全属性对其中的要素进行提取，按照不同的应用层级进行数据融合，使用推演图、攻击链分析、攻击者画像等方式评估安全态势。态势数据作为智能决策的基础输入，通过多智能决策引擎实施辅助决策和自主决策，并智能地选取和分解策略，以形成安全防护的决策命令。决策命令通过联动响应模式，按照实际状况进行策略编排和调度，并通过在 NFV、SDN、Hypervisor、Docker 等控制器和容器方式集中下发到统一防护系统的各安全设备上，实现安全策略的自适应调整。整个自适应安全闭环过程都由安全运维人员通过统一安全运营平台进行整体管控，并引入实时的安全情报进行辅助分析和决策，同时引入专业安全服务补充安全设备的不足，形成设备安全能力和安全专家能力的有机结合。

下面从网络规划、安全域、隔离与访问控制、物理与环境安全、网络通信安全、区域边界安全等方面分别进行设计。最后，对网络安全测试环境系统采用的云计算、大数据等新技术进行专项安全设计。

3.7.2 网络规划

3.7.2.1 网络安全测试环境全局拓扑规划

网络安全测试环境全局拓扑示意图如图 3-19 所示。从图中可以看出，未来全网络安全测试环境网络将由多个相关单位子网络组成，各相关单位之间采用"专线+加密"方式互联，实现管理"中心化"、业务共享"去中心化"，即各网络安全测试环境可独立运营，也可提供资源供其他网络安全测试环境调用。

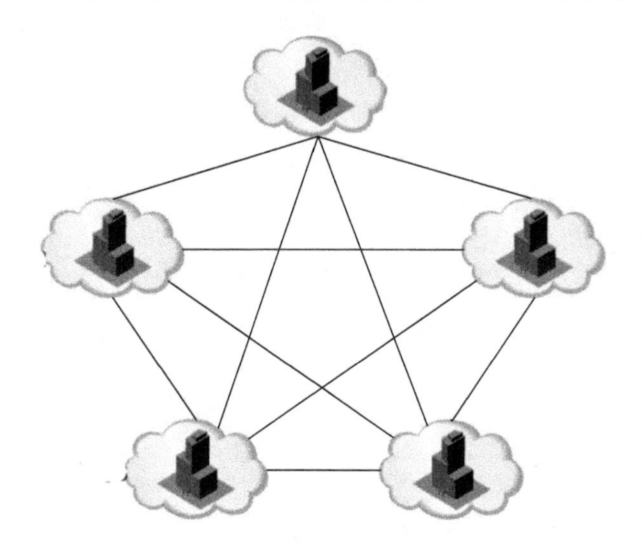

图 3-19 网络安全测试环境全局拓扑示意图

3.7.2.2 网络安全测试环境内部拓扑规划

单一网络安全测试环境内部拓扑示意图如图 3-20 所示。

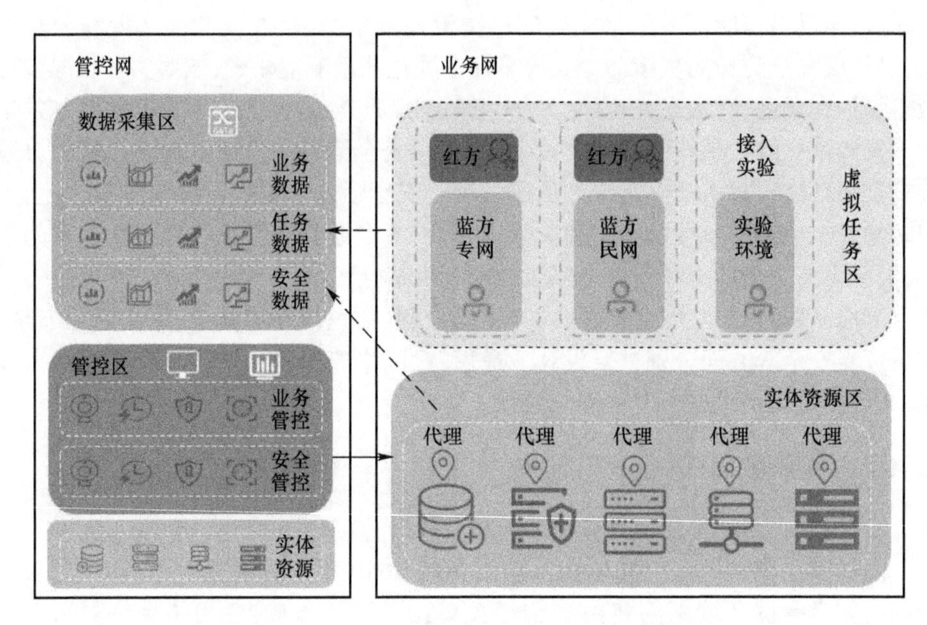

图 3-20　单一网络安全测试环境内部拓扑示意图

按照业务分析结果规划,每个网络安全测试环境网络均由管控网和业务网组成,管控网又由数据采集区和管控区组成,业务网由各类实验资源组成,实验资源可由管控网管控区动态配置调用,按需生成虚拟任务区;同时,业务网实体资源区和虚拟任务区业务数据和安全数据由管控网数据采集区负责采集分析。

(1) 管控区:白方系统,负责网络安全测试环境攻防任务的剧情设定,根据任务需要,给红蓝双方调配资源,对任务进行管控、测试训练指挥,同时根据收集的任务数据,作测试训练可视化呈现。

(2) 实体资源区:实体资源区可分为管控网实体资源区和业务网管控资源区,管控网资源区通过云平台的搭建,虚拟出数据采集区、业务管控区、安全管控区、隔离区(Demilitarized Zone,DMZ),也为管控网提供可弹性扩展的计算资源、存储资源、网络资源等。而业务网实体资源区提供任务模拟所需的软硬件资源,包含公共基础系统平台资源(计算、通信、安防、存储、系统软件等)、专用构建资源(模板块、传输构件、控制构件、终端构件等)、业务模拟资源(军用业务资源、民用业务资源、行为模拟资源)、安全资源(虚拟安全资源池、硬件安全资源池)、被试设备资源等。业务网实体资源除供本网络安全测试环境调用外,还可供其他网络安全测试环境调用。

(3) 虚拟任务区:根据管控区构建的任务,虚拟出一个或多个测试、训练、攻防场景。虚拟任务由蓝方(测试装备、组件、测试人员)和红方(被试装备、参训人员)组成,红蓝双方只能通过内部模拟的连接通道进行攻防测试,而各个任务之间需要相互独立,互不干扰。

(4) 数据采集区:采集存储的数据分为业务数据和安全数据。业务数据是指对业务网内的任务数据进行采集、存储,包含攻防数据、训练数据、被测装备数据等。而安全数据的采集分为两个方面:一方面是采集网络安全测试环境全网安全数据,包含对安全设备、主机、网络设备、中间件等日志信息的采集、存储;另一方面是红蓝双方进行任务模拟时,采集任务中的攻防安全数据。

3.7.3 安全域

3.7.3.1 安全域的定义

安全域是根据等级保护要求、信息性质、使用主体、安全目标和策略等的不同来划分的,是具有相近的安全属性需求的网络实体的集合。

一个安全域可进一步划分为安全子域,安全子域也可继续依次细化为二级安全域、三级安全域等。同一级安全域之间的安全需求包括隔离需求和连接需求两个方面。隔离需求对应网络边界的身份认证、访问控制、不可抵赖、审计等安全服务;连接需求对应传输过程中的保密性、完整性、可用性等安全服务。下级安全域继承上级安全域的隔离和连接需求。因此,网络安全测试环境网络应该划为不同级别的安全域,并对不同级别的安全域实行分级保护。

3.7.3.2 安全域划分的原则

网络安全测试环境网络安全系统,特别是安全域的设计主要遵循以下设计原则。

1. 明确网络资源

事实上,我们无法预判谁会来攻击系统,所以在制定安全策略和框架之初应当充分了解目标网络的内部构架,了解要保护什么,需要什么样的访问,以及如何协调所有的网络资源和访问。

2. 确定网络访问点

网络管理员应当了解潜在的入侵者会从哪里进入系统。通常是通过网络接入、无线访问、配置不当以及存在软件漏洞的主机入侵系统。

3. 限制用户访问的范围

应当在网络中构筑多道屏障,使得非法闯入系统者不能自动进入整个系统,尤其要注意网络中关键敏感地区的防范。

4. 明确安全设想

每个安全系统都有一定的假设。一定要认真检查和确认安全假设,否则隐藏的问题就会成为系统潜在的安全漏洞。

5. 实现深层次的安全

对系统的任何改动都可能会影响安全,因此系统管理员、程序员和用户需要充分考虑变动将会造成的附带影响。构建安全体系的目标之一是使系统具有良好的可伸缩性,而且不易影响系统的安全性。

在网络安全测试环境项目中,本章将按照地理辖区、业务应用情况、网络层次结构和用户情况进行网络安全测试环境网络安全域的划分。

3.7.3.3 安全域划分

依据安全域划分的原则,网络安全测试环境网络安全域划分如表3-6所列。

按照网络安全测试环境业务逻辑,总体上将网络安全测试环境网络划分为接入网、管控网和业务网。其中,接入网划分为接入区和核心交换区,接入区为网络安全测试环境的边界区域,与一级网络安全测试环境和其他二级网络安全测试环境通过加密专线建立连接,外联业务逻辑上可分为业务管控通道、业务资源区调用通道、虚拟任务区管控通道。以上接入网络均通过接入区的流量过滤后,流经核心交换,连接对应区域。而在网络安全测试环境内部,管控网和业务网逻辑分离,其中管控网中的业务管控负责本网络安全测试环境的业务资源调控、虚拟任务剧情设定、任务管控、测试训练指挥等。而业务区任务数据和测试数据将作为原始任务数据被采集到任务数据区,供任务分析系统、业务系统调用,以上系统经过分析产生的结果数据、网络安全测试环境内部的办公自动化(Office Automation,OA)系统、流程管理系统等业务数据均存储于业务数据区。网络安全测试环境还划分隔离区,向其他网络安全测试环境提供服务,如Web服务、FTP服务等。在管控网内还划分终端用户区和安全管控区,终端用户区是对网络安全测试环境内部所有终端进行防护,设置终端权限、VLAN划分等。安全管控区负责全网络安全测试环境安全管控,其中包括全网安全管理、运维管理、安全资源池管理,实时掌控全网安全态势、智能决策、联动响应。全网安全数据专门存储于安全数据区,负责采集全网主机、安全设备、网络设备、任务间的虚拟隔离设备的安全数据,支持安全管控区安全系统的数据支撑。

3.7.3.4 安全域控制原则

高级别安全域中的高级别数据不能向低级别安全域传输。必须对高级别安全域进行保护,使之免受可能导致高级别数据被低级别安全域的用户泄露、篡改、破坏的攻击,高级别安全域中的资源不能由非授权的低级别安全域用户使用、修改、破坏或禁用。

基于以上对网络安全测试环境安全域的划分,在边界安全方面需要考虑的问题主要有以下几种。

(1) 同级安全域之间的安全控制。其主要考虑不同逻辑网络之间的同级安全域之间的安全控制问题,以及同一逻辑网络的同级安全域之间的安全控制问题。

(2) 同一安全域内不同级别安全子域之间的安全控制。其主要考虑同一安全域内不同逻辑网络之间的安全控制问题。

表 3-6　网络安全测试环境网络安全域划分

一级安全域	二级安全域	三级安全域	四级安全域	业务描述	承载资产(装备)	安全级别(参考)
各网络安全测试环境	管理网	数据区	业务数据	网络安全测试环境内部办公业务系统、分析系统数据采集、存储与决策	主机(服务器、终端等)、光纤交换机(存储)、阵列、磁带库;虚拟平台、操作系统、应用等软件系统	一级
			任务数据	实验数据采集、存储、分析和决策	主机(服务器、终端等)、光纤交换机(存储)、阵列、磁带库;虚拟平台、操作系统、应用等软件系统	一级
			安全数据	安全数据采集、存储、分析和决策	主机(服务器、终端等)、光纤交换机(存储)、阵列、磁带库;虚拟平台、操作系统、应用等软件系统	二级
		管控区	业务管控	实验任务编排、指挥、管理;网络安全测试环境内部办公业务流程管理	主机(服务器、终端等);虚拟平台、操作系统、应用等软件系统	二级
			安全管控	安全资源管理、策略下发等	主机(服务器、终端等);虚拟平台、操作系统、安全应用等软件系统	二级
			用户终端	网络安全测试环境内部用户终端、管理员终端	实体终端、虚拟终端、操作系统、桌面软件	三级
		隔离区	对外服务	对其他网络安全测试环境开放的服务业务	公开的服务器设施、应用服务	三级

续表

一级安全域	二级安全域	三级安全域	四级安全域	业务描述	承载资产(装备)	安全级别(参考)
各网络安全测试环境	管理网	资源区	无	为云平台提供计算资源、存储资源、网络资源	主机(服务器、终端等)、其他硬件;虚拟平台、操作系统、应用等软件系统	三级
	业务网	虚拟任务区	虚拟任务1	专用网、关键基础设施、民网等模拟场景	主机(服务器、终端等)、其他硬件;虚拟机、操作系统、应用等软件系统	三级
			虚拟任务2	专用网、关键基础设施、民网等模拟场景	主机(服务器、终端等)、其他硬件;虚拟机、操作系统、应用等软件系统	三级
			虚拟任务 n	专用网、关键基础设施、民网等模拟场景	主机(服务器、终端等)、其他硬件;虚拟机、操作系统、应用等软件系统	三级
		资源区	无	所有实验资源的硬件和应用载体、安全资源池	主机(服务器、终端等)、其他硬件;虚拟平台、操作系统、应用等软件系统	一级
	交换区	接入区	无	中心网络安全测试环境和二级网络安全测试环境接入	加密机、安全系统(防火墙、入侵防御)	一级
		核心交换区	管理网、业务网等安全域接入	各安全域接入	核心交换机、安全系统(安全审计系统、入侵检测系统、未知威胁分析系统)	一级

注:一级最高,二级、三级安全级别顺延降低。

针对网络安全测试环境网络，域控制原则如下：

（1）网络安全测试环境网络各相关单位之间的访问控制原则。原则上用户只能访问网络安全测试环境网络其他相关单位中对外提供的相关服务，禁止访问网络安全测试环境网络中其他安全域中的服务。

（2）网络安全测试环境内部各安全域间的访问控制原则。管控网只能由管控用户访问，禁止普通用户（包括实验用户等）的访问；管控用户下设业务管理用户和安全管控用户，分别只能访问相对的业务资源和安全资源。

各安全域之间通过专用访问控制设备（硬件防火墙、虚拟防火墙、网闸等）、VLAN 划分及访问控制列表（Access Control List，ACL）等方式实现相互之间的访问控制。

3.7.4 隔离与访问控制

3.7.4.1 总体隔离访问控制设计

通过对网络安全测试环境的安全域划分和网络拓扑结构的分析，确定了需要进行访问控制的网络边界位置，并使用防火墙（包括硬件和虚拟化类防火墙）等边界访问控制系统，解决边界安全问题、实现各个安全域间的网络访问控制，如表 3-7 所列。

表 3-7 访 问 控 制

位 置	安 全 策 略	链路是否冗余	隔离层次	隔离机制
涉密网与非涉密网之间	进行严格的物理隔离控制	否	物理隔离	物理隔离
网络安全测试环境之间	网络安全测试环境间由业务通道、测试数据通道和管理通道建立连接，三条通道相互独立，其中业务通道进行基于密级的隔离访问控制	是	物理隔离 网络层隔离	网闸 实体防火墙 密级数据标记 离线数据交换
管控网与业务网之间	允许管控网向业务网下发任务指令，允许业务网向管控网上传数据，其他禁止	是	网络层隔离	实体防火墙
虚拟任务之间	全部禁止	否	网络层隔离	虚拟防火墙 ACL 访问控制
虚拟资源池之间	允许资源迁移，其他禁止	否	应用层隔离	虚实结合
数据区内部	全部禁止	否	网络层隔离	虚拟防火墙 实体防火墙 ACL 访问控制

续表

位　置	安全策略	链路是否冗余	隔离层次	隔离机制
管控区内部	全部禁止	否	网络层隔离	虚拟防火墙 实体防火墙 ACL 访问控制
交换区之间	必要的业务请求,其他禁止	是	网络层隔离	实体防火墙
数据通道隔离	分别建立业务通道、测试数据通道、管理通道	是	网络层隔离	ACL 访问控制

3.7.4.2　基于密级的访问控制机制设计

1. 必要性

由于网络安全测试环境业务环境复杂,与网络安全测试环境对接的单位类型多样,包含国家单位、科研单位和民营企事业单位,甚至同一单位中包含涉密业务部门和非涉密业务部门。攻击者可利用网络安全测试环境对接单位的多样性,通过其他网络渗透进网络安全测试环境网络,造成数据泄露。

此外,网络安全测试环境因其业务特性,除进行内部、跨网络安全测试环境的攻防任务演练外,还会有承接科研单位、民企的测试任务,测试设备的入网和出网造成资产流动性大,需要对网络安全测试环境网络内的安全域做好隔离防护,防止敏感信息随装备或测试数据传输到外部网络中,如网络安全测试环境管控网中的设计方案,从内部扩散到业务网,协同测试装备或跨网的测试数据调用,造成该涉密信息的流出,给网络安全测试环境造成不可估量的损失。

在保障网络安全测试环境网络业务运行稳定的同时,还需在网络安全测试环境内部、外部做好隔离防护:一方面,做好涉密网络与非涉密网络的严格物理隔离,防止涉密数据外泄;另一方面,做好涉密网络中高低密级网络数据传输隔离,防止高密级数据被低密级主体访问。最后,在涉密网络和非涉密网络中,根据信息性质、使用主体、安全目标和策略等元素划分安全域,做好安全域之间的隔离防护。

2. 设计思路

隔离防护机制的设计包含涉密网络与非涉密网络之间的隔离防护、涉密网络内部高低密级之间的隔离防护和网内安全域之间的隔离防护。

1）涉密网络与非涉密网络之间的隔离防护

为保障涉密数据安全,遵循分保物理隔离防护要求,在涉密网络和非涉密网络之间进行严格的物理隔离设计,涉密网络和非涉密网络之间禁止互联,它们之间的数据流通需通过光盘等介质,辅以线下严格的管理流程进行数据流通。

2）涉密网络内部高低密级之间的隔离防护

隔离交换系统部署在安全域的边界,各业务系统需要符合隔离标记规范,通过隔离交换系统进行数据交换。

传统的网络层隔离机制是基于数据包进行五元组的访问控制,但在网络安全测试环境涉密网络中,涉密数据十分重要,需要按涉密人员密级来进行限制分发,并且涉密数据、文件更多地集中在应用层,类似于防火墙、网闸的网络层隔离手段均不支持对内容和密级的识别。所以需要在网络层隔离机制基础上,对应用层的数据进行数据密级划分,对网络安全测试环境用户进行人员密级划分,再根据人员密级和数据密级的匹配程度,对涉密数据进行匹配分发。

参照等级保护中对重要资源进行敏感标记和分保中对涉密数据进行分级保护的要求,对网络安全测试环境主体进行一般、重要、核心密级划分,对涉密网络数据进行非密、秘密、机密、绝密划分,两者的关联关系如图 3-21 所示,一般密级人员对应秘密级以下客体权限,重要密级人员对应机密级以下客体权限,核心密级人员对应绝密级以下客体权限。

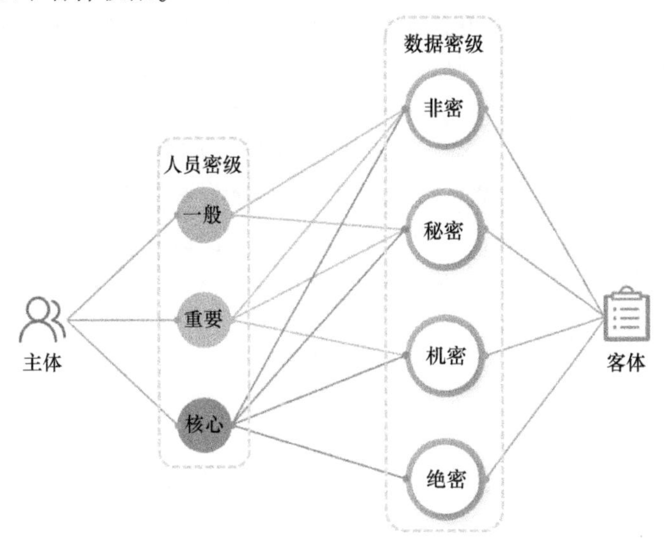

图 3-21　主客体对应关系

在网络安全测试环境网络中,通过数据分级标记系统的实现,来对涉密数据传输进行限制,系统实现依据就是上文中的主客体对应关系。数据分级标记系统由客户端和服务器端组成。

(1) 终端功能设计。在网络安全测试环境涉密网络中,各个主机、客户端均需要安装数据分级标记系统终端,根据人员密级划分,事先确定各个终端的密级(一般、重要、核心)。终端需具备以下两个功能。

① 终端文件数据定级。对终端文件、数据进行定级,在新建文件时,根据终端密级权限,设定文件密级,如重要密级的终端,对新建的 Word 文件必须进行数据密级标记,但只能将该文件标记为非密、秘密或绝密。并且终端软件需要定期地对

终端全盘文件进行扫描,支持内容识别,根据内容提醒终端用户对文件进行定级。

② 终端密级数据泄露防护。对终端泄露敏感数据的多个途径进行管理,如打印、U 盘复制、硬盘对拷、蓝牙/红外发送文件、光盘刻录、文件共享、IM 发送聊天内容/传送附件(如 QQ、RTX 等)、邮件客户端发送邮件(如 OUTLOOK、FOXMAIL)。对终端的泄密途径进行全方位的防护,防止涉密信息以非法途径向网络安全测试环境外网泄露。

(2) 服务器功能设计。网络安全测试环境数据分级标记系统的服务器端和终端连接,新建终端需连接服务器并进行人员密级身份注册,服务器端统一收集、维护终端密级信息,并建立人员密级与数据密级间的对应关系表,在传输文件时,各终端需要通过服务器端对接收终端的密级身份进行认证,并且验证对应关系,符合被传输文件与接收方密级的匹配关系后,才能将定级后的数据进行传输。

在网络安全测试环境内部涉密网络之间的数据传输,只需要对本网络安全测试环境的服务器进行密级身份认证即可。网络安全测试环境之间的涉密网络数据传输,需要建立一个公用的密级根认证服务器,网络安全测试环境内部的服务器端实时同步本网络安全测试环境终端密级信息,传输原理与上文描述一致,如图 3-22 所示,网络安全测试环境 1 中的终端需要向网络安全测试环境 2 中的终端传输涉密信息时,连接网络安全测试环境 1 的服务器端进行身份验证,网络安全测试环境 1 服务器再查询密级根认证服务器,获取网络安全测试环境 2 的接收端的密级身份信息,验证主客体对应关系,通过后完成传输。

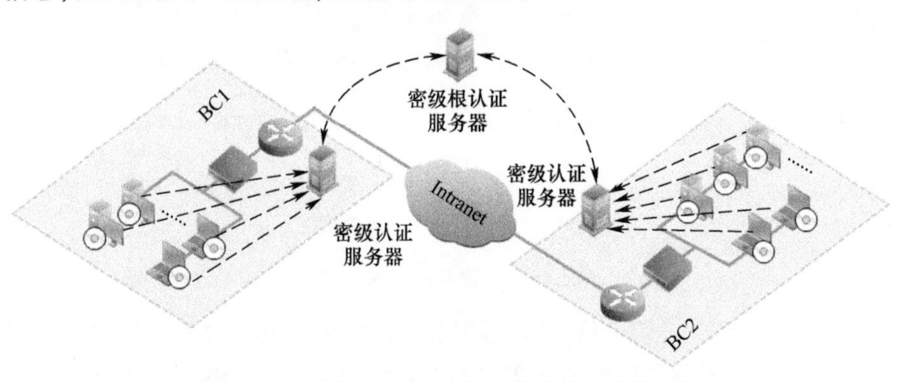

图 3-22 网络安全测试环境间密级数据传输拓扑

3) 网内安全域之间的隔离防护

不管是在网络安全测试环境的涉密网络还是非涉密网络,参照等级保护、分级保护思想,均需要对网络进行安全域划分,按照上文网络安全测试环境安全域划分,安全域之间的隔离防护机制分为相关单位间的隔离访问控制、管控网和业务网之间的访问控制、数据区内部访问控制、管控网内部访问控制和虚拟任务区的访问控制。安全域之间的隔离机制包含交换机的 ACL 设置、边界防火墙的访问隔离、加密机间的数据加密传输、虚拟防火墙的任务隔离防护等。

3.7.4.3 相关单位间访问控制

根据相关单位全局拓扑规划,外部相关单位通过接入区与网络安全测试环境内部进行连接。由于接入区是连接外部区域和相关单位内部区域的中间层网络,接入区相对于内部网络是不可信区域,因此在接入区要对外部相关单位接入进行严格的访问控制,并且内部需要启用一定的安全保障措施以提高自身的安全可信性。相关单位间的隔离拓扑如图 3-23 所示,其访问控制措施与安全保障措施有以下几点。

(1) 接入区的安全设备、通信链路、核心交换设备均应采取一定的备份措施,以提高防止单点故障能力。

(2) 接入区与外部相关单位连接的边界路由设备应设置基本的路由策略和 ACL,以控制非法的外部连接。

(3) 接入区与外部相关单位之间应部署防火墙等访问控制设备,必要时采用双重异构防火墙,配置严格的访问控制策略。

(4) 接入区与外部相关单位之间的通信数据为涉密信息时,应建立相关单位间的 VPN 加密通道。

(5) 接入域与外部域之间的通信应采取入侵检测和流量监控措施,以及时发现入侵事件和异常流量。

图 3-23 相关单位间隔离拓扑

3.7.4.4 管控网与业务网访问控制

网络安全测试环境内部管控网和业务网通过核心交换进行任务管控和数据采集,拓扑如图 3-24 所示,它是网络安全测试环境最核心的网络区域,所有的管控指令和业务数据、安全数据采集均通过核心交换区,安全保护等级最高,因此管控网和业务网之间的访问控制,需要进行精细化设计和建立对应的安全保护措施,具体如下。

(1) 在管控网和业务网边界部署防火墙,在核心交换区设计精细化 ACL,以此建立管控网和业务网的访问控制。

(2) 在管控网和业务网之间的通信建立入侵检测、未知威胁分析机制,以及时发现跨网的入侵事件和持续性高级攻击。

(3) 对核心交换区的安全设备、通信链路、核心交换设备采取备份措施,以提高防止单点故障能力。

(4) 对核心交换区的网络设备进行必要的安全配置,保障整个网络传输的优化和设备自身的安全性。

(5) 在核心交换区建立安全审计机制,对管控网和业务网之间网络设备、安全设备进行日志审计,审计流量、安全事件等,并将日志信息外发至安全数据区。

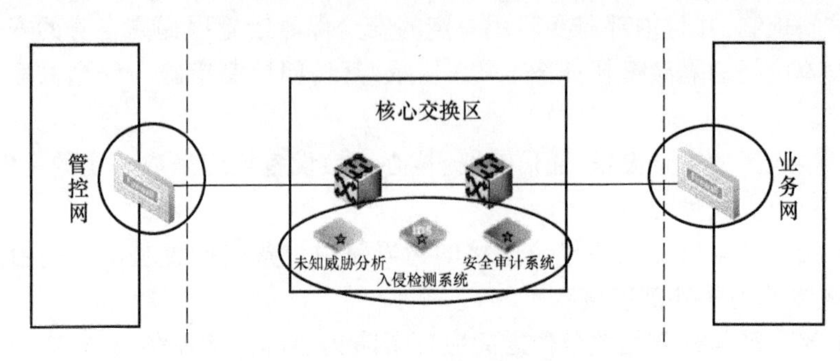

图 3-24 管控网与业务网隔离拓扑

3.7.4.5 数据区内部访问控制

网络安全测试环境管控网内部的数据采集区是一级安全区域,其中任务数据采集业务网中的各任务攻防数据和测试数据,安全数据收集全网软硬件探针日志信息,业务数据是将管控网内部业务系统、任务分析系统分析后的数据存储起来,业务数据并不直接访问任务数据。从以上业务逻辑可知,数据区内部数据访问应完全隔离。数据存储于三个相对独立的数据子区中,而数据子区是通过虚拟化方式构建的,所以数据子区采用虚拟防火墙进行访问控制与安全策略实施。数据区内部隔离拓扑如图 3-25 所示。

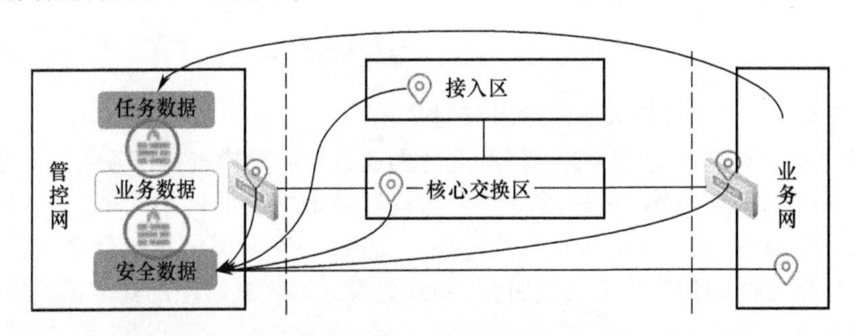

图 3-25 数据区内部隔离拓扑

(1) 数据采集区内部通过虚拟防火墙,完全隔离三种数据间的直接交互。

(2) 数据采集区通过虚拟防火墙、vSwitch ACL 等措施对管控网内部的不同业务系统访问数据资源进行严格控制,各业务系统、安全管控系统只能访问最小范围的数据资源。

(3) 数据存储通道应通过核心交换、管控网边界防火墙建立严格的ACL,将任务数据、全网安全数据存储于细粒度的VLAN数据存储子区中。

(4) 数据为网络安全测试环境核心资源,需要对数据库存储数据进行安全设计,建立数据库防护安全机制,包括数据库审计和数据库攻击防范。

3.7.4.6 管控区内部访问控制

网络安全测试环境管控区同样依托于虚拟化技术,构建在私有云平台中。而按照业务逻辑划分,管控网分为安全管控区和业务管控区,其中安全管控区一方面根据实时采集的全网安全数据,进行安全态势感知、智能决策和联动响应。另一方面,终端用户中的管理员通过安全管控区管理、运维全网资产,其中就包含对业务管控区主机的运维管理。而业务采集区与业务数据区、任务数据区进行交互,此外数据区是完全隔离的,应避免通过安全管控和业务管控通道产生数据交互。基于以上原因,安全管控区和业务管控区也要建立严格的访问控制策略。管控网内部隔离拓扑如图3-26所示。

(1) 通过虚拟防火墙和交换机ACL等措施对管控网内部的不同业务系统之间的互访进行控制。

(2) 通过虚拟防火墙和交换机ACL等措施对终端用户的安全管控系统、业务管控系统的访问进行严格控制。

(3) 通过虚拟堡垒机对管理员权限进行严格划分,授权访问响应资产,并对管理员的运维过程进行全程审计。

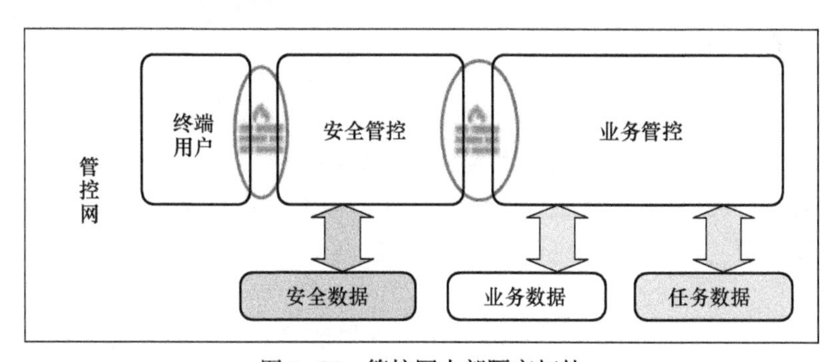

图3-26 管控网内部隔离拓扑

3.7.4.7 虚拟任务区访问控制

在网络安全测试环境业务区,基于底层实体资源,构建红蓝双方对抗任务、装备接入测试任务等。其中,底层资源通过云平台的搭建、虚拟化技术的支撑,结合实体装备资源和测试人员,组合成多个独立的虚拟任务。另外,在云平台中的虚拟安全资源池和实体安全设备组成安全资源池:一方面为攻防任务提供防守资源,配合搭建虚拟防守网络,并提供攻防业务数据;另一方面为多个任务提供隔离防护,防止攻击外溢,该部分产生的安全数据属于全网安全数据。虚拟任务区业务逻辑与访问隔离如图 3-27 所示。

(1) 为不同的虚拟任务划分相对独立 VLAN,严格控制 VLAN 间的访问。

(2) 通过虚拟防火墙、vSwitch ACL SDN 引流等措施对管控网内部的不同业务系统之间的互访进行控制。

(3) 在虚拟任务区出口处建立入侵检测、未知威胁攻击分析、安全审计等安全机制,防止攻击外溢。

(4) 深研虚拟任务与实体资源区的隔离机制,建立定期扫描虚拟化平台的安全漏洞,防止虚拟机逃逸。

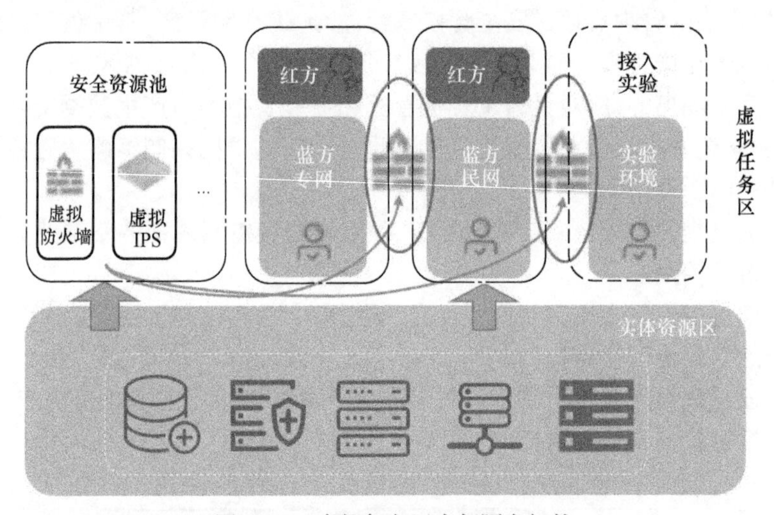

图 3-27 虚拟任务区内部隔离拓扑

3.7.4.8 实体资源与虚拟主机的隔离机制

虚拟机本质上也是运行在操作系统上的应用软件,只不过这个应用软件会独立地运行在另外一个操作系统上。虚拟机和宿主机间存在虚拟机逃逸漏洞、资源共享、隐秘通道,会将虚拟机穿透,入侵宿主机的安全威胁,具体威胁分析如下。

1. 虚拟机逃逸漏洞

在虚拟机安全中,虚拟机逃逸漏洞是指进程越过虚拟机范围,进入宿主机的操作系统中。近年来曝出虚拟机逃逸漏洞 CVE-2008-0923(VMWare 虚拟机逃逸漏洞)、CVE-2012-0217(Xen Hypervisor 虚拟机逃逸漏洞)、CVE-2014-0983(VirtualBox 虚拟机逃逸漏洞),基本上主流的虚拟机都存在虚拟机逃逸漏洞。在 Windows 中,VMWare 提供 VMTools 可以使虚拟机和宿主机之间进行交流,入侵者可以利用在虚拟机的文件中进行挂马,当挂马文件恢复到宿主机中进行运行时,攻击者就可以获得宿主机的控制权限。

2. 虚拟机映像文件威胁

虚拟机之间具有良好的隔离性,但在很多应用场合,需要虚拟机间或虚拟机与宿主机之间共享资源或者通信,很重要的一点是要保证虚拟机上的重要信息与宿主操作系统或其他虚拟机的隔离。虚拟机的硬盘等存储设备是虚拟机虚拟出来的存储设备,这些虚拟存储设备的安全性是虚拟机安全性的重要组成部分。虚拟存储设备中的数据最常见的保存方法就是在宿主操作系统上建立一个文件来保存。因此,恶意代码在宿主机操作系统中读写映像文件就成为对破坏虚拟机或窃取虚拟机信息的一条可能途径,而且是非常高效和直接的途径。存储器的操作最终都会转换成宿主机操作系统对映像文件的操作,导致映像文件很难与宿主机操作系统的文件系统完全隔离。

3. 隐秘通道威胁

隐蔽通道是信息泄露的重要渠道。虚拟机虽然具有天生的隔离性,但由于多台虚拟机分布在同一个虚拟机监控器之上,虚拟机之间又具有一定的耦合性,这种特性可以被利用来构造隐蔽通道。在 Xen 中,Hypervisor 保存一张全局的机器地址到伪物理地址的关系表,称为 M2P 表。每一个 Domain 都能对它进行读操作,并且能通过调用 Hypervisor 的 mmu_update 接口来更新属于自己地址范围内的表项。这一特性被证明是可以利用在两虚拟机间构造隐蔽通道的。Xen 虚拟机的 CPU 负载变化也可以用来构造隐蔽通道。

基于以上威胁,提升虚拟机隔离的安全性建议如下:

(1) 资源分配的问题虚拟机运行时,要求在物理机上有足够的处理能力、内存、硬盘容量和带宽等,防止资源申请的抗拒绝服务攻击。

(2) 宿主机对虚拟机的攻击有着得天独厚的条件,包括:不需要账户和密码,即可使用特定的功能来“杀死”进程,监控资源的使用或者关闭机器;重启机器,引导到外部媒体从而破解密码等,所以要对宿主机的安全提供周密的安全措施,宿主机的物理环境安全,包括对进入机房的身份卡验证,对机器进行加锁(避免被人窃走硬盘);拆除软驱、光驱;BIOS 设置禁止从其他设备引导,只允许从主硬盘引导,另外,对 BIOS 设置密码,避免被人修改启动选项;控制所有的外部接口。

(3) 虚拟化软件层的安全隔离软件层位于硬件和虚拟服务器之间,提供终端用户创建和删除虚拟化实例的能力,由虚拟化服务提供商管理,终端用户无法看到并访问虚拟化软件。其管理程序保证硬件和操作系统虚拟化实现在多个用户虚拟机之间共享硬件资源,而不会彼此干扰。鉴于管理程序虚拟化是保证在多用户环境下客户虚拟机彼此分隔与隔离的基本要素,保护其不受未授权用户访问是非常重要的。

(4) 虚拟化系统采用虚拟防火墙在基于云计算的虚拟化技术中,安全等级往往采用域进行构建,域与域之间有逻辑隔离。为了实现虚拟机之间安全互访,虚拟防火墙要具有基于 IP 地址(特定的地址或子网)、数据包类型(TCP、UDP 或者 ICMP)以及端口(或者端口范围)进行流量过滤的功能。

(5) 根据安全威胁情报,定期扫描虚拟平台,及时发现虚拟机逃逸漏洞,并进行加固。

虚拟机技术还面临着很多其他已知和未知的威胁，这些威胁需要逐一去研究解决，尤其是在国内这样大范围使用虚拟机但虚拟机安全技术却暂时落后的背景下，自身掌握虚拟机的安全技术就显得更加重要和必要。同时，可信边界的变动造成了人们对虚拟化技术应用的顾虑，加强对虚拟化技术安全特性的研究是一个非常有意义的课题。

3.7.5 物理与环境安全

信息系统的物理与环境安全是指包括计算机、网络在内的所有与信息系统安全相关的环境、设备、存储介质的安全。物理安全所保护的对象主要是安放计算机、网络设备的机房以及信息系统的设备和存储数据的介质。

网络安全测试环境网络面临的物理与环境安全风险包括地震、水灾、火灾、电力故障、电磁泄漏、设备故障、线路故障、人为操作失误或物理破坏等安全威胁造成的网络或系统的崩溃。因此，需要在环境安全、设备安全、介质安全等方面提供防护措施，保障网络安全测试环境网络免受自然灾害和人为破坏，为网络安全测试环境网络应用系统提供一个安全可靠的物理平台。

对于网络安全测试环境网络，达到安全等级保护三级即监督性保护级的主要目标是为网络安全测试环境网络信息系统的正常和安全运行提供所需的完善物理保障。因此，需考虑以下物理安全防护措施。

1. 环境安全

(1) 机房建设符合《计算机场地通用规范》(GB/T 2887—2011)、《数据中心设计规范》(GB 50174—2017)和《计算机场地安全要求》(GB/T 9361—2011)等要求，具有防震、防火、防盗、防水、防雷电、防静电和温度、湿度调节措施。

(2) 机房位置选择、区位布局、区域防护，关键部位安装门禁、监视系统，严格控制人员进入机房。

2. 设备安全

(1) 对关键的业务系统、关键网络设备、服务器和防火墙设备以及网络线路、电力线路均采取冗余设计，并配备能连续供电 1 h(暂定)以上的不间断电源(Uninterruptible Power Supply，UPS)。

(2) 介质安全。

(3) 严格执行机房管理和值班制度。

3.7.6 网络通信安全

3.7.6.1 接入网络研究

根据网络安全测试环境业务，各网络安全测试环境间会进行业务共享、资源共享和任务管控,因此根据业务逻辑,网络安全测试环境的外联通道可划分为业务管控通道、资源区通道和任务区通道。

业务管控通道访问管控网中的隔离(DMZ)区和业务管控区,DMZ 区本身就是提供对外服务的,其他网络安全测试环境可自由访问对外服务资源。此外,如中心网络安全测试环境还需要通过业务管控通道,直接调用业务管控区的某些业务系统,如 OA 审批系统等,实现中心网络安全测试环境的部分业务管控,业务管控通道示意图如图 3-28 所示。

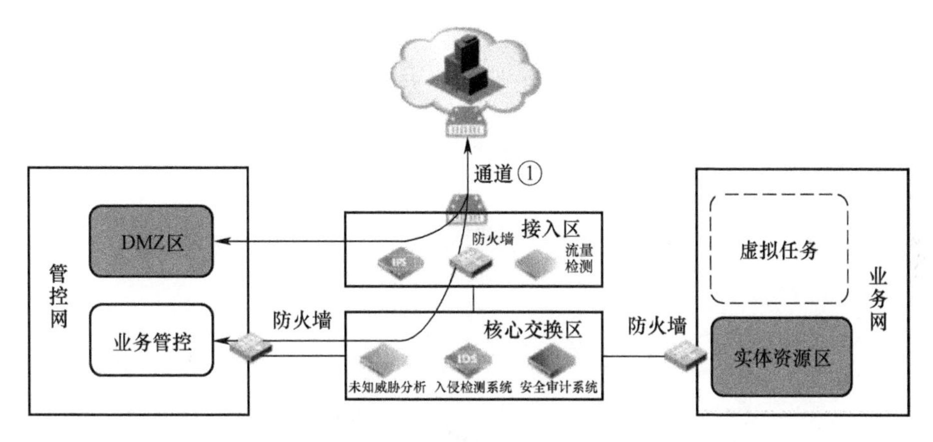

图 3-28 业务管控通道示意图

因为中心网络安全测试环境可以协调多个二级网络安全测试环境资源,新建跨网络安全测试环境的攻防任务,所以网络安全测试环境内部业务网中的实体资源区对其他网络安全测试环境是相对开放的,其他网络安全测试环境可通过资源区通道访问该区域,并通过调度该部分资源,形成跨网络安全测试环境的大型资源区。资源区通道示意图如图 3-29 所示。

中心网络安全测试环境通过跨网络安全测试环境资源调度,可能存在某二级网络安全测试环境模拟蓝方专用网系统,而另一个二级网络安全测试环境模拟红方攻击者,中心网络安全测试环境对攻防任务的管控、业务数据采集等均需要通过任务区通道,连接二级网络安全测试环境的虚拟任务区,通道示意图如图 3-30 所示。

3.7.6.2 网络与通信安全

由以上接入网络可知,因业务需求,三条接入网络逻辑分离,每条业务通道均需要建立严格的访问控制和授权管理,并且对每条安全通道建立相应的安全防护机制。

(1) 对所有与其他网络安全测试环境的连接通道,均要建立加密专线,保证网络传输安全。

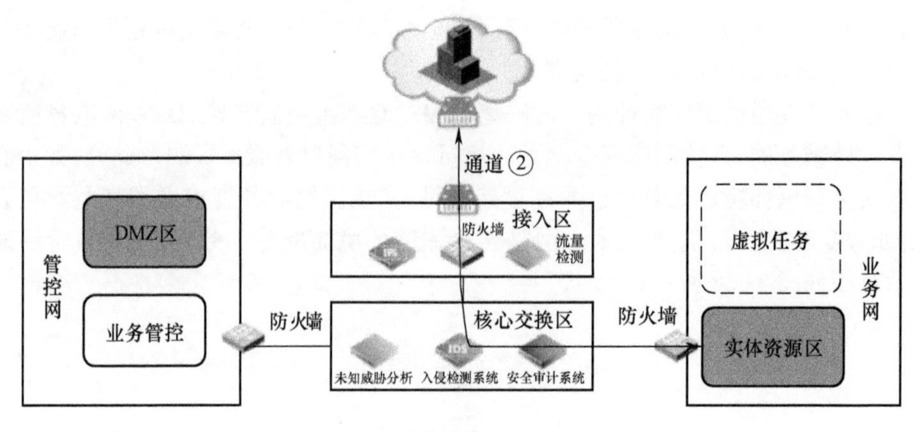

图 3-29　资源区通道示意图

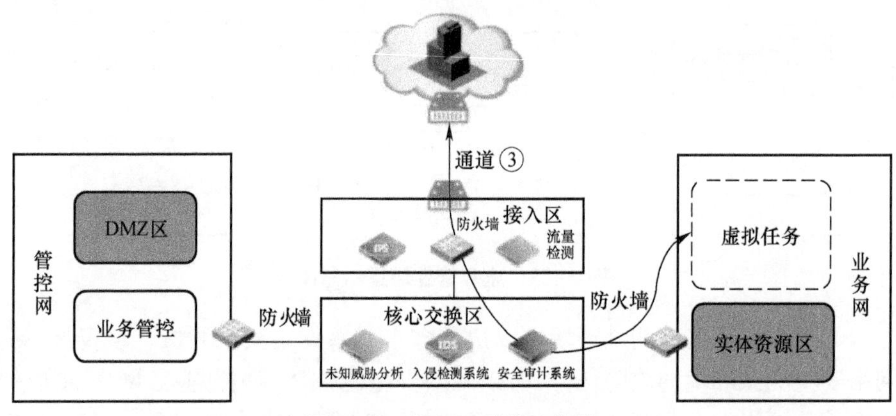

图 3-30　任务区通道示意图

(2) 对网络安全测试环境接入通道进行逻辑划分,或者直接建立三条物理专线,对三条专线根据其业务需要做严格的访问控制。

(3) 对访问 DMZ 区通道①业务通道,需要在接入区建立异常流量检测、清洗机制,防止来自其他网络安全测试环境的抗拒绝服务攻击。

(4) 连接网络安全测试环境内部业务系统的业务通道、资源区通道和任务区通道均需从网络安全测试环境接入区进入核心交换区,通过交换的 ACL 控制和各区边界防火墙,做详细的隔离设置。在接入区,需要建立数据包过滤机制、2~7 层的入侵攻击防御机制和异常流量检测与清洗机制。在核心交换区,需要建立异常流量检测、病毒检测、未知威胁分析、流量审计等安全机制。

3.7.7　区域边界安全

网络安全测试环境网络区域边界防护,从安全域规划中对网络安全测试环境网络架构划分为网络安全测试环境接入区、核心交换区、安全管控区、业务管控区、业务数据区、任务数据区、安全数据区、实体资源区、虚拟资源区、DMZ 区、终端用户区等安全域。

外来接入区主要为与中心网络安全测试环境和其他二级网络安全测试环境的互联。从终端接入的角色及潜在功能需求的安全性分析来看,网络安全测试环境接入区面向中心网络安全测试环境和其他网络安全测试环境,网络环境较为复杂,面临的用户主要为其余网络安全测试环境用户和网络攻击者等,为安全风险最高区,所以为边界安全防护的重点。此外,因为网络资源、计算资源以及存储资源等需要与其他网络安全测试环境用户进行共享,同时中心网络安全测试环境的资源调配数据和虚拟任务执行期间的业务数据,均需要通过接入区进行流转,所以接入区防护重点为数据安全保护和可访问资源的授权保护等。

核心交换区主要负责各区域间的数据传输服务,作为数据交互的核心区,对数据的安全监控及告警,是安全需要的重要体现。

业务网的资源区是计算资源所在,为不同虚拟任务提供软/硬件资源,如何保证业务数据的安全作为该区域的防护重点。首先为虚拟机之间的安全访问控制,禁止不同任务虚拟机间进行通信访问以及未授权的访问;其次该区域存在对外的资源调用接口,对于来自中心网络安全测试环境访问的资源调用应极为关注,因已在边界网络通信安全中,设计使用加密专线通信服务;最后通过应用安全防护服务以及安全审计,对网络安全测试环境访问进行严格控制,仅允许访问授权资源。

数据存储区主要作为业务数据、安全数据、任务数据存储,确保存储资源独立访问,仅允许对应的应用服务器与存储资源进行数据交互,禁止其他区域的未授权访问;各设备审计信息集中存储,确保信息系统的存储安全。

安全管控区包含全网的运维管理和网络安全测试环境管控网、业务网的云计算服务平台日常安全管理服务,为网络安全测试环境提供身份认证、运维操作审计、管理员权限划分、任务间的服务管理、终端防病毒统一管理、系统补丁管理、脆弱性漏洞扫描等服务,并提供安全数据的实时采集、分析,态势感知与智能决策,是网络安全测试环境的安全核心。

业务管控区是网络安全测试环境的“导演部”所在,负责任务管控、业务流转、业务数据分析与展示等,是网络安全测试环境业务核心。要在业务管控区建立严格的访问控制机制和安全审计机制,包括主机和应用方面。

终端用户区由进行同类业务处理、访问同类数据的用户终端组成,业务信息系统的用户类型和终端众多,用户域所涵盖的终端一般是指那些可控的,或者应该由本系统提供安全防护控制的部分。终端用户域内的 IT 要素分为生产终端域、办公终端域和运维终端域三个部分,而且这三类终端必须是严格隔离的。

DMZ 区是网络安全测试环境对外提供服务的区域,需要做好服务安全保障、流量检测,具备抵御其他网络安全测试环境发起的分布式拒绝服务攻击能力。

网络安全测试环境根据不同的服务资源进行区域划分,确保数据能够统一管理和统一监控与维护,严格的访问控制作为边界安全防护的基础,根据不同区域边界通信数据的安全特性采用响应层面的安全防护,根据 ISO 七层防护原理,利用合理网络安全防护设备达到颗粒级防护。

1. 边界防护/终端接入区

(1) 通过部署防火墙进行边界访问控制,业务管控系统、DMZ 区中的对外服务、业务区资源调用接口、虚拟任务管控接口等根据网络安全测试环境业务需要提供端口及服务。

(2) 通过部署应用防火墙针对 HTTP/HTTPS 协议的安全攻击行为进行阻断和报警。

(3) 通过部署加密机、VPN 或具有 VPN 功能的防火墙,为其他网络安全测试环境建立虚拟专线链路,提供远程登录访问管理。

(4) 通过开放防火墙防病毒模块或防毒墙进行网络恶意代码防护。

(5) 部署 IPS 对来自其他网络安全测试环境接入的攻击行为进行检测和阻断。

(6) 部署流量监测设备和流量清洗设备对异常流程进行监控,并防止分布式拒绝服务(Distributed Denial of Service,DDoS)攻击。

2. 终端接入区

(1) 终端接入区作为网络安全测试环境内部用户的特定接入区域,可通过部署防火墙对接入区域的 IP 地址段进行统一访问控制。

(2) 通过开放防火墙防病毒模块或防毒墙进行网络恶意代码防护。

3. 核心交换区

(1) 核心交换区作为数据集中交换传输区域,需要对各个区域的设备数据流进行访问控制至端口协议级。

(2) 通过部署 IPS 设备,对网络数据中的攻击行为进行分析识别,并实时检测告警,提供审计记录。

(3) 通过部署未知威胁分析设备,对零日攻击、APT 攻击进行分析识别,并实时检测告警,提供审计记录。

4. 安全管理区

(1) 通过部署防火墙访问控制策略,仅允许运维终端接入该区域。

(2) 部署安全漏洞扫描和配置核查产品,定期对全网资产进行漏洞扫描、脆弱性评估。

(3) 通过部署堡垒机,严格划分管理员权限,并对运维过程实时审计。

(4) 通过部署 CA 认证服务器,实现二次因子登录。

(5) 通过部署终端防病毒服务器,实现全网终端防病毒的统一管理。

5. 数据服务区

数据服务区作为数据存储单元，通过部署防火墙控制策略，仅允许数据库服务器及业务需求单元进行访问。

3.8 统一安全运营平台

统一安全运营平台是网络安全测试环境安全体系中融合技术与管理，为运维人员提供整体运维和安全管控的支撑平台。它一方面从全网安全探针中采集安全数据，做安全状态实时监控，并通过大数据分析，结合威胁情报信息，形成多方面的态势感知呈现。通过对网络安全测试环境全网安全数据的采集，以安全知识库为根基，结合深度挖掘、机器学习算法，形成网络安全测试环境安全管控平台的智能决策。当发生安全事件时，一个安全决策可能涉及全网中的多个安全产品，需要多个安全产品进行联动响应。所以，网络安全测试环境统一安全运营平台实现安全数据自下而上的采集、分析、态势呈现，也实现自上而下的安全决策与联动响应。另一方面，通过与底层网络节点的数据采集和资源管控，平台兼并管理功能，包含对资产管理、告警管理、策略管理等。此外，在网络安全测试环境安全制度的规范下，借助平台工作流引擎，人员管理和运维管理也可在平台上得以体现。所以，安全平台是安全技术体系和管理体系运营的核心，对网络安全测试环境用户既提供技术服务，也提供管理服务。

在技术服务呈现上，平台由“感知-决策-响应”组成安全防护的闭环。智能决策模块依赖于态势感知系统收集信息的输入，输出分解策略和与之相关安全设备执行节点信息给联动响应系统。联动响应系统进行策略的响应执行，响应执行后的结果提供反馈，直接由感知系统动态感知下一状态信息，信息的反馈可描述为信息输出后，又将其作用的结果返回，从而对信息的再输出起到控制和影响的作用。在下一次行为决策前，智能决策系统会评估当前感知安全态势信息的状态下，所分解执行的策略在执行后对网络安全测试环境系统的影响，然后根据该评估的结果确定响应执行的价值。通过对该策略响应执行价值和智能决策对其期望值两者间的比较，来调整策略的选择。

在管理服务呈现上，首先通过与底层网络节点的对接，可实现资产管理，开展定期的漏洞扫描和配置核查；其次，通过对安全数据的采集和分析，在平台上实现告警管理；最后，结合平台的用户管理和工单管理，实现线上流程审批，并以策略库中的最佳策略进行落地运维。

3.8.1 网络安全测试环境统一安全运营平台架构

网络安全测试环境统一安全运营平台架构如图 3-31 所示，平台分为资源层、采集管控层、大数据层、服务层和业务层,采集管控层对资源层进行安全数据采集,再通过大数据层实现数据存储与分析,这三层为平台的服务层和业务层提供数据支撑。而在平台的服务层和业务层,为网络安全测试环境用户提供管理服务和技术服务。

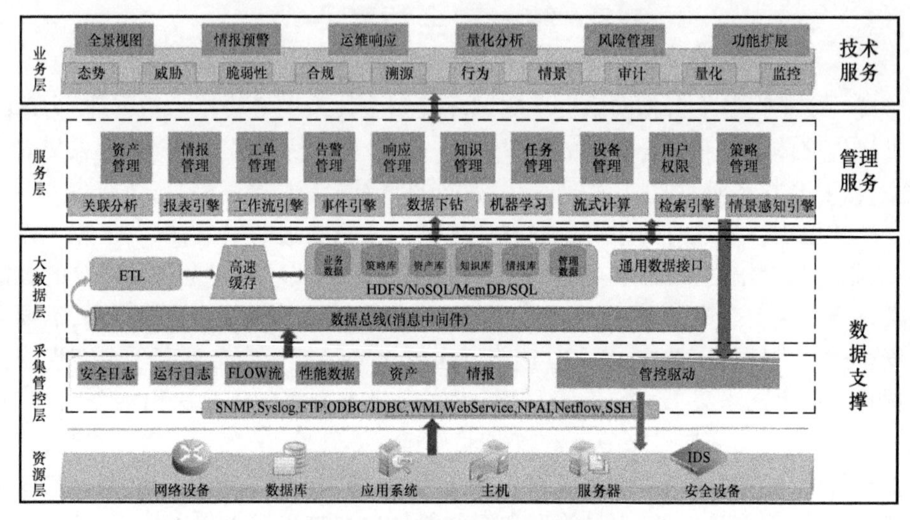

图 3-31 安全运营平台架构

(1) 资源层:统一安全运营平台与网络安全测试环境网络中的安全设备、安全资源池、网络设备、主机、服务器、数据库等实现对接,以 SYSLOG、SNMP Trap、FTP、SFTP、JD 网络安全测试环境、OD 网络安全测试环境、Net flow 等多种日志采集方式采集全网资产日志信息。

(2) 采集管控层:对各资产采集到的设备做分类处理和关键日志信息提取,区分为安全日志、运行日志、性能数据、情报等。

(3) 大数据层:对采集管控层处理后的数据进行再处理,如标准化、格式化等,然后存储于对应的大数据非关系型数据库中。

(4) 服务层:基于底层采集处理后的数据,服务层提取相关数据对应的管理服务功能,如资产管理、告警管理、工单管理、任务管理、权限控制等。

(5) 业务层:集成多种服务,组成特定的应用场景,如日志管理与审计、态势感知、威胁情报预警、智能决策、联动响应等,在安全平台基础功能之上,可以动态扩展的方式扩充应用场景。

3.8.2 数据支撑服务设计

网络安全测试环境统一安全运营平台在数据支撑上,支持对网络安全测试环境网络下所有节点日志的统一管理,以 Syslog、SNMP Trap、FTP、SFTP 等多种日志采集方式收集云平台设备和系统日志,并通过对日志的分类、过滤、强化、分析和存储,为技术服务与管理服务提供数据支撑。

3.8.2.1 数据采集

网络安全测试环境统一安全运营平台通过内置过滤器,对网络安全测试环境网络设备、安全设备、安全资源池等进行日志过滤、归并和规范化,过滤掉严重程度较低的原始日志信息。通过指定日志影响的设备、日志采用协议、日志类别、日志标题等日志属性进行过滤,对日志数据过滤的开启状态进行手工设定、多级过滤,可在日志收集端与日志监控端分别设置过滤条件。日志收集接口应包括 XML、JSON、CSV、Syslog、Netflow、SNMP 等标准协议类型,同时提供开放性接口,支持与网络安全测试环境环境下的私有协议进行对接。

日志采集引擎支持预处理安全日志,在采集引擎段即可生成标准化的日志格式。通过交互式界面,动态识别和提取日志关键信息,并自动生成正则表达式,通过所见即所得的交互式模式进行正则验证,并下发到正则引擎当中,从而提升正则生成的效率和准确性。

3.8.2.2 日志管理

网络安全测试环境网络平台节点的日志信息是平台数据的基本组成部分,对日志管理分为以下几个部分。

(1) 采集日志规范化与分类:对所有采集上来的日志,平台自动进行规范化处理,将各种厂商各种类型的日志格式转换成统一的格式。同时,存储原始日志,以备调查取证之用。

(2) 日志过滤与归并:对采集到的日志进行基于策略的过滤和归并,提升日志审计的效率。通过过滤操作剔除掉无用的日志信息。通过归并操作把多条日志合并成一条日志,减少日志的存储量。

(3) 日志统计分析:根据网络安全测试环境报表要求,从日志的多个维度实时进行安全事件统计分析的可视化展示。

(4) 日志查询:便于从海量数据中获取有用的日志信息。网络安全测试环境用户可基于日志时间、名称、地址、端口、类型等各种条件进行组合查询,并可导出查询结果。

(5) 日志存储:平台将收集来的日志统一安全存储和备份。平台应支持 TB 级以上的海量数据存储,满足合规与内控条款的相关需求。

(6) 日志采集器管理:对日志采集器进行统一管理,实现参数的配置,设定规范化、过滤、归并、转发的参数。

3.8.2.3 数据分析

在数据清洗、存储的基础上,按照网络安全测试环境实际安全需求,按照分析维度进行事件分析、攻击链分析和关联分析。

1. 事件分析

事件分析是指通过安全平台对网络安全测试环境网络进行安全事件监控,包括基于综合事件的分析与展示,也可基于资产维度进行分析与展示。同时具备事件下钻功能,可关联到原始日志信息。

2. 攻击链分析

攻击链分析是基于事件分析的一种重要呈现方式。攻击链主要是从资产角度出发,将资产相关的事件展示在攻击链模型中,通过甘特图、气泡图、表格等形式,直观地反映资产被攻击的状况。

网络安全测试环境用户通过攻击链分析,既可以直观展示入侵者的攻击过程,也可以通过其中的关联分析,挖掘出潜在的攻击行为,如网络安全测试环境网络内部的横向攻击行为。

3. 关联分析

关联分析是把各种安全事件按照时间的先后序列与时间间隔进行检测,判断事件之间的相互关系是否符合预定义的规则。通过对不同安全事件的关联分析,协助网络安全测试环境安全管理人员快速识别安全事故,同时生成告警事件。

3.8.3 管理服务功能设计

网络安全测试环境统一安全运营平台在管理功能设计时,应以网络安全测试环境安全管理体系为输入,进行管理流程设计。例如,结合安全管理体系中的规章制度、规范流程设计平台的工作流;参照网络安全测试环境管理机构与人员,对应网络安全测试环境用户设置不同权限、制定审批链,并以此为参照,进行用户权限管理;结合运维过程中的记录、表单,设计工单管理中的流转页面,并在平台运营过程中,结合平台资产库、漏洞库、配置基线库等,通过平台开展运维管理。

3.8.3.1 系统管理

网络安全测试环境统一安全运营平台需为系统管理员提供配置管理功能,包括自身安全配置、系统运行参数配置、审计资源配置等;对平台自身运行情况进行监控与告警,记录系统运行日志等;平台还需支持多级部署,能够实现上下级之间数据共享、互联互通。为保证平台自身数据传输安全,平台各功能模块间的通信采用 SSL 加密方式进行,同时对平台采用基于 HTTPS 协议的 Web 管理方式,保证数据传输;网络安全测试环境统一安全运营平台对采集到的日志都进行加密存储,以保证数据的完整性和机密性。

3.8.3.2 组织与机构管理

在用户管理方面,满足分保、等保中三员管理要求,网络安全测试环境统一安全运营平台需提供三权分立的设计,内置系统管理员、用户管理员和审计管理员。根据网络安全测试环境安全管理体系,平台对用户可以访问的资源和菜单进行细致的权限划分，不同的操作员具有不同的功能操作权限。同时，平台在用户管理方面还需包含用户的身份认证、授权、用户口令修改等功能。

3.8.3.3 资产管理

要通过平台实现对网络安全测试环境管理对象进行数据采集和策略下发，网络安全测试环境统一安全运营平台必须具备资产管理功能。资产管理是其他各业务的基础，其他业务数据与资产数据进行关联。除基本资产信息外，平台还需提供灵活的资产分类功能，实现资产的分类管理。

资产管理主要流程包括资产组编辑、资产输入、资产管理、资产展示。其中，资产信息展示支持图形化显示，可按照不同的视角对对象信息进行整理，从而实现资产信息的可视化管理。其平台架构如图 3-32 所示。

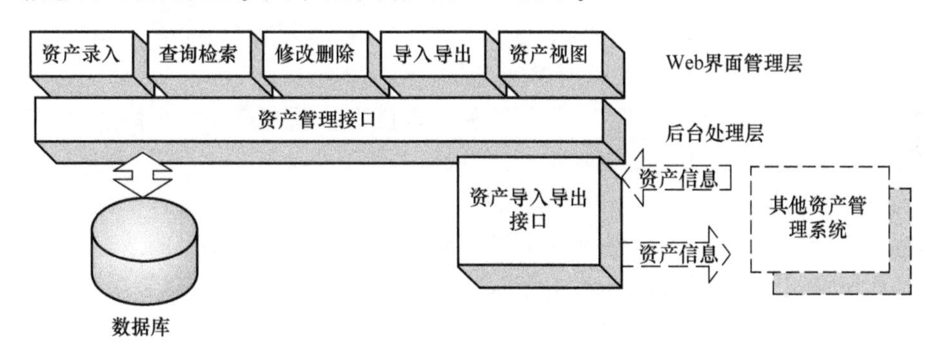

图 3-32 资产管理平台架构

平台结合网络安全测试环境网络内的扫描类产品，以支持网络资产自动发现功能，系统既能够自动发现和识别资产，也能够实现全局模式下通过搜索 IP 地址、资产名称、MAC、操作系统、资产编号、物理位置、资产类型等方式查询资产表信息，实现事件快速定位。

3.8.3.4 脆弱性管理

脆弱性管理包括漏洞脆弱性和配置脆弱性两个部分，是网络安全测试环境网络环境重要的风险评估项，在等保与分保标准中，也要求定期开展配置检查和漏洞扫描，其中漏洞数据来自漏洞扫描工具的数据输入，漏洞评分越高，系统对攻击的敏感性就越大，只有当攻击能充分利用系统所具有的具体漏洞时，攻击才能成功。配置脆弱性数据来自远程安全评估工具。

脆弱性管理功能从脆弱性、漏洞情报和资产管理三个维度出发，分析资产受影响情况，提供防护措施。通过脆弱性管理功能模块加强漏洞风险管理，实现漏洞的全生命周期跟踪与管理，如图 3-33 所示，其主要包括以下 5 个功能。

（1）资产扫描。配置脆弱性的监测策略、时间策略等，扫描资产漏洞（发现资产和脆弱性的关系）。

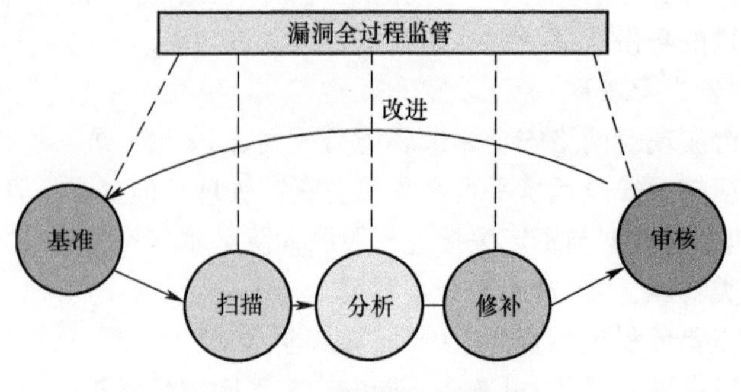

图 3-33 漏洞全过程监管

(2) 风险评估。资产扫描环节所产生的漏洞,在本环节与中心威胁情报结合,按照预先定制的风险评估模型,计算风险优先级并展示。

(3) 漏洞修复。系统按客户选择的修复范围每个漏洞产生一个修复单,客户按线下实际修复情况改变修复单的状态,或实现修复单流转。

(4) 修复核查。对于客户将其状态变更为"已修复"的修复单,系统会为对应目标资产提供与该漏洞发现时检测策略一致的扫描操作和结果审核接口,由客户通过重扫完成是否修复的判断。其取决于实际修复状态,修复核查与漏洞修复可以循环往复进行。

(5) 报表输出。整个漏洞闭环流程可以根据客户的需要裁剪其中的环节,系统提供可定制的报表输出,如报表可以仅覆盖资产发现,或者覆盖到风险评估环节的原始数据,或者输出漏洞修复核查后的全流程风险处理结果。

3.8.3.5 告警管理

告警管理模块主要针对网络安全测试环境网络安全事件中需要提醒或特别关注的事件,通过配置各种过滤规则将事件过滤出来,给平台管理员实现重点事件重点提示。告警方式需多样化,包含画面显示、邮件告警、短信告警等。告警的关联规则类型包括阈值告警、事件关联告警、高危行为告警等。同时,为了体现平台的开放性,平台应支持将告警事件通过 Syslog 协议推送到第三方告警平台。

3.8.3.6 工单管理

为实现网络安全测试环境安全事件的快速响应和对运维流程状态的实时把控,网络安全测试环境统一安全运营平台的工单支持根据事件严重程度自动产生,并根据人员组织结构对工单流程进行设计,其中管理员可对工单进行添加、删除、修改、查询、处置确认、转发等操作,工单终止应为工单的创建人或工单执行人,工单终止时需要通知工单创建人和工单执行人。

3.8.3.7 报表管理

网络安全测试环境统一安全运营平台响应管理体系中的文件体系,需具备报表功能,内置贴合网络安全测试环境实际工作需求的报表模板,包括立即报表、定时报表、周期性报表。平台内置报表生成调度器,可定时自动生成日报、周报、月报,并且可以满足 html、pdf、word 等多格式导出与打印需求。

为满足平台定制化报表需求,平台可通过内置报表模板编辑器,以满足网络安全测试环境用户自行设计报表,包括报表的页面版式、统计内容、显示风格等。

3.8.4 技术服务功能设计

网络安全测试环境统一安全运营平台以大数据框架为基础,结合威胁情报系统,通过攻防场景模型的大数据分析及可视化展示等手段,协助网络安全测试环境建立和完善安全态势全面监控、安全威胁实时预警、安全事件智能决策、安全事故联动响应的能力。通过独有的自适应体系架构,高效地结合情境上下文分析,协助安全专家快速发现和分析安全问题,并能通过实际的运维手段实现安全闭环管理。

平台在技术服务上包含情报预警中心、态势感知中心、智能决策中心和联动响应中心四大核心,适用于网络安全测试环境网络海量日志管理、威胁分析、情报预警、联动响应等多种安全应用场景。

3.8.4.1 威胁情报预警

威胁情报管理是根据来自内部预警信息、外部预警信息分析获得对可能发生威胁的提前通告,威胁情报是一种有效预防措施,与安全对象、风险管理等功能紧密联系在一起。

由于安全是动态更新的,为保证网络安全测试环境安全所获取的威胁情报信息与当前的安全形势相匹配,网络安全测试环境统一安全运营平台需支持导入多种外部威胁情报数据,支持与多种安全厂商的情报信息对接。例如,根据漏洞信息与资产库进行匹配,为态势感知提供数据基础,并根据预警信息进行应急运维响应。预警类型应包含漏洞预警、威胁预警和安全通告等。

威胁情报信息既包括 CERT、安全服务厂商、防病毒厂商、政府机构和安全组织发布的安全预警通告、漏洞通告、威胁通告等典型的安全威胁情报,也包括新的安全威胁情报,如零日漏洞信息、恶意 URL 地址情报等。

3.8.4.2 威胁态势感知设计

网络安全测试环境安全中心安全态势分析的定位是可以针对整体范围或某一特定时间与环境的,基于这样的条件进行因素理解与分析,最终形成历史的整体态势以及对未来短期的预测。通过对入侵、异常流量、僵木蠕、系统安全态势进行多维度分析,能够很好地洞察网络安全测试环境内部整体安全状态,并通过量化的评判指标能够直观地理解当前态势情况。支持从海量数据中分析统计出网络中存在的风险,通过趋势图、占比图和滚动屏等方式清晰展示网络安全态势。协助安全分析人员快速聚焦全网高风险点。态势感知相关技术研究与原型设计详见《态势感知研究报告》。

3.8.4.3 智能决策

建立基于网络安全测试环境统一安全运营平台的安全决策系统，让它对平台中感知信息数据进行安全策略的智能决策，结合系统中动态变化的安全资源条件进行自动化策略分解和策略服务节点的自适应选择。

安全决策系统应基于人工智能的安全决策支持及安全策略分解技术，能够基于当前安全态势信息，包括资产安全风险和外部威胁攻击，以网络安全测试环境的安全防护目标为基本依据，在统一安全运营平台的防护技术体系和响应技术体系中，通过智能决策有针对地选择安全设备进行安全防护策略下发，则达到了一个较为完备的安全防御系统。

智能决策相关技术研究与原型设计详见《智能安全决策研究报告》。

3.8.4.4 联动响应

联动响应的安全架构自上向下可分为安全应用、安全控制平台和安全设备三层。态势感知应用对整体攻防态势进行感知，决策引擎进行分析判断，最终安全决策，向安全控制平台下达处置策略。

安全控制平台的服务编排组件对策略进行解析、编排和一致性计算，得到若干面向安全设备的规则，调度相关的安全资源生效，控制平台调整网络配置和拓扑，最终驱动安全设备将规则生效。

联动响应相关技术研究与原型设计详见《基于策略驱动的安全防护体系联动响应技术研究报告》。

3.8.5 统一平台下的安全体系运营

网络安全测试环境统一安全运营平台，作为网络安全测试环境安全架构设计的核心，承载着网络安全测试环境安全体系良性运转的重任。一方面，在底层网络安全防护的基础上，通过平台实现安全数据统一收集与分析、全网安全态势感知和自上而下的智能决策与联动响应，是“一个中心”的落地化呈现。另一方面，平台以管理体系为输入，设计平台的工作流，在平台上实现安全管理制度、人员管理和运维管理等职能的部分落地。以此实现安全技术体系和管理在网络安全测试环境统一安全运营平台下的高效运营。

3.8.5.1 技术体系运营

在对网络安全测试环境网络进行安全域划分和安全隔离设计的基础上，对物理与环境、网络与通信、区域边界、设备与计算方面进行安全防护设计，依赖安全产品、安全资源池等安全要素的协同分工，形成网络安全测试环境网络层面的安全防护体系。在网络安全测试环境网络层面之上，通过对安全要素的接管，实现自下而上的数据采集和自上而下的策略下发，形成技术体系的闭环运行。其示意图如

图 3-34所示。

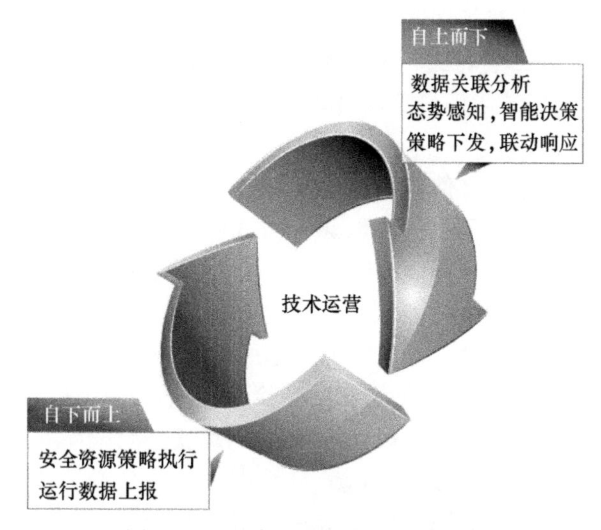

图 3-34　平台下的技术运营示意图

1. 自下而上的数据采集

网络安全测试环境网络中的安全要素在安全策略的驱动下，入网运行就会产生各种日志数据，安全平台作为网络安全测试环境网络中的安全数据采集中心，通过 Syslog、SNMP Trap、FTP、SFTP、JD、OD 网络安全测试环境、Netflow 等多种数据采集方式，对安全要素的日志信息、告警信息进行全面收集，再通过数据理解引擎、数据抽取和数据清洗等操作，将各种应用系统和设备的日志进行预处理，将海量日志进行去噪，提取其中事先不知道但有潜在有用的信息和知识，进行事件关联分析。

2. 自上而下的策略下发

网络安全测试环境安全平台作为安全分析中心和态势感知中心，通过分析引擎对从底层网络中收集上的安全数据进行专项分析，如风险分析、脆弱性分析、态势分析、资产分析、攻击链条分析等，再根据网络安全测试环境的业务场景需要，进行对应项的态势呈现，并在平台持续数据收集和分析的基础上，通过深度挖掘和自学习引擎，为平台管理员提供决策建议。另外，平台作为安全智能决策中心，通过平台对安全要素的对接，可直接对全网安全要素进行策略管理和运行状态监控，安全策略下发可以是对单个安全设备的策略管理，也可以是对多个安全要素的联动策略下发，以此实现联动防护。

3.8.5.2　管理体系运营

网络安全测试环境统一安全运营平台作为 IT 运维中心，实现部分安全管理制度的落地，也借助平台线上优势，实现管理体系高效运转，其具体体现在以下 5 个方面。

(1) 在平台的工作流设计时,必须以管理体系中规章制度、管理流程为输入,借助平台的技术手段规范管理流程。

(2) 需要将网络安全测试环境运维人员的组织架构和责任权限集成到平台上,实现网络安全测试环境用户管理、权限分离,以线上运维流程和用户权限,实现工单在平台上的流转。

(3) 以管理体系中的文件体系为输入,一方面可在平台上新建管理文件配置库,对文件的增删改查进行配置管理;另一方面可根据文件内容设计平台运维页面,如根据运维记录表单,直接设计成网页形式,通过运维人员线上填写,最后直接保存成库。

(4) 借助平台的知识库、资产库、配置基线库等,网络安全测试环境运维人员可直接通过平台执行运维任务,如进行资产管理、定期的漏洞扫描和配置核查等。

(5) 平台可根据多种业务场景,直观展示网络安全测试环境全网安全状况,通过平台告警管理,可实现快速运维响应。

平台在以上至少5个方面的管理应用,可借助平台优势,实现管理体系的高效、节能、规范运营。图3-55为平台下的管理运营示意图。

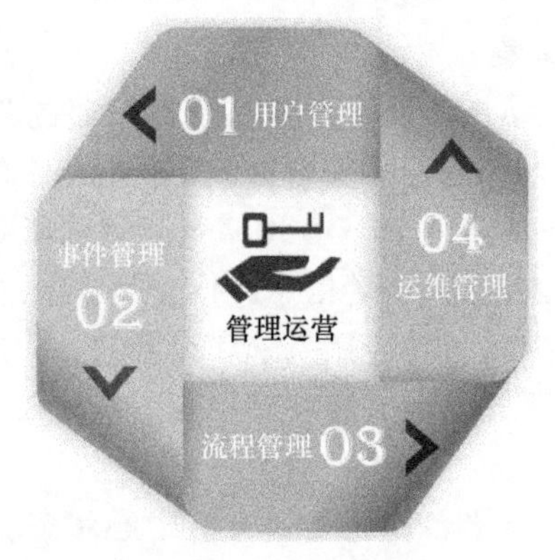

图3-55 平台下的管理运营示意图

参 考 文 献

[1] 全国信息安全标准化技术委员会. 信息安全技术 网络安全等级保护基本要求:GB/T 22239—2019[S]. 北京:中国标准出版社,2019

[2] 全国信息安全标准化技术委员会. 信息安全技术 网络安全等级保护定级指南:GB/T 22240—2020[S]. 北京:中国标准出版社,2020

[3] 全国信息安全标准化技术委员会. 信息安全技术 网络安全等级保护实施指南:GB/T 25058—2019[S]. 北京:中国标准出版社,2019

[4] 全国信息安全标准化技术委员会．信息安全技术 网络安全等级保护安全设计技术要求：GB/T 25070—2019[S]. 北京：中国标准出版社，2019.
[5] 全国信息安全标准化技术委员会．信息技术 安全技术 信息安全管理体系 要求：GB/T 22080—2016[S]. 北京：中国标准出版社，2017.
[6] ISO/IEC. 信息安全-网络安全-隐私保护-信息安全管理体系要求：ISO/IEC 27001：2022[S]. ISO/IEC，2022.
[7] 全国信息安全标准化技术委员会．信息安全技术 云计算服务安全能力要求：GB/T 31168—2023[S]. 北京：中国标准出版社，2023.
[8] 全国信息技术标准化技术委员会．信息技术 服务管理 第 1 部分：规范：GB/T 24405. 1—2009[S]. 北京：中国标准出版社，2009.
[9] 公安部信息系统安全标准化技术委员会．信息安全技术 网络安全等级保护定级指南：GA/T 1389—2017[S]. 北京：中国标准出版社，2017.
[10] 公安部信息系统安全标准化技术委员会．信息安全技术 网络安全等级保护基本要求 第2部分：云计算安全扩展要求：GA/T 1390. 2—2017[S]. 北京：中国标准出版社，2017.
[11] 程静，雷璟，袁雪芬．国家网络靶场的建设与发展[J]. 中国电子科学研究院学报，2014，9(5)：7.
[12] 敖志刚．网络空间作战：机理与筹划[J]. 中国信息化，2018(10)：1.
[13] 吴浩．网格数据库自适应查询处理技术研究与实现[D]. 南京：南京航空航天大学，2009.
[14] 宋明秋．软件安全开发：属性驱动模式[M]. 北京：电子工业出版社，2016.
[15] 马立川，裴庆祺，冷昊，等．大数据安全研究概述[J]. 无线电通信技术，2015，41(1)：7.
[16] 方滨兴，贾焰，李爱平，等．网络空间靶场技术研究[J]. 信息安全学报，2016(3)：9.
[17] 冯冬芹．实时工业以太网技术：EPA 及其应用解决方案[M]. 北京：科学出版社，2013.
[18] 苏龙飞．云计算网络安全等级保护测评系统的设计实现[D]. 太原：山西大学，2018.
[19] 胡云腾最高人民法院研究室．网络犯罪刑事诉讼程序意见暨相关司法解释理解与适用[M]. 北京：人民法院出版社，2014.
[20] 刘红军．信息管理概论[M]. 北京：科学出版社，2008.
[21] 谭志超．Web 应用的安全形势与防护策略研究[J]. 网络安全技术与应用，2019(12)：4.
[22] 任杰．FZ 证券公司信息网络系统安全保障体系优化研究[D]. 哈尔滨：哈尔滨工业大学，2009.
[23] 吴运腾．构建电信企业的信息安全保障体系[D]. 重庆：重庆大学，2005.
[24] 孟群．卫生信息化案例设计与研究[M]. 北京：人民卫生出版社，2014.
[25] 邹婕．计算机网络安全管理体系的优化[J]. 科技创新与应用，2013(31)：1.
[26] 罗森林．信息系统安全与对抗技术[M]. 北京：北京理工大学出版社，2005.
[27] 赵新亮．江西国税信息系统安全域划分与等级保护设计[D]. 上海：同济大学，2006.
[28] 石绥祥，雷波．中国数字海洋：理论与实践[M]. 北京：海洋出版社，2011.
[29] 吴晓龙．统计系统网络安全与解决方案的研究[D]. 郑州：郑州大学，2005.
[30] 郭乐深，尚晋刚，史乃彪．信息安全工程技术[M]. 北京：北京邮电大学出版社，2011.
[31] 蔡璐．图书馆网站内容防护系统的研究与实现[D]. 长沙：国防科学技术大学，2005.

[32] 张海滨. 电子政务安全拿捏之道[J]. 信息化建设,2010(9):5.
[33] 钟一冉. 桌面虚拟化系统安全加固研究与实现[D]. 成都:电子科技大学,2021.
[34] 辛均益,陈启岳,王宏宇. 关于医院重要信息系统信息安全等级保护工作的探讨[C]. 第28次全国计算机安全学术交流会论文集,2013.
[35] 佚名. 软件行业经济运行态势分析[J]. 财经界,2008(5):4.
[36] 王飞. 数据架构与商业智能[M]. 北京:机械工业出版社,2015.
[37] 吕娜. 基于.NET的广告管理系统的设计与实现[D]. 长春:吉林大学,2015.
[38] 公安部公共信息网络安全监察局. 计算机信息系统安全培训教程[M]. 北京:群众出版社,2001.
[39] 尹立君. 基于大数据下的网络安全威胁感知决策指挥系统设计[J]. 邯郸职业技术学院学报,2020,33(1):5.
[40] 雷光复. 面向对象的新一代数据库系统[M]. 北京:国防工业出版社,2000.
[41] 吴姚睿. 基于主动获取的计算机取证方法及实现技术研究[D]. 长春:吉林大学,2009.
[42] 潘炜. 分布式防火墙及安全联动技术研究与实现[D]. 西安:西北工业大学,2004.
[43] 郑利平,刘晓平,张伟林. 网络安全联动技术现状及分析[C]//全国第16届计算机科学与技术应用(CACIS)学术会议论文集. 2004.
[44] 刘祺,黄杰,王捷. 基于异常感知的威胁综合防护模型研究[J]. 湖北电力,2016,40(7):5.
[45] 朱炎. 电子政务建设:专业技术人员读本[M]. 北京:北京出版社,2009.
[46] 吕回. 杭州烟草ITSM信息系统运维管理平台的设计与实现[D]. 成都:电子科技大学,2012.
[47] 琚春华,蒋长兵. 浙江省港口大宗商品交易平台运行机制研究[M]. 杭州:浙江工商大学出版社,2017.
[48] 钟鸣. 人民银行信息安全风险管理研究[D]. 长沙:湖南大学,2010.
[49] 张超. 山东移动大数据分析系统规划与设计研究[D]. 济南:山东大学,2019.
[50] 常剑. 信息安全项目管理体系框架和建设流程研究[D]. 北京:北京邮电大学,2010.
[51] 余勇,林为民. 电力系统的信息安全等级保护[J]. 信息网络安全,2005(2):52-54.
[52] 齐琳. 辽宁联通网络安全设计与解决方案[D]. 大连:大连海事大学,2006.
[53] 戴莹莹. B/S结构的OA系统中基于角色访问控制模型研究与实现[D]. 武汉:武汉理工大学,2006.
[54] 朱永春. 电子政务网络安全整体解决方案[EB/OL]. https://dl.ccf.org.cn/hyml/3655271392610304?_ack=1,2002-01-01/2022-11-01.
[55] 佚名. 工商管理学(二十二)[J]. 种子世界,2007(10):4.
[56] 解方. 云主机与传统物理机的比较及组网实例[J]. 数字技术与应用,2015(9):1.
[57] 陈登科. 城市轨道交通信号系统网络安全分析[J]. 铁路通信信号工程技术,2012,9(5):3.
[58] 沈昌祥,张鹏,李挥,等. 信息系统安全等级化保护原理与实践[M]. 北京:人民邮电出版社,2017.

[59] 侯琳 . 校园 VPN 网络建设解决方案[J] . 电脑编程技巧与维护,2009(18):81-82+106.
[60] 宁丽娟,刘文菊 . Oracle 11g 数据库编程入门与实战[M]. 北京:人民邮电出版社,2010.
[61] 孙健波,张磊 . 云计算中虚拟化技术的安全研究[J]. 办公室业务,2017(19):2.
[62] 张彦波 . 汽摩行业云制造服务平台构建方法研究与应用[D]. 重庆:重庆大学,2016.
[63] 范伟,韩奕,黄伟庆 . 虚拟机隔离安全威胁浅析[J]. 保密科学技术,2013(1):4.
[64] 吴茜,王荣斌,潘平 . 虚拟化技术云平台面临的安全威胁与多租户安全隔离技术研究[J] . 网络安全技术与应用,2017(06):73+79.
[65] 范伟,韩奕,黄伟庆 . 虚拟机隔离安全威胁浅析[J] . 保密科学技术,2013(01):31-34.
[66] 马军 . 等级保护制度在大型企业网络安全建设中的研究和应用[D]. 重庆:重庆大学,2008.
[67] 高国富,谢少荣,罗均 . 机器人传感器及其应用[M]. 北京:化学工业出版社,2005.
[68] 刘洪发,唐宏 . 网络存储与灾难恢复技术[M]. 北京:电子工业出版社,2008.
[69] 赵立刚,姚兴,秦良斌 . 运营商业务系统安全域划分思路浅析[J]. 计算机安全,2012(9):7.
[70] 霍然 . 电子政务系统安全解决方案与设计[D]. 大连:大连交通大学,2012.
[71] 陈煜欣 . 基于等级保护的政府 Web 应用安全建设实践[J]. 信息安全与通信保密,2012(10):6.
[72] 姚德益 . 基于等级保护的银行核心网络系统安全防护体系的研究与设计[D]. 上海:东华大学,2014.
[73] 李良宗,郑栋栋 . 浅谈漳州市气象局网络安全建设[J]. 福建电脑,2018,34(4):2.
[74] 杨波 . 未知威胁解决方案综述[J]. 安徽电子信息职业技术学院学报,2014,13(5):3.
[75] 章熙海 . 模糊综合评判在网络安全评价中的应用研究[D]. 南京:南京理工大学,2006.
[76] 甘迎辉 . 校园网安全问题及解决方案[J] . 计算机安全,2005(10):56-58.
[77] 王会 . 基于等级保护的党校网络安全体系的研究与应用[D]. 广东:中山大学,2012.
[78] 夏冰,郑秋生,李向东,等 . 信息系统安全测评教程[M]. 北京:电子工业出版社,2018.
[79] 苗凤君 . 局域网技术与组网工程[M]. 北京:清华大学出版社,2010.
[80] 王晖 . 医疗卫生行业信息安全等级保护实施指南[M]. 北京:国防工业出版社,2010.
[81] 赵越 . 工业互联网平台安全防护体系分析与研究[J]. 长江信息通信,2021,34(6):3.
[82] 刘运席 . 网络安全管理[M]. 北京:电子工业出版社,2018.
[83] 王娟 . 国产 Linux 服务器的应用安全性研究[D]. 成都:成都理工大学,2006.
[84] 赵全亭,王琳 . ISO27001 在印刷企业信息安全管理中的应用实践[J]. 信息安全与通信保密,2015(8):4.
[85] 傅鸿志,尹德涛 . 城市土壤理论与应用研究[M]. 沈阳:辽宁大学出版社,2009.
[86] 陈欣 . 休闲娱乐场所管理信息系统分析与设计[D]. 呼和浩特:内蒙古大学,2009.
[87] 陈凯 . 福建电信运维操作审计系统设计与实现[D]. 成都:电子科技大学,2011.
[88] 吴国良 . 面向 NGB 的网络与信息管控建设[J]. 广播与电视技术,2013,40(10):28-28.
[89] 李冬德 . 人保财险 4A 管理平台项目的实施与应用[D]. 大连:大连海事大学,2012.
[90] 潘鹏飞 . 调度自动化系统运维技术[M]. 沈阳:东北大学出版社,2018.

[91] 吴国良．面向 NGB 的网络与信息管控建设[J]. 广播与电视技术,2013,40(10):28-28.
[92] 王贺嘉．基于 WEB 的用户认证管理系统的设计与实现[D]. 北京:北京工业大学,2012.
[93] 陈煜欣．基于等级保护的政府 Web 应用安全建设实践[J]. 信息安全与通信保密,2012(10):6.
[94] 阿宝．云平台安全等级保护建设项目安全技术方案详细设计[EB/OL]．https://www.deliwenku.com/p-2904277.html,2020-05-08/2022-11-01.
[95] 郑晔．东丽供电分公司调控中心安全防护构想[J]. 天津电力技术,2014(2):3.
[96] 周默．烟草总公司容灾中心系统的设计与实现[D]. 北京:北京工业大学,2013.
[97] 李嘉,蔡立志,张春柳,等．信息系统安全等级保护测评实践[M]. 哈尔滨:哈尔滨工程大学出版社,2016.
[98] 胡小毛．教育城域网建设中的安全体系构建:某区教育城域网安全体系设计例谈[J]. 电脑迷,2018.
[99] 颜海威．医院信息系统三级等保建设思路[J]. 电脑知识与技术:学术版,2016(10X):2.
[100] 运方舟．中国建设银行信息安全管理体系的研究[D]. 上海:同济大学,2009.
[101] 佚名．大型医院医疗信息系统安全三级等保建设可行性方案[EB/OL]．https://max.book118.com/html/2021/1106/6243100154004042.shtm,2021-11-08/2022-11-01.
[102] 陆宝华．信息系统安全原理与应用[M]. 北京:清华大学出版社,2007.
[103] 佚名．信息安全等级保护与风险评估[M]. 北京:中国水利水电出版社,2014.
[104] 陈智骏．警务综合平台消防子系统的设计与实现[D]. 上海:东华大学,2014.
[105] 张宇,魏海,刘显傅．海洋环境观测数据传输网信息系统安全三级保护建设研究[J]. 海洋信息,2013(3):7.
[106] 马新年．虚拟云桌面机房安全性能提升的研究与实践[J]. 科技风,2016(18):2.
[107] 刘志成,林东升,彭勇．云计算技术与应用基础[M]. 北京:人民邮电出版社,2017.
[108] 宫月,李超,吴薇．虚拟化安全技术研究[J]. 信息网络安全,2016(9):6.
[109] 乔然,胡俊,荣星．云计算客户虚拟机间的安全机制研究与实现[J]. 计算机工程,2014,40(12):26-32.
[110] 庞国锋,徐静,沈旭昆．网络协同制造模式[M]. 北京:电子工业出版社,2019.
[111] 罗原．云计算环境下新型网络安全技术及解决方案[J]. 电信工程技术与标准化,2019,32(12):6.
[112] 陈煜欣．基于等级保护的政府 Web 应用安全建设实践[J]. 信息安全与通信保密,2012(10):6.
[113] 申志伟,沈雪,张辉,等．全生命周期下的云计算数据安全研究综述[J]. 信息通信技术,2019,13(2):7.
[114] 董西成．Hadoop 技术内幕:深入解析 YARN 架构设计与实现原理[J]. 中国科技信息,2014(1):1.
[115] 路浩然．面向智能电网的 SDN 流表请求调度及流表控制机制研究[D]. 重庆:重庆邮电大学,2017.
[116] 吴雨农,范渊．Docker 容器环境的安全防护方法、装置及系统:中国,110851241A[P]. 2020.

[117] 陆平,左奇,付光,等. 基于 Kuberes 的容器云平台实战[M] 北京:机械工业出版社,2018.
[118] 白金雪,金旺,马涛,等. 基于微服务架构的网络安全等级保护实践[J]. 信息安全与技术,2019(003):010.
[119] 杨军. 军工企业涉密信息系统信息保密建设初探[J]. 测控与通信,2011.
[120] 科飞管理咨询公司. 信息安全管理概论:BS7799 理解与实施[M]. 北京:机械工业出版社,2002.
[121] 公安部消防局. 消防信息化技术应用[M]. 北京:化学工业出版社,2016.
[122] 唐成华. 信息安全工程与管理[M]. 西安:西安电子科技大学出版社,2012.
[123] 孙建国,张立国. 涉密信息管理系统[M]. 北京:人民邮电出版社,2016.
[124] 冯政鑫,唐寅,韩磊,等. 网络安全智能决策系统设计[J]. 信息技术与网络安全,2021(05).
[125] 张中宝,余俊旸. 基于大数据的网络安全防护体系研究[J]. 信息系统工程,2018(2):3.
[126] 徐金伟,宋建平. 对国内安全管理平台研发现状的分析与建议[J]. 计算机安全,2008(1):6.
[127] 陆宝华,王晓宇. 信息安全等级保护技术基础培训教程[M]. 北京:电子工业出版社,2010.
[128] 赵书博. 基于 OpenVAS 的漏洞扫描系统设计与实现[D]. 济南:济南大学,2016.
[129] 杨新锋,刘克成. SOC 分析研究[J]. 微型电脑应用,2013(11):4.
[130] 叶明达,黄智,张寒之. 一种信息安全漏洞管理方案的实践[J]. 信息安全与技术,2018,009(005):64-67.
[131] 赵庆凯. 供电企业物资计划管控及预警平台研究与应用[D]. 北京:中国矿业大学,2021.
[132] 雷万云. 信息安全保卫战 企业信息安全建设策略与实践[M]. 北京:清华大学出版社,2013.
[133] 360 互联网安全中心. 互联网安全的 40 个智慧洞见:2015 年中国互联网安全大会文集[M]. 北京:人民邮电出版社,2016.
[134] 戴金晶,邵淇峰. 一种基于大数据的广电安全态势感知管理平台设计及其应用初探[J]. 中国有线电视,2018(8):4.
[135] 张旭. 大数据安全分析技术在安全保密工作中的应用[J]. 保密科学技术,2015(9):4.
[136] 孙惟皓,凌宗南,陈炜忻. 日志智能分析在银行业 IT 安全运维管理中的应用[J]. 信息技术与网络安全,2018,37(7):5.
[137] 张峰. 基于策略树的网络安全主动防御模型研究[D]. 成都:电子科技大学,2005.

第4章 网络安全测试环境态势感知研究与模型设计

4.1 引 言

4.1.1 研究背景和意义

随着计算机的日益普及和组网技术的快速发展,网络在社会、政治、经济、军事等各个领域发挥着越来越大的作用。目前,网络正朝着大规模、高分布式的方向发展。但同时入侵攻击也日趋规模化、分布化、复杂化,攻击手段迅速演化,而且黑客经验逐渐丰富,破坏性越来越大。所以说,网络技术的发展是把双刃剑,在带来利处的同时,其不安定因素也给社会造成了巨大的损失。

日益严峻的安全威胁迫使各个职能部门不得不加强对网络系统的安全防护,不断追求多层次、立体化的安全防御体系,逐步引入了 IDS、防火墙、VPN 等大量异构的安全防御技术。然而,现有网络安全防御体系还是以孤立的单点防御为主,彼此间缺乏有效的协作,从而形成了一个个的安全“孤岛”,使得网络安全在面对新的挑战时显得力不从心。传统的单点安全手段已经无法满足新形势下的安全需求,对于现有的入侵检测系统而言,报警量巨大,且其中大部分是虚警;不能有效生成网络安全态势信息,从而使网络管理员难以根据当前的网络状况做出相应的决策。在这种情况下,迫切需要一种新的安全技术,可辅助安全管理员实时掌握网络安全态势信息,并及时消除威胁,降低损失。

4.1.2 经典态势感知的概念

态势感知(Situation Awareness,SA)最早用于研究飞行员对当前所处飞行状态的认识,作为一个术语广泛应用于军事领域,指的是人们对态势的理解与事实的一致性程度。其中,态势既是一种状态,又是一种趋势,它从整体和全局的角度研究安全问题,任何单一的安全事件或安全状态都不能称为态势。

Endsley 提出,态势是对一定时间和空间环境内的态势要素进行感知,并对获得的信息进行理解,预测它们在不久将来的状态,并将态势感知抽象为一个三级模型。

Sushil Jajodia 指出,态势感知是认知一定时间和空间的环境要素,理解其意义,并预测它们即将呈现的状态,以实现决策优势。

综合态势感知的概念,通常认为态势分为三个层次:察觉(Perception of Elements in Current Situation)、理解(Comprehension of Current Situation)和预测(Projection of Future Status)。

(1) 察觉:获取环境中的态势要素,包括相关态势要素的状态、属性以及动向。

(2) 理解:将第一层次中收集到的杂乱的态势信息进行综合,并形成对各个态势要素的重要性和性质的判断。

(3) 预测:对未来态势发展变化趋势的估计,它通过第二层次中对当前态势信息的理解,形成对当前态势在未来一段时间的变化趋势的推测。

4.1.3 网络安全态势感知的概念

1999 年,Tim Bass 开创性地将 SA 引入网络安全领域,首次提出了网络空间态势感知(Cyberspace Situation Awareness,CSA)和网络态势感知(Network Situation Awareness,NSA)的概念,将态势感知技术与网络安全技术相结合,以提高网络分析员对网络安全状况的感知力。他指出,“基于融合的网络态势感知”必将成为网络管理的发展方向,网络态势是指由各种网络设备运行状况、网络行为以及用户行为等因素构成的整个网络的当前状态和变化趋势。

本章沿用 Tim Bass 对 CSA 的定义,认为网络安全态势感知是在大规模网络环境中对能够引起网络态势发生变化的安全要素进行获取、理解、显示以及最近发展趋势的顺延性预测,而最终的目的是进行决策与行动。

4.2 研究现状

4.2.1 国内网络安全态势感知应用情况

2016 年 4 月 19 日,习近平总书记在网络安全和信息化座谈会上提出:“安全是发展的前提,发展是安全的保障,安全和发展要同步推进。要树立正确的网络安全观,加快构建关键信息基础设施安全保障体系,全天候全方位感知网络安全态势,增强网络安全防御能力和威慑能力。”随着《中华人民共和国网络安全法》和《国家网络空间安全战略》的相继出台,态势感知被提升到了国家战略高度,全国各大行业都开始倡导、建设和积极应用态势感知系统,以应对网络空间安全的严峻挑战。

2016 年 12 月 27 日,国务院全文刊发了《“十三五”国家信息化规划》,在健全网络安全保障体系的任务中,提出“建立国家网络安全态势感知平台,利用大数据技术对网络安全态势信息进行关联分析、数据挖掘和可视化展示，绘制关键信息基础设施网络安全态势地图”，再次强调了态势感知的重要性。

随着信息化的发展，网络安全案件向着高频率、高危害、难追溯的方向发展，“态势感知”已经成为网络空间安全领域聚焦的热点，也成为网络安全技术、产品、方案不断创新、发展、演进的汇集体现，更代表了当前网络安全攻防对抗的最新趋势。

在我国的公安、银行、电子政务、运营商等领域，许多重点单位也都基于国内外的产品构建了态势感知系统，对本行业的网络进行全面的监控和预防，并建立网络安全风险报告机制、情报共享机制、研判处置机制，把握网络安全风险发生的动向、趋势，感知网络安全态势，开展网络安全风险防范。

国家电网信息系统调度运行监控中心是国家电网信息安全建设的重要内容，实现了与国家电网省级公司二级调控中心联动，对信息系统和网络、信息安全及业务应用情况进行实时在线的全面安全运行监控，并且进行全景化展示，强化信息系统运行管控能力，提升对人、财、物管理的业务支撑水平，确保国家电网信息系统的安全稳定运行。项目历时 3 年，分两期总投资 3 亿元，初步建成主系统，初步组建信息系统监控中心，实现对信息系统运行和安全监测的全景化。下一步准备建设省网公司安全运行管理分中心和组建安全技术运维团队。

国家税务总局在构建“人防、制防、技防和物防”信息安全保障体系中，紧紧抓住信息安全通报和预警这个关键环节，建立了税务系统信息安全呼叫与监控中心，将通报预警工作与安全加固工作结合起来，做到安全事故隐患的“早预警、早发现、早通报、早处置”，改善了税务系统网络与信息系统安全状态，促进了税务系统信息安全保障水平。

根据海关信息安全规划及金关工程二期安全系统建设要求，中华人民共和国海关总署 2013 年 11 月启动海关系统安全管理中心建设项目，旨在把握全网安全动态，实现事前预警、事中控制、事后审计，有效防范安全风险，实现统计分析、决策支持和经验共享，辅助开展安全管理及决策。海关系统安全管理中心覆盖信息安全管理工作以及重要信息资产，依托安全管理中心将安全策略贯彻到每个安全防护环节；通过安全管理中心汇总展示各直属海关及全国海关的信息安全态势；建立海关日常安全管理工作平台，通过安全管理工作平台完成对信息安全情况通报、安全检查、风险评估、等级保护等日常信息安全保障工作的支持。以资产和风险为核心、以事件为驱动、以知识库为技术保障，以实现安全设备的集中管理，能对网络设备、安全设备和系统、主机操作系统、数据库以及各种应用系统的运行状态进行监控，对各类系统的日志、事件、告警等安全信息进行全面的管理和审计，对当前网络安全态势进行分析与展现。

中国移动在运营商行业率先开展对网络安全态势感知系统的建设工作。2017

年,中国移动通信集团公司业务支撑系统部制定了《中国移动业务支撑网升级安全威胁分析与预警平台技术规范》,规定了中国移动业务支撑网升级安全威胁分析与预警平台对业务支撑系统、管理信息系统各类安全数据的采集、存储、各种安全威胁分析、安全告警和安全预警的功能要求,用于指导各省公司开展安全威胁分析与预警平台建设,供中国移动内部和厂商共同使用。今年,移动网络部也结合国家重点课题任务,开展网络安全态势感知防护处置平台的研发工作,期望构建全天候、全方位的态势感知能力,实现 APT 等新型攻击检测。

4.2.2 国内工业界对网络安全态势感知的实践

各个厂商也在不断地立足态势感知构建,由于网络安全构建的特殊性,不同厂商对态势感知的理解不尽相同。其大致分为以下几个方向。

(1) 全流量分析。全流量安全分析通过收集全网镜像流量实现安全分析,其特点是能够留存大量的流量日志,事后分析效果较好,同时能够实现深度的安全分析。但是该方案存在的缺陷是建设成本较高,分析难度较高,因为缺乏了传统的规则告警为基础,全流量对于安全能力的全方位覆盖很难全部实现,此外,由于全流量的留存占用空间、带宽较大,因此很难适用于大网环境中。这方面的代表厂商有 360 集团和科来。

(2) 攻击日志分析。攻击日志分析是传统的安全分析手段,经过多年的时间检验,分析方式也较为成熟,其特点是能够利用全网各类安全监测设备,实现全方位的监控,但该方案存在的缺陷是深度不足,难以应对有组织、有预谋的大规模安全事件。这方面的代表厂商有启明星辰和天融信。

(3) 日志结合流量分析。日志结合流量分析是一种新型的安全分析手段,既能覆盖日志分析的广度,又能保证全流量分析的深度;不但能实现对网站、重要系统、网络空间的全方位分析,又能实现对历史事件的溯源。可以说是一种真正覆盖"全天候、全方位安全态势感知"能力的一种分析手段,但是这种方案作为一种新兴方案,技术上存在较大的难度,需要厂商具备强大的技术实力及深厚的安全积累。这方面的代表厂商有绿盟科技等。

总体来说,作为当前网络安全界的一大热点,目前国内安全厂商对态势感知方向的投入还是比较多的,但是业界尚未形成通用标准,还没有比较成熟的体系支撑,不同厂商依照各自的理解进行态势感知平台的建设工作。

4.2.3 安全态势感知技术研究现状

4.2.3.1 安全态势感知模型

描述网络安全态势感知的模型主要有 JDL、Endsley 和 Tim Bass 模型。

1. JDL 模型

面向数据融合的 JDL(Joint Directors of Laboratories)模型获得了广泛的关注,其体系结构如图 4-1 所示。

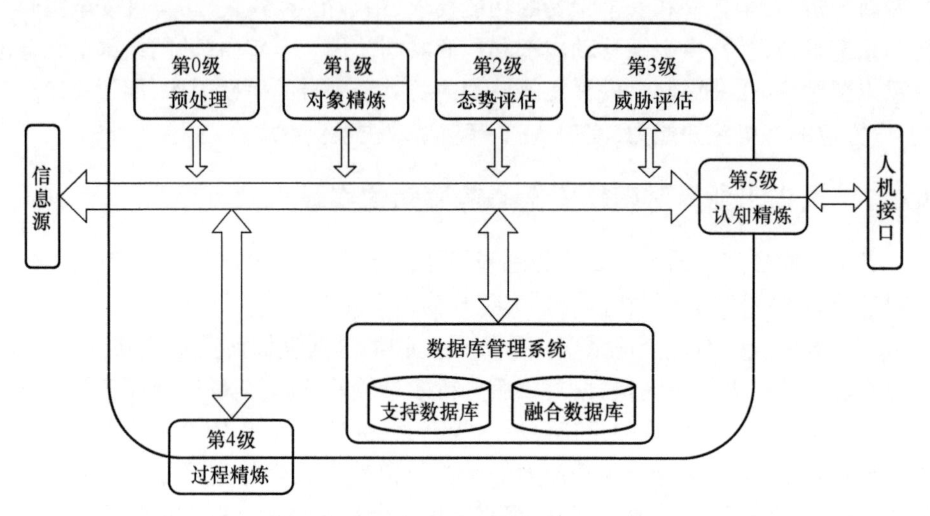

图 4-1 JDL 模型

第 0 级负责过滤、精简、归并来自信息源的数据,如入侵检测警报、操作系统及应用程序日志、防火墙日志、弱点扫描结果等。第 1 级负责数据的分类、校准、关联及聚合,精炼后的数据纳入统一的规范框架中,多分类器的融合决策也在此级进行。第 2 级综合各方面信息,评估当前的安全状况。第 3 级侧重于影响评估,既评估当前面临的威胁,也预测威胁的演变趋势以及未来可能发生的攻击。第 4 级动态监控融合过程,依据反馈信息优化融合过程。第 5 级持续监控融合系统与管理员之间的交互,逐步改善人机交互的方式,提高交互能力和交互效率,以减轻管理员的认知压力。

2. Endsley 模型

Endsley 模型是仿照人的认知过程建立的,主要分为态势感知核心与影响态势感知的因素集两大部分,如图 4-2 所示。

第 1 级提供了环境中态势要素的位置和特征等信息。第 2 级关注信息融合以及信息与预想目标之间的联系。第 3 级预测未来的态势演化趋势以及可能发生的安全事件。

3. Tim Bass 模型

Tim Bass 模型是针对分布式入侵检测提出的融合模型,比较实用,其体系结构如图 4-3 所示。第 0 级负责提取、过滤和校准原始数据。第 1 级将数据规范化,

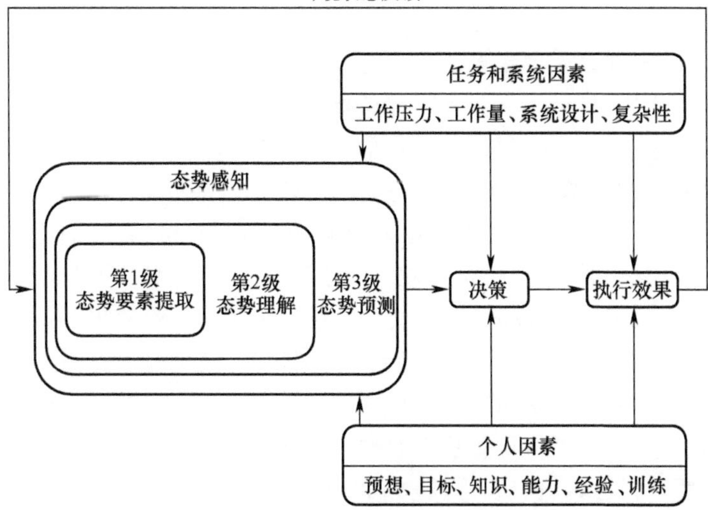

图 4-2　Endsley 模型

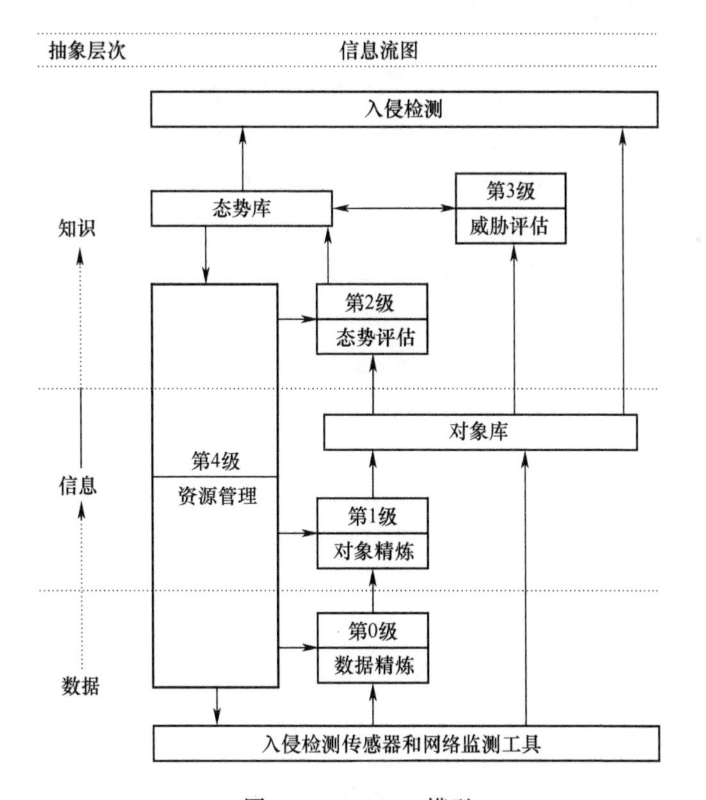

图 4-3　Tim Bass 模型

做时空关联，按相对重要性赋予权重。第 2 级负责抽象及评定当前的安全状况。第 3 级基于当前状况评估可能产生的影响。第 4 级负责整个过程的精炼。

4.2.3.2 大数据支撑技术发展情况

大数据的出现，扩展了计算和存储资源，大数据自身拥有的 Variety 支持多类型数据格式、Volume 大数据量存储、Velocity 快速处理三大特征，恰巧是基于多源日志的网络安全态势感知分析处理所需要的。

早在 1980 年，未来学家托夫勒在其所著的《第三次浪潮》中就提到“大数据”一词。2001 年，麦塔集团分析员道格·莱尼指出，数据增长的挑战和机遇有量（Volume，数据大小）、速（Velocity，资料输入输出的速度）和多变（Variety，多样性）三个方向，现在认为是大数据的三个特性。2011 年，麦肯锡正式定义了大数据的概念。2012 年，《纽约时报》的一篇专栏中写道，“大数据”时代已经降临，在商业、经济及其他领域中，决策将日益基于数据和分析而做出，而并非基于经验和直觉。大数据开始跟时代挂钩，在当时人们不以为然，甚至许多人认为这不过是商学院或咨询公司哗众取宠罢了。现在，“大数据时代”已经变成了人尽皆知的口头禅。

目前，大数据主流的三大分布式计算系统是 Hadoop、Spark 和 Storm。

1. Hadoop

由于 Google 没有开源 Google 分布式计算模型的技术实现，所以其他互联网公司只能根据 Google 三篇技术论文中的相关原理，搭建自己的分布式计算系统。

雅虎的工程师 Doug Cutting 和 Mike Cafarella 在 2005 年合作开发了分布式计算系统 Hadoop。后来，Hadoop 贡献给 Apache 基金会，成为 Apache 基金会的开源项目。Doug Cutting 也成为 Apache 基金会的主席，主持 Hadoop 的开发工作。

Hadoop 采用 MapReduce 分布式计算框架，并根据 GFS 开发了 HDFS 分布式文件系统，根据 BigTable 开发了 HBase 数据存储系统。尽管和谷歌公司内部使用的分布式计算系统原理相同，但是 Hadoop 在运算速度上依然达不到谷歌公司论文中的标准。

不过，Hadoop 的开源特性使其成为分布式计算系统事实上的国际标准。雅虎、脸书、亚马逊以及国内的百度、阿里巴巴等众多互联网公司都以 Hadoop 为基础搭建自己的分布式计算系统。

2. Spark

Spark 也是 Apache 基金会的开源项目，由加州大学伯克利分校的实验室开发，是另外一种重要的分布式计算系统。它在 Hadoop 的基础上进行了一些架构上的改良。Spark 与 Hadoop 最大的不同点在于，Hadoop 使用硬盘来存储数据，而 Spark 使用内存来存储数据，因此 Spark 可以提供超过 Hadoop100 倍的运算速度。但是，由于内存断电后会丢失数据，Spark 不能用于处理需要长期保存的数据。

3. Storm

Storm 是 Twitter 主推的分布式计算系统,由 BackType 团队开发,是 Apache 基金会的孵化项目。它在 Hadoop 的基础上提供了实时运算的特性,可以实时地处理大数据流。不同于 Hadoop 和 Spark,Storm 不进行数据的收集和存储工作,它直接通过网络实时地接收数据并且实时地处理数据,然后直接通过网络实时地传回结果。

4.2.3.3 安全态势感知指标体系

2007 年,王娟等以网络的不同层次、信息的不同来源及不同网络用户的不同需求等多个角度的信息源为研究对象,归纳提炼出二级候选指标。然后,将这些候选指标抽象融合得到威胁性、脆弱性、稳定性和容灾性 4 个能概括网络的一级指标,每个一级指标都由一定数量的二级候选指标来表征。具体指标体系如表 4-1 所列。

表 4-1 安全态势感知指标体系

一级指标	二级指标
脆弱性	网络漏洞数目及等级 关键设备漏洞数目及等级 子网内各关键设备提供的服务种类及其版本 子网内各关键设备的操作系统类型及其版本 子网内各关键设备开放端口的总量 网络拓扑
容灾性	网络带宽 子网内各关键设备的操作系统类型及其版本 子网内各关键设备访问主流安全网站的频率子网内各关键设备提供的服务种类及其版本 网络拓扑 子网内主要服务器支持的并发线程数
威胁性	报警数目 子网带宽使用率 子网内安全事件历史发生频率 子网内各关键设备提供的服务种类及其版本 子网数据流入量 子网流入量增长率 子网内不同协议数据包的分布 子网内不同大小数据包的分布 流入子网内数据包源 IP 分布

续表

一级指标	二 级 指 标
稳定性	子网内关键设备平均存活时间 子网流量变化率 子网内不同协议数据包分布比值的变化率 子网内不同大小数据包分布比值的变化率 子网数据流总量 流出子网数据包目的 IP 分布 子网内关键设备存活数量 子网平均无故障时间

4.2.3.4 信息融合方法

按照数据抽象的层次，可以将信息融合划分为以下三个级别：

(1)数据级融合(低层)：融合各传感器的观测数据。

(2) 特征级融合(中层)：融合提取出来的特征信息。

(3)决策级融合(高层)：融合各传感器的个体决策。

数据级融合要求传感器是同质的，即提供对同一观测对象的同类观测数据。它尽可能多地保持了原始信息，能提供其他融合层次所不具备的细微信息。当传感器信息不完全、不确定、不稳定时，所受的影响较大。特征级融合能通过提取特征信息(力求是数据信息的充分表示量或统计量)实现可观的数据缩减，这降低了对通信带宽的要求，利于实时处理，但有可能损失一些有用的信息，导致精度降低。决策级融合对传感器的依赖性小，具有良好的容错性，能有效弱化不完整和错误数据带来的影响。表 4-2 从传感器依赖性、信息损失、数据量、通信量、处理代价、实时性、抗干扰性和融合精度等方面对比分析了三个融合级别的特点。

表 4-2 数据融合级别特点

融合级别	传感器依赖性	信息损失	数据量	通信量	处理代价	实时性	抗干扰性
数据级	同质	小	大	大	高	差	弱
特征级	不限	中	中	中	中	中	中
决策级	不限	小	小	小	低	好	强

随着融合级别的升高，信息量的损失逐步增大，融合精度也越来越低，但处理速度和容错能力逐步提高，抗干扰性逐渐增强，对传感器的依赖也越来越小。

4.2.3.5 态势评估技术

网络安全态势评估有多种分类方法，按评估的侧重点可分为风险评估和威胁评估，按评估的实时性可分为静态评估和动态评估，按评估的形式可分为定性评估和定量评估，按评估依据的理论技术基础可分为三类，如表 4-3 所列。

表 4-3　安全态势感知评估方法分类

类　别	方　　法
基于数学模型的方法	层次分析法、集对分析法、模糊综合评价法、多属性效用函数法、距离偏差法
基于知识推理的方法	模糊推理、贝叶斯网络、马尔可夫过程、D-S 证据理论等
基于模式分类的方法	聚类分析、粗糙集、灰关联分析、神经网络、支持向量机等

基于数学模型的方法综合考虑网络安全态势的影响因素，构造从安全指标集合到安全态势的映射，借此将态势评估归结为多属性聚集计算或多指标综合评价问题，能给出明确的数学表达式，也能得出确定性的结果。

基于知识推理的方法凭借专家知识及经验建立评估模型，通过逻辑推理评估安全态势，可以细分为基于产生式规则的推理（如模糊推理等）、基于图模型的推理（如贝叶斯网络、马尔可夫过程等）和基于证据理论的推理。其基本思想是借助模糊理论、概率论、证据理论等来表达和处理安全属性的不确定性，通过推理汇聚多属性信息。

基于模式分类的方法将安全要素或评价指标视为模式属性、离散型态势值视为模式类别、连续型态势值视为分类器输出的弥合值，先通过训练构建模型，再按照模式分类的思想评估安全态势。下面列举若干典型的安全态势评估方法，剖析其基本思想、理论技术、评估原理及优缺点。

1. 基于攻击图的方法

攻击图是一种有向图，通常在状态节点上记载攻击到达的可能性、攻击目标的重要性、侵害的严重性等，在有向边上标明攻击方法或利用的漏洞等，综合可能性、重要性和严重性计算安全态势值，如图 4-4 所示。

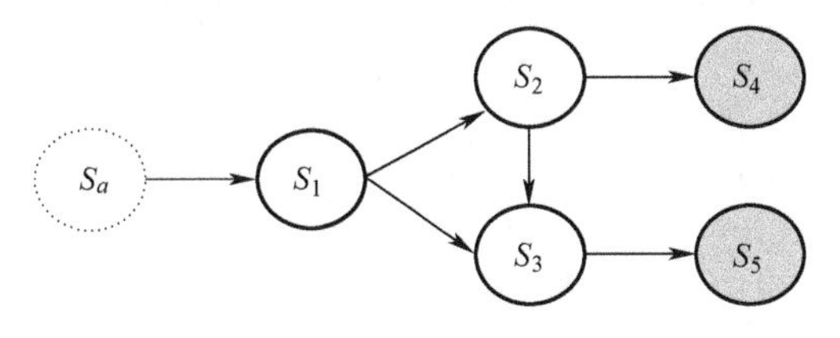

图 4-4　有向攻击图

攻击图的时空复杂度高达指数级，以致很难用于较大规模的网络；当满足单调性假设（攻击者不必放弃已经取得的能力或条件，无须重复攻击）时，能将复杂度降低到多项式级。

2. 层次分析法

层次分析法是把复杂的问题分解为若干层次，按自下而上、先局部后整体的策略逐层计算权数,陈秀真等在这方面做了较多研究,如图 4-5 所示。

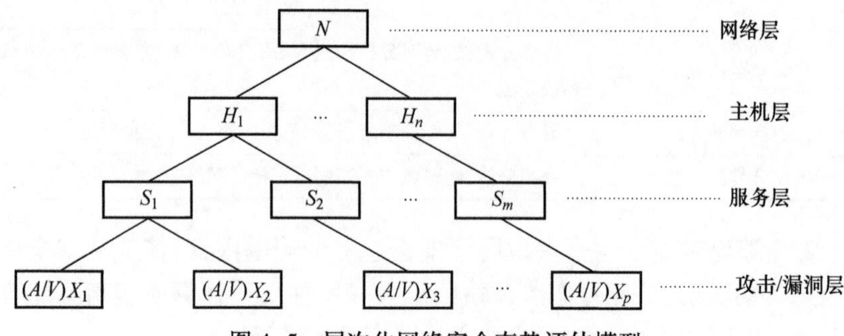

图 4-5 层次化网络安全态势评估模型

鉴于很难用统一的尺度去衡量缺乏公度性的权重,层次分析法依据经验估计的是相对权重比,而非绝对权重值,这在一定程度上降低了设置权重的难度,但仍无法摆脱人为主观判断,且需检验判断矩阵(反映了评估者的判断思维)的一致性,这往往要反复多次。

3. 基于贝叶斯网络的方法

贝叶斯网络是图论和概率论相结合的产物,它用图论方法直观地揭示问题的结构,借助概率论做定量分析,适用于不确定性表达和推理,如图 4-6 所示,其中节点代表随机变量,有向边代表直接依赖关系。

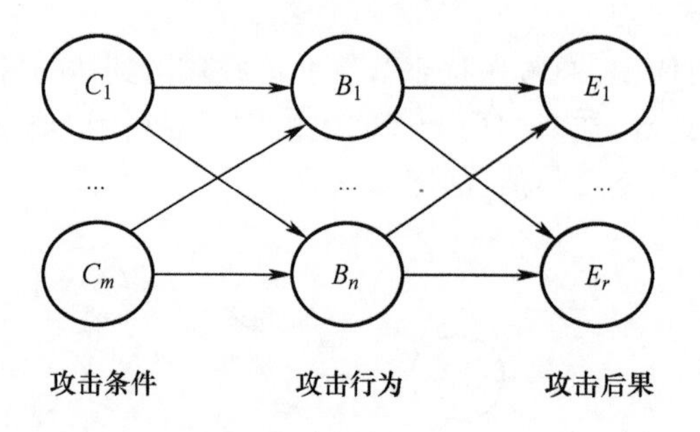

图 4-6 贝叶斯网络

可以从多个层面来理解贝叶斯网络:①在定性层面上,它用有向无环图描述了变量之间的依赖和独立关系;②在定量层面上,它用条件概率分布刻画了变量对其前驱的依赖关系;③在语义层面上,它是联合概率分布的一种分解形式。Frigault 和 Wang 等均将贝叶斯网络引入安全评估,并取得了一定的成果,但是在大多数情况下,各个变量之间不是相互独立的,以致计算联合概率的复杂度太高,难以适应较大规模的网络。

4. 基于隐马尔可夫模型的方法

隐马尔可夫模型(Hidden Markov Model,HMM)是在马氏链的基础上嵌入了一个随机过程,从逻辑上可分为隐含状态层和可见观测层两部分,其状态迁移是不可见的,只能通过观测到的数据去感知。以 $\lambda = (\pi, \boldsymbol{A}, \boldsymbol{B})$ 来表示 HMM 模型,其中参数 $\pi, \boldsymbol{A}, \boldsymbol{B}$ 分别为初始状态的概率分布、状态转移概率矩阵、观测值概率矩阵。将服务或主机当作不同粒度的攻击目标,简称客体;状态量 $\boldsymbol{X}$ 表示客体是否正遭受攻击;观测值 O 表示 IDS 的检测结果。通过训练建立起 λ 模型(HMM 学习问题),以 $\boldsymbol{B}$ 为例,可依据 IDS 的漏报率和误报率为其赋值。

评测时,先依据 λ 模型及其产生的 O 序列推测出状态序列 $\boldsymbol{X}$(HMM 解码问题),再根据 $\boldsymbol{X}$ 评估安全态势。

这类方法要求满足马尔可夫性,也就是无后效性,即每次状态迁移仅与当前状态有关,而与过去的状态无关,这种要求对人为攻击是不恰当的。人为攻击一般有较明确的目的性,途经某个中间状态的原因不同,其去向也往往不同,强制施加无后效性约束会让统计效果抹杀这种差异。

5. 风险传播模型

网络不是若干主机的简单堆砌,而是一个有机的整体,由于网络的高度互联,安全风险常会沿着主机间的连接及访问关系传播,造成更大范围的连带影响,张永铮等提出的风险传播模型较好地体现了这一思想。以图 4-7 为例,其中节点代表主机或服务,有向边代表访问关系,A 有安全弱点或漏洞,B 和 C 没有。

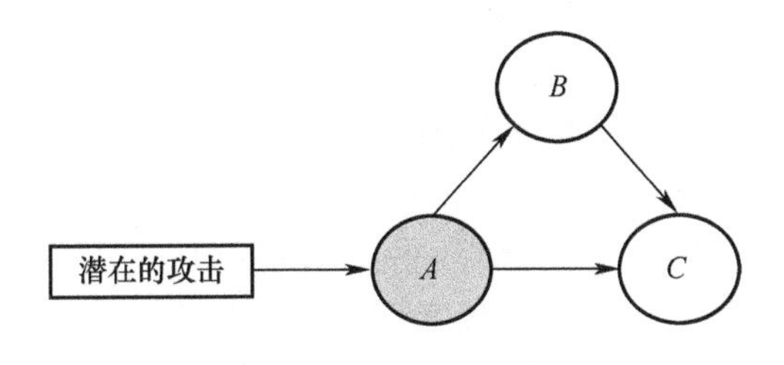

图 4-7　访问关系网络

从攻击者的角度来看,可以先利用安全漏洞侵入 A 节点,再利用现有的访问关系直接或间接地侵入 B 节点和 C 节点。

从安全风险的角度看,由于访问关系 (A,B)、(A,C)、(B,C) 的存在,使得 A 将自身的风险不同程度地传递给原本没有风险的 B 节点和 C 节点,该过程称为风险传播。

6. 基于神经网络的方法

使用输入向量 $\boldsymbol{X}$ 承载低层安全性指标,涉及安全漏洞的普遍性和严重性、网络攻击(如网络扫描、口令猜测、缓冲区溢出攻击、拒绝服务攻击、网络病毒、蠕虫等)的发生情况、防护系统(如防火墙、病毒查杀系统、入侵检测系统等)的部署情况等,输出向量 $\boldsymbol{Y}$ 承载高层安全性指标,如机密性、完整性和可用性,那么可以用事先评判过的样本训练神经网络,构建起从 $\boldsymbol{X}$ 到 $\boldsymbol{Y}$ 的非线性映射模型。以 $\boldsymbol{X}$ 反映网络的实时安全状况,将其输入神经网络后得出非线性拟合值 $\boldsymbol{Y}$,依此原理逐层递推,直至得出安全态势值,这在 Ran 和 Xiao 的研究工作中得到了体现。神经网络缺乏严密的数学基础,无法保证评估结果的单调性,当网络安全状况恶化时,态势值反而可能降低,这有悖常识。

7. 基于模糊理论的方法

网络安全事件的不确定性表现为随机性和模糊性,前者关注事件是否发生,后者关注事件的固有状态。模糊性是安全事件在性态及类属上的不分明性,源于事件之间的过渡态,它们交叉渗透,模糊了彼此的界限。假设论域 U 包含 m 个安全评价指标,论域 V 包含 n 个分级评价档次,针对各个安全指标,按分级档次建立隶属函数,构成 $m\times n$ 阶隶属矩阵,也就是模糊关系 $R=U\times V$。使用 A 承载 m 个指标权重,通过模糊变换 $B=A\times R$ 求出模糊综合评价结果 B,其思想是先从各个侧面评价目标,再引入各个侧面的权重,据此求出对目标的综合评价。模糊理论常用于处理态势评估中的量化问题,如 Liao、陈天平等分别将模糊相似度、模糊综合评判引入网络安全风险评估,其隶属函数的创建仍需依赖人工介入,工作量和主观随意性都较大。

8. 基于粗糙集的方法

粗糙集理论用上、下近似两个集合来逼近任意一个集合。令 C 表示条件属性(对象的特征)集合,D 表示决策属性(对象的分类)集合。使用对象 u 表示服务或主机,条件属性集 C 承载各种安全评价指标,决策属性 d 表示态势评估结果,按照模式分类思想依据 C 求出 d 的值,推广至整个网络,先针对 U 论域求出 D 集合,再依据 D 合成综合安全态势。粗糙集理论的优点主要体现在:除了待处理的数据集合,无须其他先验信息,这也是它与证据理论和模糊集合理论的显著区别。其缺点主要体现在:仅能处理离散型数据(如整型、枚举型、字符串型等),而安全评价指标大多是连续型(如浮点型),这就需要将连续型数据离散化,不可避免地会引入较大误差。

9. 基于博弈论的方法

在配备有主动防御措施的网络环境中,安全态势随着攻防双方的交替行动而变化,常用博弈论来描述,涉及要素包括:①参与者,指博弈中的参与主体,包括攻击方和防守方;②信息,指参与者能了解到或观察到的知识,如攻击方法、防御手段等;③策略,指参与者的行动方案和应对规则;④行动,指参与者采取的措施或对策;⑤收益,指参与者的行动效果或遂行其意图的程度,如攻击方的破坏程度、防守方避免的损失等。

表 4-4 按参与者掌握的信息和行动的顺序划分出 4 种博弈类型，给出了相应的纳什均衡类型。

表 4-4　安全态势感知指标体系

博弈信息	静　态	动　态
完全	完全信息静态博弈（纳什均衡）	完全信息动态博弈（子博弈精炼纳什均衡）
不完全	不完全信息静态博弈（贝叶斯纳什均衡）	不完全信息动态博弈（精炼贝叶斯纳什均衡）

"完全信息"指的是每个参与者对所有参与者的行动空间、收益函数等有完全的了解，否则称为"不完全信息"，意味着信息不对称。"静态"指的是各参与者均不知晓其他参与者选择的行动（或者是不分先后同时进行），如猜拳；而在"动态"博弈中，各参与者交替采取序贯行动，后行动者能观测到先行动者的行为，从而做出有针对性的反应，如下棋。欲评估攻防对抗环境中的安全态势，使用不完全信息动态博弈模型较为恰当，然而现有的研究大多基于完全信息静态博弈，这不可避免地会产生较大失真。

10. 基于人工免疫的方法

如表 4-5 所列，当遭受攻击时，各个主机上抗体的数目就会增加，其急剧程度与攻击强度有关；当攻击消退后，抗体数目会减少并逐渐回归平稳状态。此类方法辨识未知攻击、检测 DDoS 攻击的能力较强，但免疫学相当复杂，仍有许多未知因素，用于安全态势评估建模有可能会使问题不必要地复杂化，这是一种较新的途径，能否贴切地反映网络安全态势尚有待进一步评判。

表 4-5　医学免疫学与计算机免疫学的对比

医学免疫学	计算机免疫学
自体（生物学）	合法的程序代码或正常的网络事物
非自体（细菌、病毒等）	恶意移动代码或网络攻击数据包
抗原（非自体）	非自体的编码特征串，如计算机病毒特征码
抗体（免疫球蛋白分子）	能精确或近似匹配抗原的编码串
抗体和抗原的绑定	模式匹配
抗体浓度的变化	网络安全态势的变化

4.2.3.6　态势预测技术

网络安全态势预测的基本思想是将时间序列片段分割为 ***X*** 和 ***Y*** 两个子序列，分别作为输入、输出向量，通过训练辨识 ***X*** 对 ***Y*** 的支配方式及强度，当以后遇到类似 ***X*** 的输入时，给出类似 ***Y*** 的输出作为预测结果。除了表 4-6 列出的预测方法外，许多传统分类器也用于安全态势预测，如张翔等使用支持向量机预测网络攻击态势。

表 4-6　安全态势预测方法

预测方法	适 用 情 况
定性预测	预测缺乏历史统计资料或者趋势面临转折的事件
一元线性回归预测	自变量与因变量间存在线性关系
多元线性回归预测	因变量与多个自变量间存在线性关系
非线性回归预测	因变量与一个或多个自变量间存在非线性关系
趋势外推法	能找到合适的函数曲线反映变化趋势
分解分析法	用于一次性短期预测或消除周期变动因素
移动平均法	不带周期变动的反复预测
自适应过滤法	不带周期变动的趋势形态
平稳时间序列预测	满足平稳性假设的序列
灰色预测	呈指数形趋势发展的序列
马尔可夫预测	要求满足齐次性
卡尔曼预测	模型的结构和参与以及随机向量的统计特征已知

上述各种单项预测方法各有优缺点,很难说某种方法严格优于另一种,它们反映的信息特征具有冗余性和互补性,可以采用模型组合法或结果组合法将其结合起来,以从不同侧面充分挖掘时间序列携带的信息,从而提高预测的稳定性和精度。模型组合法以紧耦合方式将若干预测模型整合起来,构成一个具有新型结构的模型。例如,Li 等在灰色马尔可夫模型中使用灰色理论预测变化趋势,利用马尔可夫模型预测随机因素,Shi 等使用的灰色人工免疫模型原理与之相似。结果组合法选取适当的权重,将各个单项预测结果组合起来,得出松耦合方式的组合结果。例如,苘大鹏等将自回归移动平均模型(Auto-Regre-ssive Moving Average,ARMA)和马尔可夫预测的结果组合起来,达到了预期的效果。较具代表性的预测方法包括自回归移动平均模型(ARMA)、灰色预测模型(Grey Prediction Model,GM)、神经网络预测模型和基于支撑向量机的态势预测模型,下面分别予以介绍。

1. 自回归移动平均模型

ARMA 是最为常用的一种描述平稳随机序列的模型,它的建模过程可分为序列检验、序列处理、模型识别、参数估计和模型检验 5 个步骤,如图 4-8 所示,目的是辨识序列中蕴含的依存关系或自相关性,使用数学模型描述序列发展的延续性。

ARMA 要求态势序列或其某级差分满足平稳性假设,这种前提条件过于苛刻,极大地限制了其适用范围。

2. 灰色预测模型

为了弱化原始序列的随机性,常用累加或累减求取生成序列,当处理的次数足够多时,一般可认为已弱化为非随机序列,大多可用指数曲线逼近,这也是灰色预

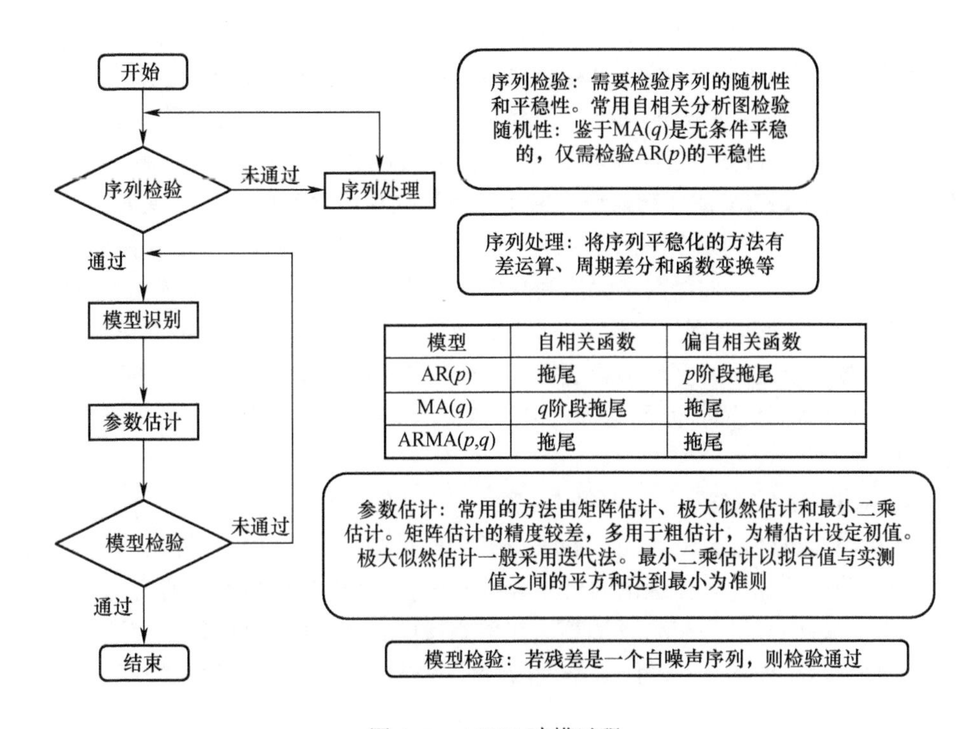

图 4-8　ARMA 建模过程

测的核心思想。GM(1,1)是一种最为常用的灰色预测模型,其建模过程如下。

令 $X^{(0)}=(x^{(0)}(1),x^{(0)}(2),\cdots,x^{(0)}(n))$、$X^{(1)}=(x^{(1)}(1),x^{(1)}(2),\cdots,x^{(1)}(n))$分别表示原始序列、生成序列,GM(1,1)的微分方程如式(4-1)所示,其中 α 为发展灰数,μ 为内生控制灰数或者灰作用量。

$$\frac{\mathrm{d}x^{(1)}(t)}{\mathrm{d}t}+\alpha x^{(1)}(t)=\mu \tag{4-1}$$

求微分方程,可得预测模型,如式(4-2)所示,经残差检验,关联度检验和后验差检验合格后方可使用。

$$\hat{x}^{(1)}(t)=\left[x^{(0)}(1)-\frac{\mu}{\alpha}\right]\mathrm{e}^{-\alpha(t-1)}+\frac{\mu}{\alpha},t\geqslant 1 \tag{4-2}$$

预测出 $\hat{x}^{(1)}(t)$ 之后,按生成方法做反向还原,可得出预测序列。

灰色预测模型能反映安全态势中的低频缓变趋势,难以体现突发性较强的高频骤变趋势,很难应对本领域极为常见的周期性波动等趋势,以致其预测误差往往偏大。

3. 神经网络预测模型

较具代表性的神经网络模型有反向传播(Back Propagation,BP)、径向基函数(Radial Basis Function,RBF)、自组织竞争、对向传播、反馈型神经网络等,其中BPNN和RBFNN较为常用。欲达到相同的精度,RBFNN所需的参数和训练时间都要比BPNN少得多,这也使其在态势预测领域获得了广泛的应用。任伟和Wang等使用RBFNN建立起从输入输出态势序列片段之间的非线性映射,取得了较好的预测效果,而Lai则在小波神经网络方面做了较多的探索。尽管如此,其固有缺陷仍难以克服。神经网络无法用数学方法明确解释输入变量对输出变量的贡献,也没有完备的确定网络结构的方法,而网络结构对预测性能的影响很大,在训练不足和过拟合之间的度也很难把握。特征相似而期望输出差异很大的现象在态势预测中极为常见,而神经网络却难以消解样本间的冲突,这使得训练模型变得比较棘手。

4. 基于支持向量机的态势预测模型

支持向量机(Support Vector Machine,SVM)是20世纪90年代提出、近年比较流行的一种基于统计学习理论的机器学习方法,现已成为机器学习研究的一项重大成果。支持向量机(SVM)预测算法在预测精度、实时性等方面都比较适合网络安全态势预测小样本、非线性、高维度的特性,SVM基本上可以说是最好的监督学习算法。

SVM的核心思想是:对于n维欧氏空间R^n上的分类问题(或回归问题),通过寻找一个R^n上的实值函数$g(x)$,以利用决策函数$f(x)=\mathrm{sgn}[g(x)]$来推断输入x所对应的输出值y。

确定$g(x)$的方法是构造一个与原始问题对偶的非线性规划问题并求解。求解非线性规划问题时需要将原欧氏空间R^n中的变量x通过变换φ映射到高维空间,从而得到线性规划问题并求解,即

$$R^n \rightarrow \mathrm{Hilbert}, x \rightarrow x = \phi(x) \tag{4-3}$$

而支持向量机的核函数$K(x,x')$的作用是通过内积变换实现φ变换的,即

$$K(x,x') = \phi(x)\phi(x') \tag{4-4}$$

此时,原R^n空间的决策函数编程为

$$f(x) = \mathrm{sgn}[\omega^{\mathrm{T}}\phi(x) + a] \tag{4-5}$$

支持向量机是一种非线性预测技术,其对商复杂度的非线性问题优势很明显。传统支持向量化参数一般采用经验确定法、穷举法和网络搜索方法。经验确定法选择的参数一般不是最优,模型的预测精度较低;而穷举法、网络搜索方法耗时相当长,难以找到最优参数。因此,要提高网络安全态势的预测精度,首先要解决支持向量机参数的优化问题。

4.2.4 存在的问题及未来发展趋势

在网络安全领域,网络安全态势感知作为新兴的研究内容,存在许多尚待解决的问题。从目前国内厂商的现状看,目前态势感知系统多为单源或多源同构模型,态势感知获取技术基本依靠对数据源低层数据的采集;量化感知大都基于对低层报警事件的统计分析和计算,试图通过纯粹的报警数据可视化解决态势感知问题,不能完整感知网络异常的攻击过程、序列和意图,无法掌握网络安全状况的全貌和演化情况;在态势评估方面,缺乏高层评估方法,本质是衡量多传感器融合系统的性能,在高层感知中的评估指标仍是今后研究的巨大挑战。而对学术界的态势感知技术研究,在纯实验环境下的研究居多,缺少对于实际环境及实际数据对其模型的有效性验证。

针对网络安全态势感知研究中存在的问题,其未来的研究主要集中于下述几个方面:

(1) 建立多源异构融合的网络安全态势感知框架模型。

(2) 探索基于多源融合的信息获取方法。

(3) 研究网络安全态势量化感知的新方法。

(4) 研究网络安全态势感知的评估指标和评估方法。

4.3 安全态势感知研究

4.3.1 研究目标

按照态势感知的层次模型,对网络安全态势感知的态势在不同层次分解如图 4-9 所示。

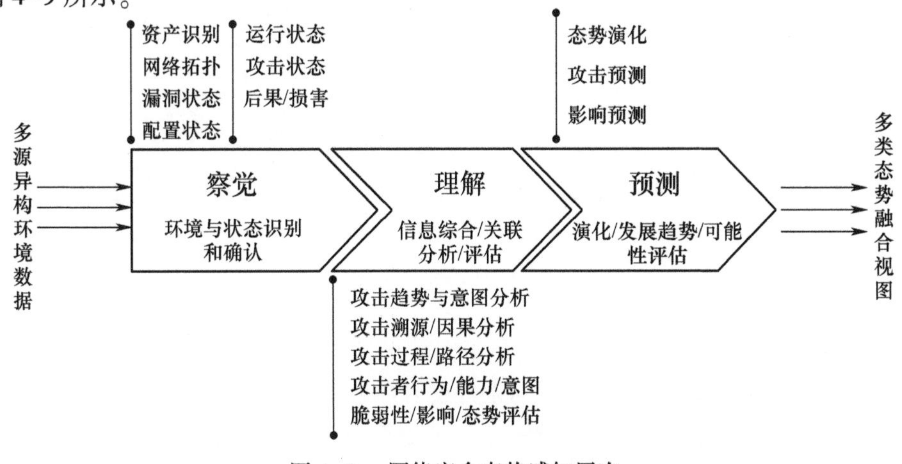

图 4-9 网络安全态势感知层次

态势察觉层主要实现要素提取、攻击识别和确认(发现攻击,确认攻击类型、攻击源和攻击目标)、状态确认(从现象抽象成状态,比如说内存使用超过80%为忙碌状态,可用性受损)、网络拓扑变化。理解层对相同类型及不同类型的要素进行关联,比如把状态变化与具体攻击进行关联;把攻击与漏洞进行关联,或把不同的攻击进行关联形成攻击过程,并且对态势进行量化评估。预测层是对未来趋势及可能性的预测。

围绕上面层次分解,得到本节的研究目标:从网络安全测试环境的特殊性出发,结合当前网络安全态势感知研究存在的问题,以大数据技术为基础,参考网络安全测试环境威胁模型及安全防护体系,分析网络安全测试环境态势感知概念模型及过程模型,研究模型实现的关键技术,并为智能决策提供数据输入支持。

4.3.2 总体思路

安全态势感知研究总体思路如图4-10所示。

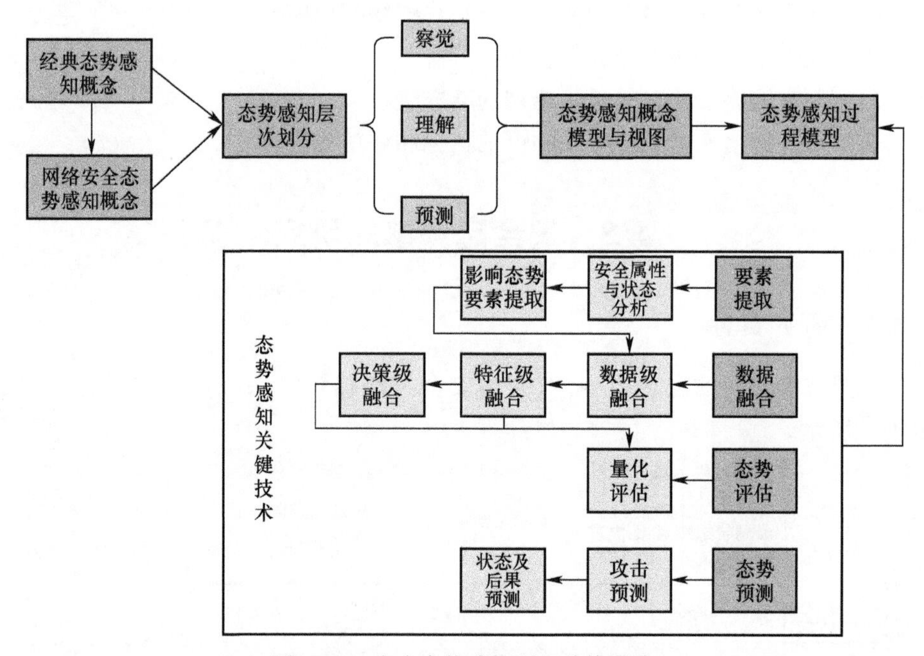

图4-10 安全态势感知研究总体思路

安全态势感知主要研究内容如下。

1. 提出态势感知概念模型及网络安全测试环境典型态势视图

从安全威胁模型出发,分析不同条件融合形成的局部态势和整体态势,形成态势感知概念模型体系,并基于态势感知三个层次对态势指标进行分解。在态势指标基础上,形成网络安全测试环境典型态势视图,对网络安全测试环境安全态势的可视化进行设计。

2. 研究基于多源融合的态势感知过程模型

网络安全态势感知模型设计支撑不同层次的态势输出以及提供给用户融合视图输出,是整个系统研究的技术关键。态势感知概念模型通过从威胁信息组件视角对态势进行分析,而过程模型则以概念模型为基础,定义态势感知的感知过程及其最终产物。过程模型的主要特征是它规定了一些组件,这些组件可通过自动化计算机应用程序或共享的人工/计算机系统实现,并能在系统结构范围内实现相互配合。态势感知过程模型也描述了信息流向及引入关键数据源的时间。

3. 研究网络安全测试环境网络安全态势感知的关键技术

首先,研究态势感知的要素提取;其次,研究不同层次的数据融合所使用的关键技术,以及态势评估技术;最后,针对态势预测技术进行研究,完成整个态势感知模型的技术支撑。

4.4 态势概念模型设计

本节从网络安全威胁信息模型出发,描述基于不同条件进行融合的局部态势和整体态势以及相关指标,形成完整的态势感知概念模型,并基于概念模型基础进行网络安全测试环境典型态势视图设计,实现网络态势的可视化。

4.4.1 安全威胁模型

参考国家标准《网络安全威胁信息格式规范》及网络安全测试环境威胁建模内容,威胁信息模型从对象、方法和事件三个维度,对网络安全威胁信息进行划分,采用包括可观测数据(Observation)、攻击指标(Indicator)、安全事件(Incident)、攻击活动(Campaign)、威胁主体(Threat Actor)、攻击目标(Exploit Target)、攻击方法(Tactics Techniques and Procedure,TTP)、应对措施(Course of Action,COA)八大威胁信息组件描述网络安全威胁信息。

(1) 对象域:描述网络安全威胁的参与角色,包括威胁主体(一般是攻击者)和攻击目标(一般是受害者)两个组件。

(2) 方法域:描述网络安全威胁中的方法类元素,包括攻击方法(攻击者实施入侵所采用的方法、技术和过程)和应对措施(包括针对攻击行为的预警、检测、防护、响应等动作)两个组件。

(3) 事件域:在不同层面描述网络安全威胁相关的事件,包括攻击活动(以经济或政治为攻击目标)、安全事件(对信息系统进行渗透的行为)、攻击指标(对终端或设备实施的单步攻击)和可观测数据(在网络或主机层面捕获的基础事件)四个组件。

威胁信息模型如图 4-11 所示。

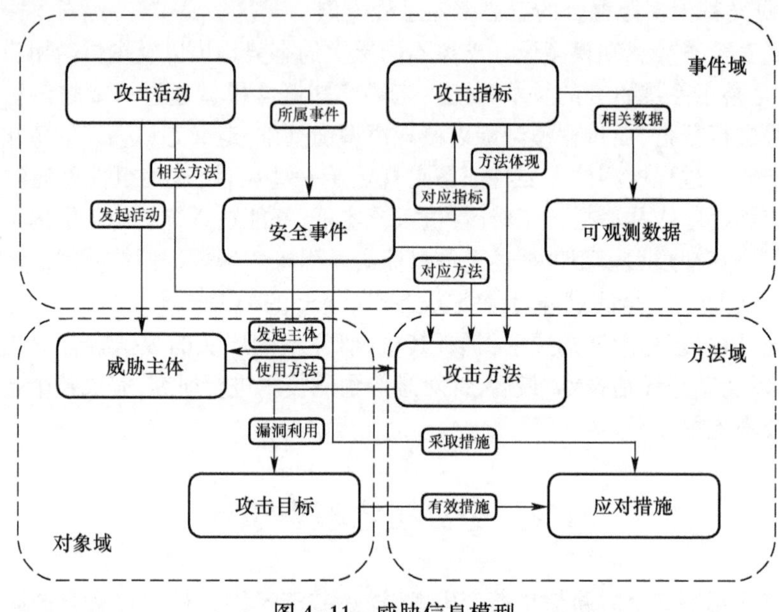

图 4-11　威胁信息模型

关于威胁信息模型八大组件的具体定义描述可以参考网络安全测试环境威胁建模部分,本文只针对态势感知层面进行分析。在威胁信息模型中,包含了态势察觉、感知、预测三个层次的内容。

(1) 可观测数据。最基础的组件,用于描述与主机或网络相关的各种带状态的数据或可测量的事件。我们对网络安全态势最原始、最直观的认识来源于可观测数据。可观测数据属于态势察觉层的数据输入。态势感知所需的可观测数据分为两部分:一是可转化为攻击指标的数据,二是表征运行状态及后果或影响的数据。

(2) 攻击指标。在特定的网络环境中,用来识别特定攻击方法的可观测数据组合。对态势感知系统,其攻击指标可来源于安防系统的安全日志或网络节点的审计日志或流量数据。攻击指标属于态势察觉的结果。

(3) 安全事件。检测中发现的可能影响特定组织的一系列独立的攻击指标的实例,包括时间、位置、关系者、影响资产、状态、效果及影响评估、相关攻击指标、攻击方法、应对措施等信息。安全事件包含了对一次威胁的从察觉到理解到预测层次的数据融合。

(4) 攻击活动。威胁主体实现一个具体意图的系列动作。攻击活动是从攻击意图层面对威胁主体的行为融合,包括威胁主体及其意图、相关安全事件、状态、方法等的描述。攻击活动属于从态势察觉到理解层的融合,并且可依据意图及已采取动作和影响对后续攻击活动进行预测。

(5) 攻击方法。对威胁主体的行为或攻击手法的描述,包括恶意攻击的行为,使用的工具或资源、受害目标、利用弱点、可能产生的影响及后果、攻击阶段等信息。攻击方法的描述属于从态势察觉到理解层到预测层的融合。通过威胁建模,在威胁知识库中建立从攻击方法到攻击指标的映射关系。

(6) 应对措施。威胁的具体应对方法,如打补丁、使用防护设备进行防护等。应对措施包括实施对象、参数、成本、影响、效果等信息。在威胁知识库中建立针对不同的攻击方法可使用的有效应对措施的关联。

(7) 威胁主体。实施网络安全威胁行为的主体,及其可能的意图和历史行为。针对威胁主体的描述信息,包括从态势察觉到理解、到预测层的数据融合。

(8) 攻击目标。被攻击的系统及被利用的脆弱性。

由于可观测数据作为态势感知的数据输入,在察觉层被识别为运行状态与攻击指标数据。针对运行状态及其他组件在不同态势层次的内容或属性列表,如表 4-7 所示。

表 4-7　威胁信息内容分层

内容分层	运行状态	攻击指标	安全事件	攻击活动	攻击方法	应对措施	威胁主体	攻击目标
察觉	状态数据获取识别	攻击指标数据识别	威胁主体 影响资产 攻击目标 攻击指标 应对措施 攻击状态	威胁主体	指标表现 工具资源 利用弱点	已实施的应对措施实施对象、参数、成本	攻击源	脆弱性
理解	当前运行状态评估可用性、机密性、完整性损害评估		攻击方法 有效应对措施后果评估	攻击意图 安全事件集合 攻击方法	由攻击指标形成攻击方法,后果评估攻击阶段	有效应对措施 影响 效果	攻击源控制者 攻击意图动机 攻击者组织 类型	应对措施状态评估
预测	将来运行状态、损害评估潜在影响		影响评估	后续攻击预测	影响评估		威胁主体下一步行动计划	风险评估

对于如上八大组件的属性描述反映了相互之间的关系,参考图 4-12。基于不同的组件或组件部分属性或组件组合进行融合分析,结合网络安全测试环境的资

产及网络环境，形成网络安全测试环境网络安全态势的不同指标。

4.4.2 运行状态态势

运行状态态势是针对所要描述的网络环境，给出其运行状况的定性及定量评估。运行状态所基于的网络环境，应当是单个资产，或基于一定关系组织起来的局部网络或资产组合，从微观到中观到宏观，可基于应用、设备、信息系统、业务活动、域、子网络安全测试环境、网络安全测试环境整体网络等给出运行状态态势，如图4-12所示。基于时间序列给出的运行状态评估值序列称为运行状态变化趋势。

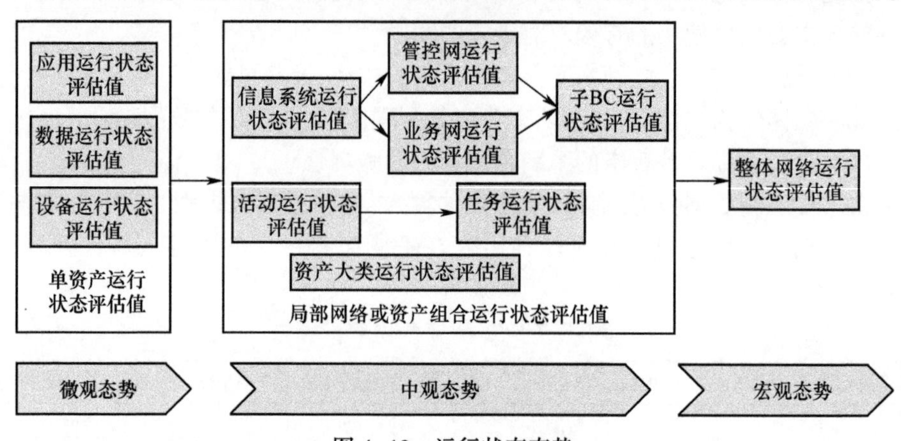

图4-12　运行状态态势

4.4.3 安全事件-攻击活动态势

安全事件是一次对信息系统进行攻击的行为。安全事件基于威胁主体及具体意图的融合理解，形成攻击活动。对于安全事件最直接的融合是基于过滤条件（如时间、威胁主体、攻击方法、攻击目标等条件过滤）输出事件列表及事件次数统计信息。

对于攻击活动，特别是针对APT的攻击活动，我们通过攻击链模型进行组织。

对于安全事件、攻击活动，乃至一定范围内甚至全局的安全事件或攻击活动的后果及影响进行量化评估，得到事件、攻击活动或指定范围的威胁态势评估值。

从微观、中观到宏观视角对安全事件-攻击活动的态势如图4-13所示。

同样，也可针对事件数量及威胁评估值在时间序列上的变化形成事件数量时间趋势及威胁评估值时间趋势。

一个攻击者的攻击过程，通常会使用不同的攻击方法，经历多个攻击阶段，在不同的阶段达到不同的目标，最终实现其攻击目的。下面通过图4-14所示的攻击链模型描述这一攻击过程。

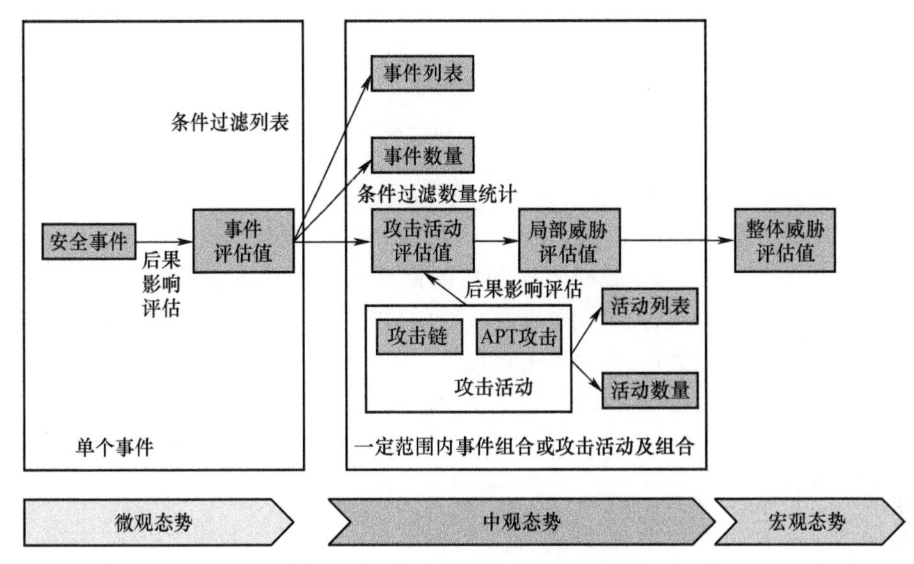

图 4-13　安全事件-攻击活动态势

图 4-14　攻击链模型

攻击链模型分为 7 个阶段,表 4-8 所示为攻击链阶段描述及典型例子。

表 4-8　攻击链阶段描述及典型例子

七阶段	描　述	典型例子
侦查	对目标进行研究、识别和选择	扫描、爬虫、通过社会工程收集信息
工具制作	制作或开发攻击工具	钓鱼网站制作
投递	把攻击工具投递到目标系统	通过邮件发送钓鱼网站
渗透	通过漏洞利用,在目标系统安装并初始化恶意软件	溢出攻击,木马安装
控制	控制目标系统	建立 C^2 信道
执行	采取行动达到目的	拒绝服务,篡改
潜伏	在目标系统或网络长时间潜伏	修改系统日志抹去进入痕迹

攻击链模型基于不同层次的态势分解如表4-9所列。

表4-9　攻击链态势层次分解

态势察觉	把已识别的攻击分配到攻击链各阶段
态势理解	(1) 基于威胁事件的关联性,进行攻击过程的步骤还原; (2) APT威胁
态势预测	攻击过程的后续发展阶段进行预测

从态势感知角度,基于威胁事件的特征把事件分配到攻击链各个环节,从IP关联、时间关联、大类关联、阶段关联等多种关联手段,分析攻击者意图,建立起事件与事件之间的关联关系,还原攻击过程。

从攻击链模型的七大阶段看,前三个阶段事实上是攻击的试探及准备阶段,第四个阶段"渗透 "是个分界线,后面三个阶段都是渗透成功,获得部分权限后所执行的威胁活动。

威胁攻击的过程通常是一个攻防对抗的过程,在攻击链的前半部分,主要是以被动检测阻断或缓解为主;而对后半部分渗透成功后的防护工作,则需要进行主动的事件响应及采取保障措施。

对攻击链的场景展示,侧重点在不同攻击阶段的时序关系(时序上一个攻击过程可以存在反复),以及在每一阶段的攻击源、攻击目标、攻击方法和手段以及在这一阶段所取得的攻击效果或防护体系的防护效果的融合展示(每个阶段的攻击源与攻击目标未必一致),并提供具体事件列表展示。

攻击链模型的提出最早是用于对APT攻击的描述。基于攻击链模型,可以把一个APT攻击过程从最早的攻击目标情报搜集到攻击工具准备和传送、攻击单点注入突破、建立控制通道、内部横向渗透、数据收集、执行命令、伪装潜伏等所有步骤建立起有机联系,从而分析APT攻击的全过程。

攻击链的具体实例,基于不同的威胁过程,可能不一定包含7个步骤的内容。

4.4.4　攻击方法态势

参考威胁建模部分报告,对攻击方法的分类有两种维度:一是对攻击技术手段的维度;二是针对攻击目标所利用的脆弱性进行分类。

按照CAPEC的分类标准,对攻击技术手段的分类有基于攻击机制及攻击领域两种分类方式,如图4-15和图4-16所示。

针对攻击目标的脆弱性分类方式可参考CWE分类标准,按研究概念视图、开发概念视图、架构概念视图等不同视图进行分类,如图4-17~图4-20所示。

不管采用哪种分类方法,攻击方法的分类都是多层次的结构。攻击方法在微观上的态势分析是针对单个事件具体使用的攻击方法的分析。对攻击方法的态势

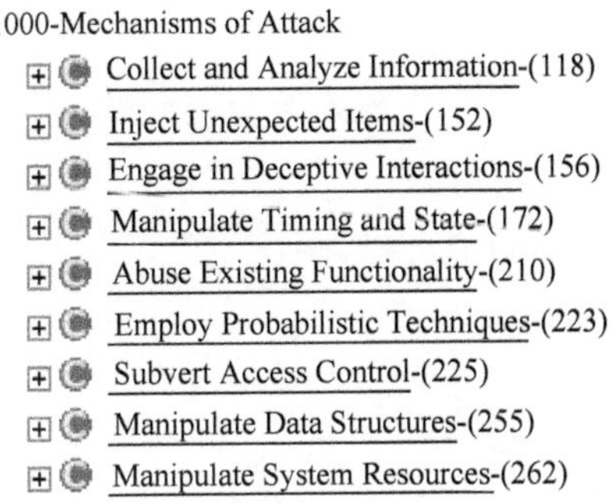

1000-Mechanisms of Attack
- Collect and Analyze Information-(118)
- Inject Unexpected Items-(152)
- Engage in Deceptive Interactions-(156)
- Manipulate Timing and State-(172)
- Abuse Existing Functionality-(210)
- Employ Probabilistic Techniques-(223)
- Subvert Access Control-(225)
- Manipulate Data Structures-(255)
- Manipulate System Resources-(262)

图 4-15　CAPEC 基于攻击机制的分类

3000-Domains of Attack
- Social Engineering-(403)
- Supply Chain-(437)
- Communications-(512)
- Software-(513)
- Physical Security-(514)
- Hardware-(515)

图 4-16　CAPEC 基于攻击领域的分类

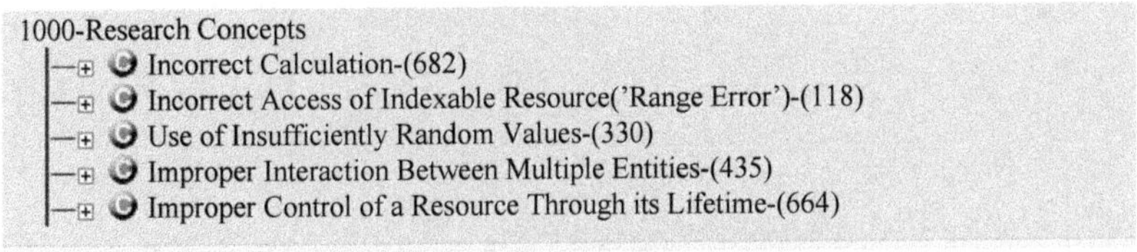

1000-Research Concepts
- Incorrect Calculation-(682)
- Incorrect Access of Indexable Resource('Range Error')-(118)
- Use of Insufficiently Random Values-(330)
- Improper Interaction Between Multiple Entities-(435)
- Improper Control of a Resource Through its Lifetime-(664)

图 4-17　CWE 研究概念视图

融合在分类层面从微观层次到中观到宏观的融合遵循单个具体的方法到小类型到上级类型等,如图 4-20 所示。攻击方法的融合分析,可以基于不同对象的攻击方法或攻击类型分布或 TOPN 的攻击方法/攻击类型进行分析,也可以针对特定的攻击类型分析其关联属性状态或子分类状态。例如,常说的僵木蠕态势就是针对使用"僵木蠕"攻击机制类型形成的安全态势。

4.4.5　应对措施态势

参考威胁建模,应对措施包括检测、拒绝、中断、降级、欺骗、摧毁等手段。

应对措施从微观态势领域,关注的是一个安全事件或攻击活动,或潜在的威胁

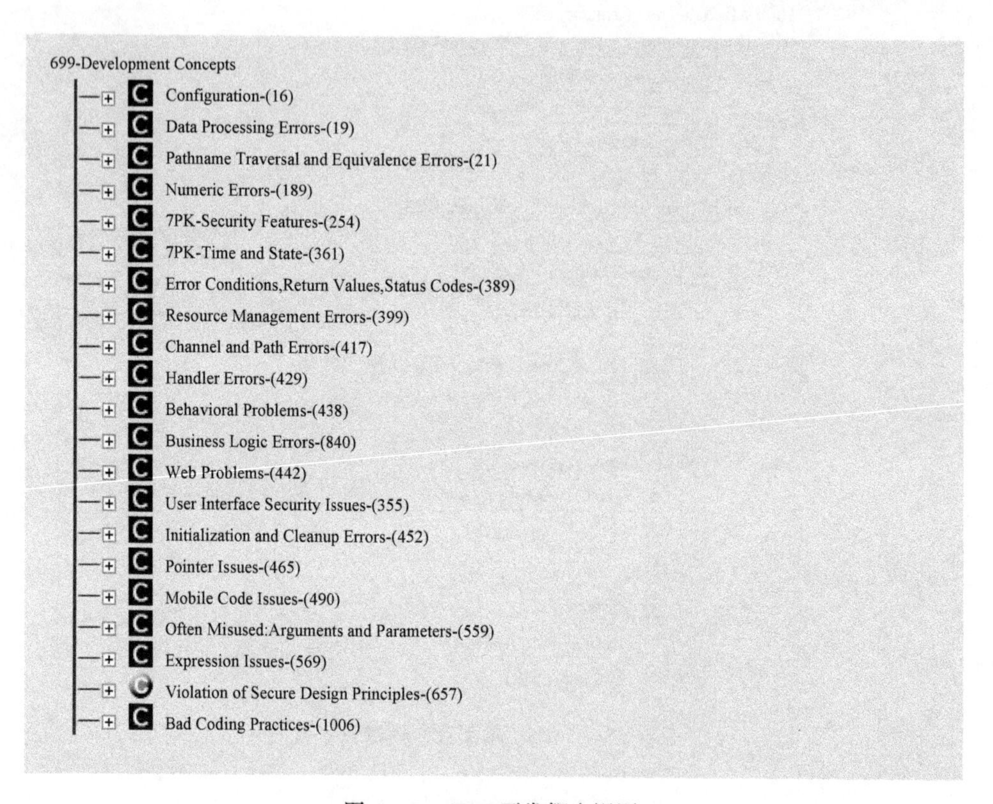

图 4-18　CWE 开发概念视图

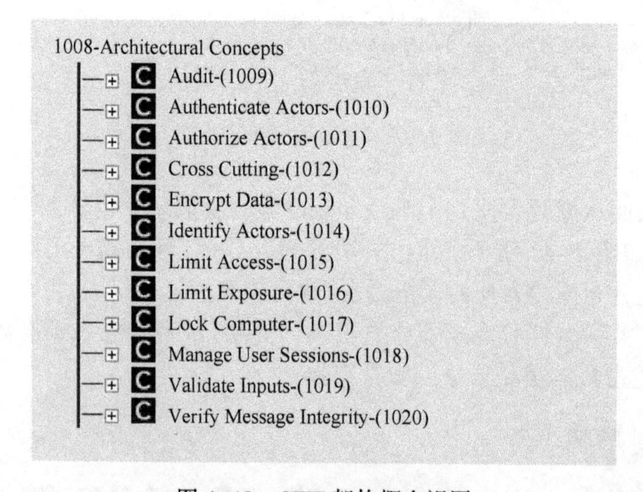

图 4-19　CWE 架构概念视图

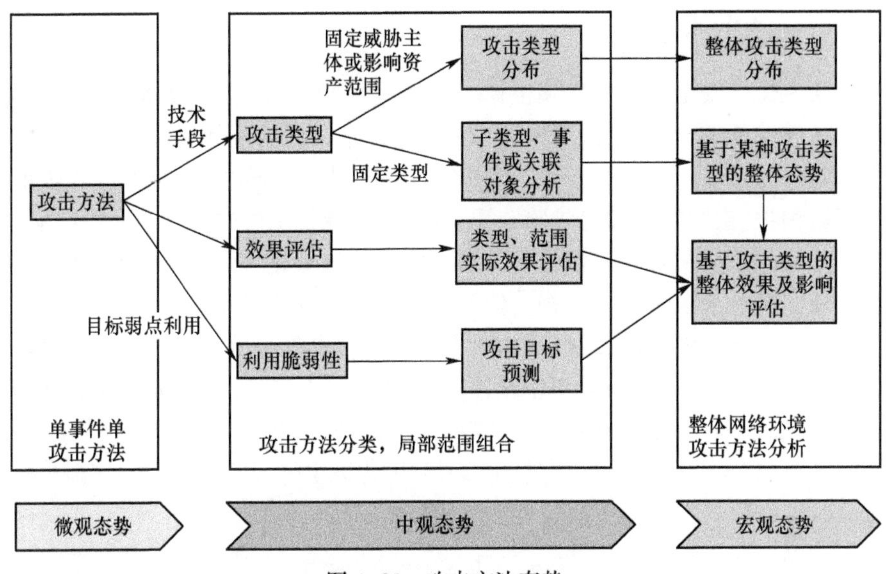

图 4-20　攻击方法态势

情况的防护或处理措施是什么,该措施是否能够有效地把此次事件或攻击活动的后果或影响控制在可接受范围之内,如图 4-21 所示。其中,潜在威胁由系统脆弱性导致。在中观至宏观态势领域,关注的是一定范围乃至全局范围内,针对什么样的攻击活动或潜在的威胁情况采用了哪些应对措施,这些应对措施是否有效,能否把该范围内的威胁后果或风险控制在可接受范围之内。

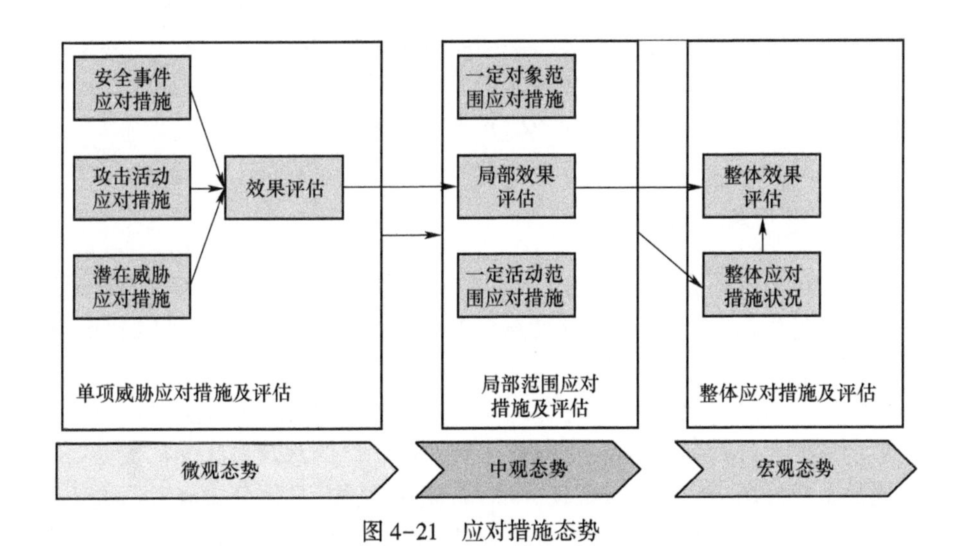

图 4-21　应对措施态势

4.4.6 威胁主体态势

威胁主体是安全事件的发起主体，是攻击活动的发起者。威胁主体态势通过对威胁主体特征的分析，进而对威胁主体进行评估。威胁主体属性特征包括身份、类型、能力、意图、针对性等。态势感知领域，需要把攻击源发起的攻击活动实例，结合威胁情报、威胁知识库等先验知识，融合分析威胁主体的类型及属性特征。

态势感知系统从环境获取的与威胁主体有关的数据，只有攻击源（地址）及其产生的安全事件或攻击活动的相关信息。基于安全事件或攻击活动及所针对的目标分析背后攻击者的意图，结合威胁情报信息或历史攻击活动信息，分析发起攻击活动的威胁主体（个人、团体、组织或国家）及其类型。判断出威胁主体后，基于威胁主体关联的威胁情报、当前及历史攻击活动的情况，进一步对威胁主体的能力、意图以及其目标针对性进行评估，最终给出威胁主体危险值评估。如图 4-22 所示。

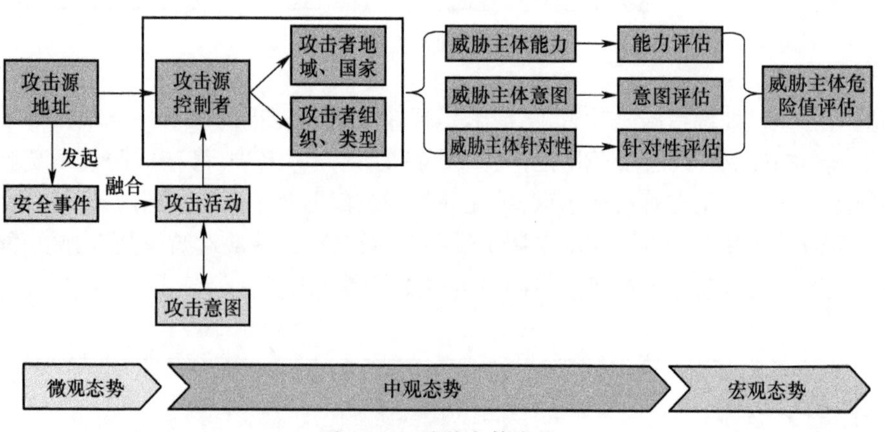

图 4-22　威胁主体态势

4.4.7 攻击目标态势

网络安全测试环境所有的资产及其可被利用的脆弱性，都是潜在的攻击目标。

对于攻击目标的态势分析，支持从资产领域以及抽象模型领域（如 OSI 七层模型）的分析。如图 4-23 所示。

攻击目标的脆弱性由目标资产漏洞、配置、安放策略以及先决条件决定。单个资产的上述要素进行融合分析，形成资产脆弱性统计信息及量化评估数据。再针对不同的资产视图，与信息系统、任务/活动、组织结构、具体分类等方面进一步融合形成不同试图的脆弱性信息及量化评估，最终形成整体网络脆弱性量化评估数据。

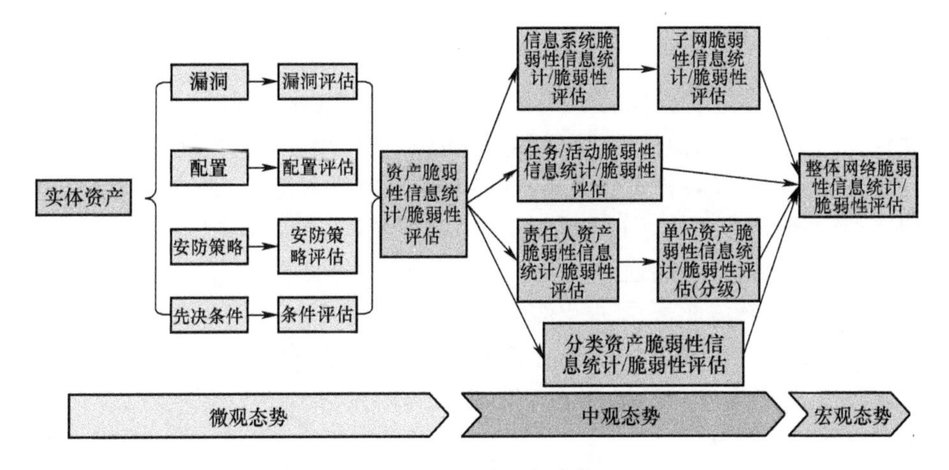

图 4-23　攻击目标态势

针对整体网络或局部网络的资产于 OSI 七层状态进行分解,可以在不同的攻击目标层次对攻击状态、损害状态等进行融合分析,并给出量化评估值,从而针对不同的层次状态采取相应措施。具体如图 4-24 所示。

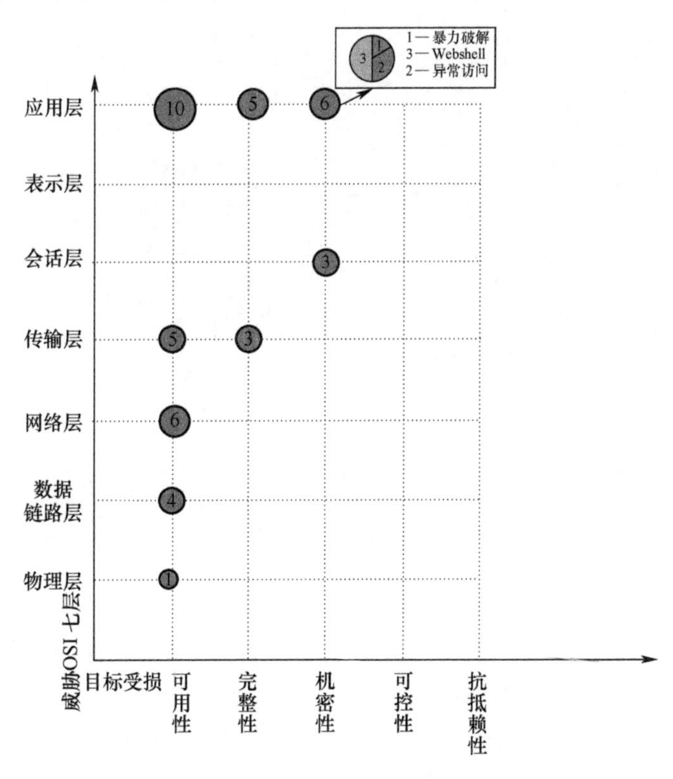

图 4-24　攻击目标 OSI 七层损害状态态势

4.4.8 典型态势视图设计

态势视图是对态势指标的可视化。态势感知过程的任一部分几乎都可以进行可视化，但面临各自的挑战。根据对决策者的辅助作用及其需要感知的内容，可以实现对关注活动以及各种评估结果（包括当前和将来的影响）的可视化。但是如何快速、完整地将态势（关注的活动集合）传达给决策者（特别是在信息量巨大时），是非常有挑战性的问题。

就态势感知领域而言，可视化面临三个主要的挑战。相对于实现严格的地理空间或物理实体的可视化来说，态势感知的可视化挑战存在于抽象或概念要素的处理过程中，即态势的可视化、海量信息的可视化，以及如何快速地将态势相关分析信息传达给决策者。

本节针对网络安全测试环境的特点，对网络安全测试环境典型态势视图进行设计。

4.4.8.1 综合态势视图

综合态势视图把用户所关注的整体态势状况及相关指标在一个用户界面呈现，如图 4-25 所示。

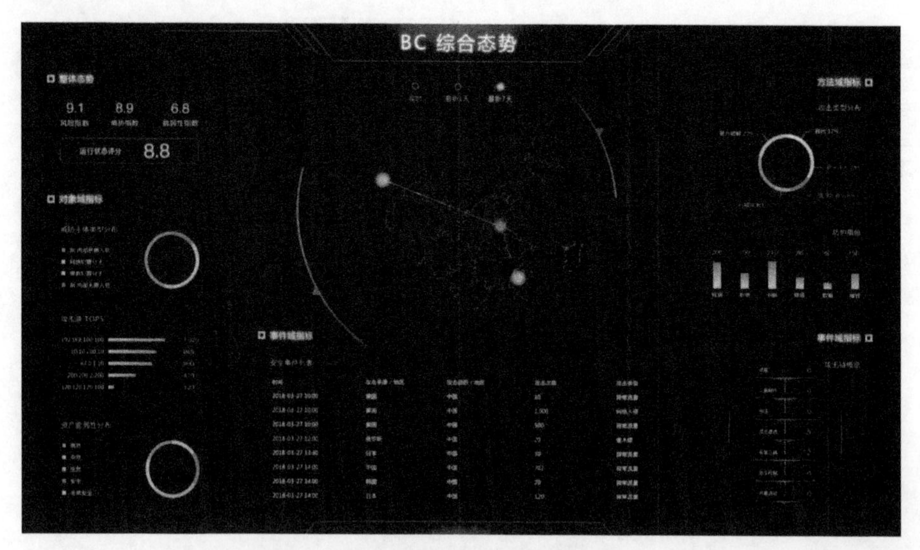

图 4-25　综合态势视图示例(彩图见插页)

在综合态势视图里，从威胁信息模型的不同组件中，选取用户所关注的重点宏观指标或指标组合，在一个用户界面呈现。依据不同的用户权限及关注点不同，展示数据范围及内容也可不同。通过钻取、重定向等形式转向关联的细节内容。

综合态势视图一般作为态势感知系统首页设计。通过综合态势视图，应能直观反映当前用户所关注的网络安全测试环境区域的运行状态及风险状况。通过不同的颜色对比,基于强烈颜色(如红色)表现高风险情况,给人产生视觉上的焦点效果。

由于网络安全测试环境整体网络由分布在不同地域的分网络安全测试环境所组成,在综合态势视图中,可通过在地图上对分网络安全测试环境对应地域进行描点,表示分网络安全测试环境状况。通过分网络安全测试环境地域的区块颜色,反映分网络安全测试环境目前的运行状况及风险状况,通过地域之间的地图炮信息,反映攻击源与攻击目标的地域关系。同时,支持不同范围的地图的切换展示。

另外,对网络安全测试环境网络还可以拓扑图的形式呈现。与地图形式相比,拓扑图更多侧重于反映资产与资产之间、子网与子网之间、域与域之间的连接关系,可在拓扑图中直观呈现攻击进入网络安全测试环境区域后的攻击路径。

在综合态势视图中,可通过对运行状态评分、风险指数、威胁指数、脆弱性指数等的数值展示,反映网络安全测试环境运行状况及风险状况。通过对攻击源、攻击目标、攻击方法等的类型统计、topN 统计等,反映用户需要重点关注的对象域、方法域等信息。通过对攻击事件列表及攻击活动等的实时展示,反映目前正在遭受的威胁状况。

4.4.8.2 APT 态势视图

APT 攻击是网络安全测试环境需要关注的重点威胁问题。在 APT 态势视图里,反映网络安全测试环境宏观的 APT 攻击状况。APT 态势视图示例如图 4-26 所示。

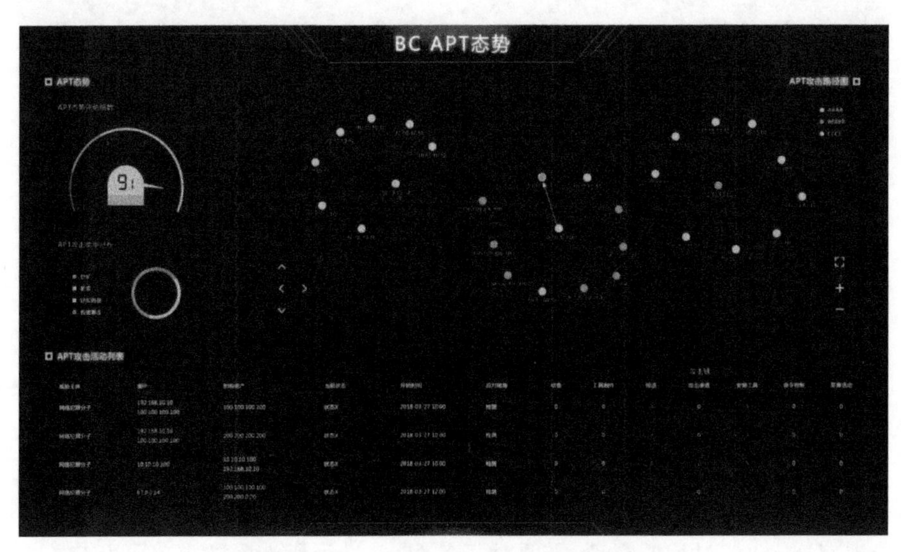

图 4-26 APT 态势视图示例(彩图见插页)

对于 APT 攻击的攻击过程组织形式,通常通过攻击链模型来体现。APT 攻击要经历很多阶段,在不同的阶段达到不同的目标,最终实现攻击目的。通过特定的攻击意图、攻击同源分析,对 APT 攻击的攻击过程进行建模,在攻击链的不同阶段,基于不同的攻击方法及攻击手段,对安全事件进行融合。

另外,基于攻击路径的分析也是对 APT 攻击的一种呈现手段。APT 攻击过程往往通过跳板、迂回攻击等形式进行,在内部网络的某个脆弱点植入的后门木马等工具,通过隐藏潜伏等形式,到一定条件时开始触发,完成后续攻击意图。

对于 APT 攻击的类型,通常通过攻击意图分类来区分,如发起 DDoS 攻击、挖矿谋取经济利益等。定义来源于同一攻击者的相同意图的攻击过程为一个 APT 攻击。通过 TOPN 攻击类型,可以反映 APT 攻击意图的分布。

4.4.8.3 资产态势视图

资产态势视图是基于资产视角,通过不同层次的资产组织,把资产的脆弱性、运行状态、安全事件及攻击活动等不同的威胁信息组件的指标在一个用户视图进行展示,如图 4-27 所示。

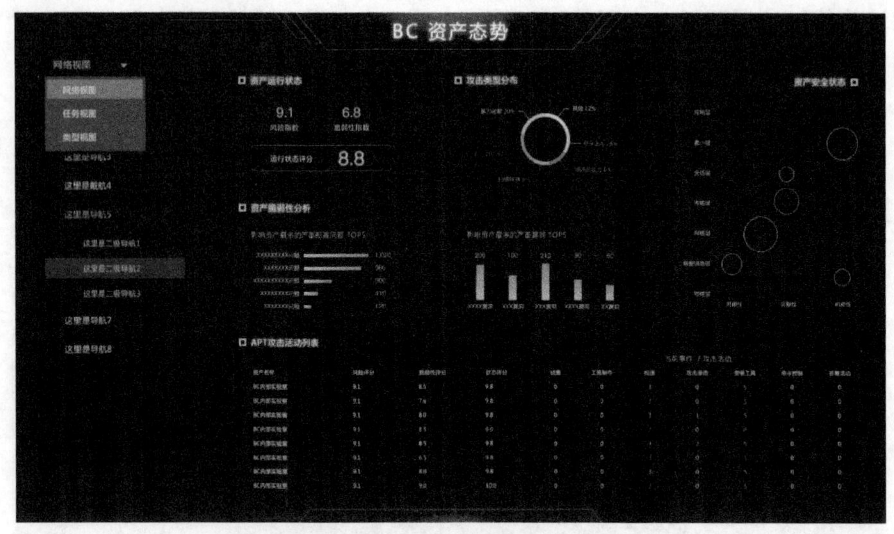

图 4-27　资产态势视图示例(彩图见插页)

对于资产态势的分析,从风险管理的角度,支持从组织、任务/业务过程、业务系统、保护级别四大视角的分析。

从组织视角,对于资产态势,支持从整个网络安全测试环境到分层责任部门、责任人的多层资产风险态势的分析。

从任务/业务过程的视角,需要对任务/业务过程所涉及的资产及相应活动进行分解,画出任务界限,定义资产风险视图。例如,某个攻防实验过程中涉及的红方、蓝方、白方资产的组合视图。

从业务系统层面,自上而下可分解为总网络安全测试环境、子网络安全测试环境、红方、蓝方、白方、域、业务系统到单个资产的视图。

从保护级别看,依照资产需要遵循的安全保护级别标准,可以分为 1~4 级。级别越大,对安全的要求越高。

4.4.8.4 *攻击者画像视图*

攻击者画像包括状态画像和特征画像两方面。

状态画像指的是攻击者当前或最近一段比较短的时间内对整体网络进行攻击情况的画像。状态画像包括攻击者、攻击时间,攻击者使用的攻击源、攻击目标范围、攻击意图、攻击手段、攻击过程、攻击影响范围及后果。

特征画像综合攻击者历史攻击状况及威胁情报信息得到。其包括攻击者、攻击者所处位置(地域、网络位置)、攻击者控制的攻击源信息、攻击时间喜好、攻击手段喜好、攻击目标喜好、攻击意图、后果表现等。

攻击者画像是针对攻击源进行分析,从攻击意图、攻击能力、攻击轨迹等手段,结合情报信息,发现攻击源的控制者,乃至攻击者所处组织,最后是不同的威胁源类型(基于不同的类型层次,顶层类型是内外部恶意攻击、内部人为错误等;再下层基于不同的视角分类,如攻击意图、攻击源地域、组织类型等),在不同层次进行画像。其中,微观态势为单攻击源的画像;中观态势为攻击源控制者、攻击者组织的画像;宏观态势为攻击者类型画像。

4.5 感知过程模型设计

针对网络安全测试环境网络安全态势感知的具体特点,在上节态势概念模型的基础上,设计图 4-28 所示态势感知模型,通过从要素提取、数据融合、态势评估三个过程实现不同层次的态势,并在每个阶段输出数据进行可视化呈现形成视图。

4.5.1 要素提取

要素提取,指的是从各类环境数据中提取网络安全测试环境态势所关注的环境要素。

在网络环境的各类网络节点部署不同类型的传感器,采集节点及网络的各种状态信息。传感器的形态,包括网络设备、安全设备、主机服务器等按照已有的接口进行主动的日志、数据传送,以及部署专门的传感器 Agent 进行数据采集并传送。采集的数据如下:

(1) 节点运行状态信息,如物理状态是否运行,操作系统运行是否正常,主要应用运行状态是否正常,节点资源使用是否正常,节点是否网络可达等。

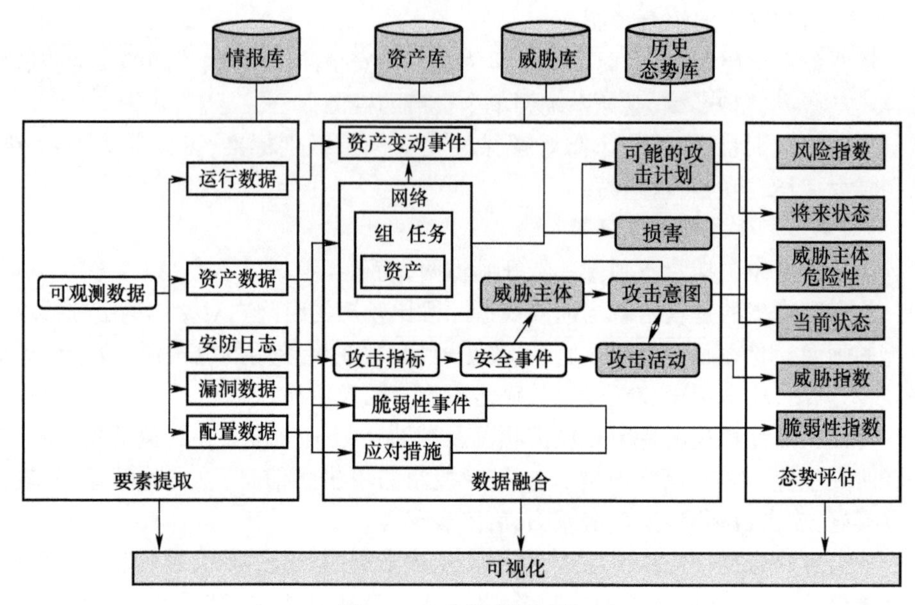

图 4-28　态势感知过程

(2) 资产数据,包括当前网络中存在的资产及其类型、属性、能力。

(3) 漏洞数据,基于主动的漏洞评估、渗透测试发现的漏洞数据,一般由漏洞评估系统通过漏洞评估报告或外部渗透测试报告提供。

(4) 配置数据,包括各类安防设备的策略配置,以及基于等级保护规范或其他行业标准对节点进行主动配置核查,发现不合规项。

(5) 安防日志数据,如各类防火墙、IDS/IPS、WAF、网络安全审计系统、终端安全软件等系统提供的日志或告警数据。

(6) 来自网络设备的数据,如交换机、路由器的流数据、路由交换数据、运行日志等。

(7) 来自重要服务器与主机的数据,如服务器安全日志、进程调用和文件访问、端口使用之类的信息。

(8) 镜像流量信息。

对上述数据及日志进行分类并做初步筛选及规范化,形成运行数据、资产数据、安防日志、漏洞数据、配置数据等分类。

4.5.2　数据融合

数据融合这一概念最早出现在传感器的信息处理中,它的定义是:利用计算机技术对按时序获得的若干传感器的观测信息在一定准则下加以自动分析、综合,以完成所需要的决策和估计任务而进行的信息处理过程。一般来说,数据融合是一个多级别、多层面的数据处理过程，主要完成对来自多个信息源的数据进行自动监测、关联、相关、估计及组合的处理。简而言之，数据融合是对来自网络安全测试环境多个传感器或多源异构信息进行综合处理，从而得到更为准确、可靠的结论。数据融合同样也是一个多层次递归的算法，它完成的是一个实时的数据处理过程，即时处理各个数据源传来的信息，在安全态势中反映的是系统当前可能存在怎样的安全威胁及安全问题。

数据融合，从融合的级别看可分为数据级融合、特征级融合和决策级融合三个层次。

(1) 数据级融合：主要完成态势察觉层次的功能，包括资产与状态识别、攻击识别与确认等内容，数据级融合形成简单事件。

(2) 特征级融合：主要完成态势理解层的功能，基于简单事件输出，按特征向量结合威胁知识库进行融合，关联分析生成关联事件，理解分析攻击者意图，还原攻击过程，针对资产个体、局部网络及整体网络形成不同态势的理解指标。

(3) 决策级融合：主要完成态势预测层的功能，根据态势理解的结果，结合历史态势数据对网络安全态势进行预测。决策级融合可以在多级别进行，即从单个的实体行为到高层全局态势的演变预测。

4.5.2.1 数据级融合

数据级融合实现态势察觉。输出资产融合对象、攻击指标及简单安全事件，并关联应对措施。

首先，通过资产及网络数据关联配置数据中的任务、活动配置数据及状态数据，形成不同维度及层次的资产融合对象。基于网络域配置，形成资产网络对象视图；基于活动与任务配置，形成活动与任务视图；基于资产责任部门及责任人配置，形成组织结构视图。最终形成整体网络资产的融合对象。在可视化领域，以拓扑图或资产树的形式反映。

通过对比资产不同时间的拓扑变动及状态数据变化信息，形成资产变动事件。

通过安防日志关联攻击目标漏洞信息及配置不符合项信息，结合威胁库先验知识，融合形成攻击指标数据，并据此产生安全事件的察觉级数据，称为简单安全事件。

脆弱性数据与配置数据中的资产配置不符合项数据，产生脆弱性事件。

4.5.2.2 特征级融合

特征级融合基于数据级融合输出的简单事件，结合历史数据，做进一步的关联分析及融合处理，形成关联性事件及场景输出。其主要内容如下：

(1) 对资产变动事件、脆弱性事件、简单安全事件结合情报进行关联分析及融合，分析攻击方法、攻击手段，利用漏洞、后果及损害等信息，形成安全事件理解级数据。

(2) 通过事件的攻击源结合情报库、威胁库及历史态势数据先验知识,分析威胁主体情况。

(3) 基于不同安全事件分析其攻击意图,基于攻击链模型对威胁事件进行分析融合攻击过程,形成攻击活动。

(4) 按照不同的量化指标,包括威胁性、脆弱性、后果/影响、攻击成本、攻击者能力等方面,基于资产或描述对象分层,融合形成需要量化的数据模型。

4.5.2.3 决策级融合

决策级融合针对数据级融合及特征级融合输出的融合数据,结合历史态势数据、情报库及威胁库数据进行趋势化分析,形成态势预测数据。

态势预测内容如图 4-29 所示。

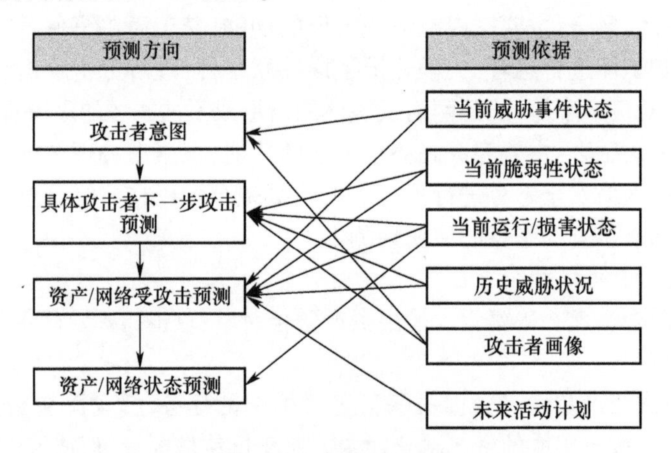

图 4-29 态势预测内容

态势预测主要对如下因素进行预测:

(1) 基于攻击者画像,对其攻击意图及其下一步可能做的攻击进行预测。

(2) 基于被保护对象当前受攻击情况,结合历史攻击情况,对未来可能遭受的攻击及可能造成的攻击后果进行预测,输出威胁预测模型。

(3) 基于威胁预测模型及当前状态,对被保护对象未来的运行状态进行预测。

4.5.3 态势评估

态势评估是数据融合的量化输出,在态势理解与态势预测环节均存在态势评估。从数据融合角度看,态势评估应属于决策级融合内容。

原则上说,每种态势指标基于不同对象的融合都需要进行态势评估,输出定性或定量的评估数据。安全态势值是一个通过数学计算得到的反映网络某个时间段内安全状态的数值。数值产生的算法是安全态势中的一个核心技术,算法要求快速、高效,能准确反映网络实际状况。

通常所说的态势评估,主要是指运行状态评估以及风险状况评估,针对的评估对象为单个资产,或基于一定关系组织起来的局部网络或资产组合,比如说针对某个网络安全测试环境测试活动的态势评估。其中,运行状态评估反映当前对象实际状况,是网络态势的健康性评估;而风险状况评估则反映对象所面临的威胁以及可能面临的风险,是网络态势的损害或影响性评估。

运行状态态势评估值,包括可用性、完整性、机密性等状态的评估,并基于可用性、完整性、机密性的评估值给出综合的运行状态态势评估值。运行状态态势评估值实时反映当前的网络运行状态与安全状态,属于动态评估的范围。

基于安全事件和攻击活动的态势评估,主要是针对具体安全事件和攻击活动的严重程度,已造成的安全属性损害及可能产生的影响进行评估。

攻击方法的评估包括静态评估与动态评估两种:静态评估是指该攻击方法的攻击成本与可能造成的后果及影响评估;动态评估是指该攻击方法对应的事件对环境造成的安全属性损害及可能产生的影响评估。

应对措施评估主要是有效性的评估。

攻击目标的评估主要基于攻击目标脆弱性做出,又称为脆弱性指数,由漏洞、配置不符合项以及防护措施的有效性综合评估决定。

基于特定资产或资产组合、局部网络或整体网络当前攻击活动结合历史攻击活动情况,融合形成的态势评估,通常称为威胁指数。

风险状况评估值由威胁指数与脆弱性指数融合而成,反映基于风险管理领域的态势状况。

除了针对资产对象评估,为了对威胁主体进行融合分析,还需要对威胁主体进行评估。威胁主体的评估包括威胁主体的能力、意图、倾向性评估,形成威胁主体危险值。

由于网络安全测试环境的网络拓扑及节点会依照不同的任务及活动动态进行调整,同时网络安全测试环境网络状态及威胁状态也在不断变化,态势评估是一个持续监控并评估的过程。对其中静态部分使用静态评估的方式,而对动态部分则随态势的变化实时计算得到。最终得分为静态评估与动态评估的综合。

参 考 文 献

[1] ENDSLEY M R. Design and Evaluation for Situation Awareness Enhancement[C]//Proceedings of the Human Factors Society Annual Meeting, Los Angeles: SAGE Publications Sage CA, 1988: 97-101.

[2] ENDSLEY M R. Situation Awareness Global Assessment Technique (SAGAT)[C]//IEEE Proceedings of the National Aerospace and Electronics Conference, 1988: 789-795.

[3] BASS T. Multisensor Data Fusion for Next Generation Distributed Intrusion Detection Systems [C]//Proceedings of the Iris National Symposium on Sesor and Dala Fusion,1999:24-27.

[4] BASS T. Intrusion Detection Systems and Multisensor Data Fusion [J]. Communications of the ACM,2000,43(4):99-105.

[5] BASS T,GRUBER D. A Glimpse Into the Future of ID [J]. login:the Magazine of USENIX & SAGE,1999,24(Extra 4):40-45.

[6] JOHNSON C,BADGER L,WALTERMIRE D,et al. Guide to Cyber Threat Information Sharing: NIST SP 800-150[J]. NIST Special Publication,2016.

[7] GIACOBE N A. Application of the JDL Data Fusion Process Model for Cyber Security[C]//Proceedings of the Multisensor,Multisource Information Fusion:Architectures,Algorithms,and Applications,2010:7710:7710R.

[8] 王娟,张凤荔,傅翀,等. 网络态势感知中的指标体系研究[J]. 计算机应用,2007,27(8):1907-1909,1912.

[9] 韩崇昭,朱洪艳,段战胜. 多源信息融合 [M]. 北京:清华大学出版社,2006.

[10] 龚正虎,卓莹. 网络态势感知研究 [J]. 软件学报,2010,21(7):1605-1619.

[11] SHEYNER O,HAINES J,JHA S,et al. Automated Generation and Analysis of Attack Graphs [C]//Proceedings of the IEEE Symposium on Security and Privacy,2002:273-284.

[12] 陈秀真,郑庆华,管晓宏,等. 层次化网络安全威胁态势量化评估方法[J]. 软件学报,2006(4):885-897.

[13] FRIGAULT M,WANG L Y,SINGHAL A,et al. Measuring Network Security Using Dynamic Bayesian Network[C]//Proceedings of the 4th ACM Workshop on Quality of Protection,2008:23-30.

[14] WANG L J,WANG B,PENG Y J. Research the Information Security Risk Assessment Technique Based on Bayesian Network[C]//Proceedings of the 2010 3rd International Conference on Advanced Computer Theory and Engineering (ICACTE),2010.

[15] 张永铮,田志宏,方滨兴,等. 求解网络风险传播问题的近似算法及其性能分析 [J]. 中国科学:E 辑,2008,38(8):1157-1168.

[16] RAN J X,XIAO B. Risk Evaluation of Network Security Based on NLPCA-RBF Neural Network [C]//Proceedings of the 2010 International Conference on Multimedia Information Networking and Security (MINES),2010:398-402.

[17] LIAO Y T,MA C B,ZHANG C. A New Fuzzy Risk Assessment Method for the Network Security Based on Fuzzy Similarity Measure[C]//Proceedings of the 2006 The Sixth World Congress on Intelligent Control and Automation(WCICA),2006:8486-8490.

[18] 陈天平,张新源,郑连清. 基于模糊综合评判的网络安全风险评估 [J]. 海军工程大学学报,2009,21(3):38-41.

[19] 张翔,胡昌振,刘胜航,等,基于支持向量机的网络攻击态势预测技术研究 [J]. 计算机工程,2007,33(11):10-12.

[20] LI J,LI T,LIANG G. A Network Security Dynamic Situation Forecasting Method[C]//Proceed-

ings of the 2009 International Forum on Information Technology and Applications, 2009: 115-118.

[21] SHI Y Q,LI T,CHEN W,et al. An Immune-based Combination Predication Model for Network Security Situation[C]//Proceedings of the 2009 2nd International Conference on Power Electronics and Intelligent Transportation System (PEITS),2009,3:238-242.

[22] 全国信息安全标准化技术委员会. 信息安全技术 网络安全威胁信息格式规范:GB/T 36643—2018[S]. 北京:中国标准出版社,2018.

[23] NIST. Managing Information Security Risk, Organization, Mission and Information System Review:NIST SP 800-39[R]. Scotts Valley,CA:NIST,2011.

[24] HERZOG A,SHAHMEHRI N,DUMA C. An Ontology of Information Security [J]. International Journal of Information Security and Privacy (IJISP),2007,1(4):1-23.

[25] 杨义先,钮心忻. 入侵检测理论与技术 [M]. 北京:高等教育出版社,2006.

[26] W3C OWL Working Group. OWL 2 Web Ontology Language Document Overview[S/OL]. 2ed. (2012-12-11)[2023-12-15]. https://www. w3. org/TR/owl2-overview/.

[27] RAHM E,BERNSTEIN P A. A Survey of Approaches to Automatic Schema Matching [J]. The VLDB Journal,2001,10(4):334-350.

[28] DOAN A,MADHAVAN J,DOMINGOS P,et al. Learning to Map Between Ontologies on the Semantic Web[C]//Proceedings of the 11th International Conference on World Wide Web,2002: 662-673.

[29] REYNARES E,CALIUSCO M L,GALLI M R. A Set of Ontology Design Patterns for Reengineering SBVR Statements into OWL/SWRL Ontologies [J]. Expert Systems with Applications,2015, 42(5):2680-2690.

[30] Common Vulnerability Scoring System v4. 0[S/OL]. (2019-06-08)[2023-12-18]. https:// www. first. org/cvss/v4-0/.

[31] 全国信息安全标准化技术委员会. 信息安全技术 信息安全风险评估方法:GB/T 20984—2022[S]. 北京:中国标准出版社,2022.

[32] 刘忠华. 面向服务的网络态势评估方法研究[D]. 哈尔滨:哈尔滨工程大学,2012.

[33] 赵争业. 面向网络空间态势的多源数据融合技术研究[D]. 长沙:国防科学技术大学,2012.

[34] 李建平. 面向异构数据源的网络安全态势感知模型与方法研究[D]. 哈尔滨:哈尔滨工程大学,2010.

[35] 张征帆. 基于数据链路层拓扑发现的自动响应系统研究与实现[D]. 长沙:中南大学,2007.

[36] 李建平. 面向异构数据源的网络安全态势感知模型与方法研究[D]. 哈尔滨:哈尔滨工程大学,2010.

[37] 刘效武. 基于多源融合的网络安全态势量化感知与评估[D]. 哈尔滨:哈尔滨工程大学,2009.

[38] 文亚. 网络安全态势感知数据融合技术研究[D]. 长沙:湖南大学, 2016.

[39] 么洪飞．不确定条件下 UUV 态势感知、威胁评估与自主决策方法研究[D]．哈尔滨:哈尔滨工程大学,2020.
[40] 赵慧赟,张东戈．战场态势感知研究综述[C]//第三届中国指挥控制大会论文集(下册),2015:86-91.
[41] 文亚．网络安全态势感知数据融合技术研究[D]．长沙:湖南大学, 2016.
[42] 文志诚, 陈志刚．构建广义立方体感知网络安全态势[J]．北京航空航天大学学报, 2015(10):205-213.
[43] 赵志远, 章继刚, 季莹,等．态势感知和我们的任务[J]．网络安全和信息化, 2017,14(06):40-41.
[44] 郭昊．国电公司网络监测系统的设计与实现[D]．北京:北京工业大学, 2016.
[45] 肖岩军．基于大数据和海量数据挖掘的攻击溯源技术[EB/OL]. https://max. book118. com/html/2018/0805/6004024041001211. shtm,2018-08-09 /2022-11-01.
[46] 张旭, 肖岩军．美国网络空间态势感知预警防护体系建设概况及对我国的启示[J]．保密科学技术, 2016(4):7.
[47] 谢小权．大型信息系统信息安全工程与实践[M]．北京:国防工业出版社, 2015.
[48] 肖岩军．绿盟科技下一代网络安全预警决策体系[EB/OL]. http://blog. nsfocus. net/nsfocus-network-security-warning-decision-making-system/,2015-07-23/2022-11-01.
[49] 韩杰, 冯骏, 肖岩军．建设 IaaS 模式的可信网站云平台[J]．计算机安全, 2014(11):5.
[50] 张叶．基于恶意软件分析的物联网威胁情报挖掘关键技术研究[D]．无锡:江南大学,2021.
[51] 何志鹏, 刘鹏, 王鹤．网络威胁情报标准化建设分析[J]．信息安全研究, 2021, 7(6):9.
[52] GoUpSec. 网络安全态势感知数据规范研究报告[EB/OL]. https://www. goupsec. com/report/hangyezhinan/3762. html,2022-3-11/2022-11-01.
[53] 中国电子信息产业发展研究院．赛迪回眸 2013:中国特色新型工业化道路的探索与思考[M]．北京:中央文献出版社, 2015.
[54] 刘焱．网络空间安全技术丛书企业安全建设入门 基于开源软件打造企业网络安全[M]．北京:机械工业出版社,2018.
[55] 马民虎．网络安全法适用指南[M]．北京:中国民主法制出版社,2018．
[56] 李治霖．工业控制网络安全态势感知的研究[D]．长春:长春工业大学,2020.
[57] 王向宏．智能建筑节能工程[M]．南京:东南大学出版社, 2010.
[58] 吴伟杰, 范辉华, 丁明君,等．涉密网络安全审计技术研究[C]//2008 年 MIS/S&A 学术交流会议论文集,2008.
[59] 佚名．中国移动业务支撑网安全威胁分析与预警平台技术规范[EB/OL]. https://max. book118. com/html/2020/0902/8072074115002137. shtm,2020-09-02/2022-11-01.
[60] 李志东．基于融合决策的网络安全态势感知技术研究[D]．哈尔滨:哈尔滨工程大学,2012.
[61] 曹蓉蓉．大数据环境下网络安全态势感知研究[J]．数字图书馆论坛, 2014(2):5.
[62] 帅青红,李忠俊,李成林．互联网金融概论[M]．北京:高等教育出版社,2019．

[63] 张艳升. 基于 Spark 的工业控制网络安全预警平台的设计与实现[D]. 北京:中国科学院大学(中国科学院沈阳计算技术研究所), 2019.
[64] 宁兆龙,孔祥杰,杨卓,等. 大数据导论[M]. 北京:科学出版社,2017.
[65] 许鑫. 商业大数据分析[M]. 北京:科学出版社,2017.
[66] 刘锐. 互联网时代的环境大数据[M]. 北京:电子工业出版社, 2016.
[67] 人大经济论坛. 从零进阶! 数据分析的统计基础[M]. 北京:电子工业出版社, 2015.
[68] 江嘉治. 并行计算支撑系统 DCR 的研究和实现[D]. 广州:华南理工大学, 2016.
[69] 岳丽. 基于指标体系的网络安全态势感知技术研究[D]. 天津:天津理工大学,2016.
[70] 王欢. 面向网络攻防模拟平台的安全态势评估及系统研发[D]. 重庆:重庆大学,2018.
[71] 王志平. 基于指标体系的网络安全态势评估研究[D]. 长沙:国防科学技术大学, 2012.
[72] 林佳. 基于互联网仿真平台的复合攻击威胁评估技术研究[D]. 长沙:国防科学技术大学, 2017.
[73] 唐菲. 网络安全态势感知可视化的研究与实现[D]. 成都:电子科技大学,2009.
[74] 赖特. 网络安全设备日志融合技术研究[D]. 成都:电子科技大学,2016.
[75] 亓晋. 基于贝叶斯网络的认知网络 QoS 自主控制技术研究[D]. 南京:南京邮电大学,2013.
[76] 朱晨飞. 基于神经网络的网络安全态势评估与预测方法研究[D]. 北京:中国人民公安大学, 2019.
[77] 李小燕. 基于小波神经网络的网络安全态势预测方法研究[D]. 长沙:湖南大学, 2016.
[78] 黄亮亮. 网络安全态势评估与预测方法的研究[D]. 兰州:兰州大学,2016.
[79] 姚小风. 工厂生产计划制订与执行精细化管理手册[M]. 北京:人民邮电出版社, 2010.
[80] 武新华, 杨平, 王英英. Excel 2010 公式函数图表入门与实战体验[M]. 北京:机械工业出版社, 2011.
[81] 何勇,聂鹏程,刘飞. 农业物联网技术及其应用[M]. 北京:科学出版社,2016.
[82] 吴莹辉. 网络安全态势感知框架中态势评估与态势预测模型研究[D]. 北京:华北电力大学, 2015.
[83] 高昆仑, 刘建明, 徐茹枝,等. 基于支持向量机和粒子群算法的信息网络安全态势复合预测模型[J]. 电网技术, 2011, 35(4):7.
[84] 王庚, 张景辉, 吴娜. 网络安全态势预测方法的应用研究[J]. 计算机仿真, 2012, 29(2):4.
[85] 岳凯. 网络安全态势融合感知技术的研究与实现[D]. 曲阜:曲阜师范大学, 2015.
[86] 崔艺馨. 基于数据挖掘技术的网络安全态势感知技术[J]. 自动化与仪器仪表, 2020(12):5.
[87] 李营. 基于机器学习的网络安全态势感知系统的研究与实现[D]. 北京:北京邮电大学,2020.
[88] 国家标准化管理委员会 信息安全技术 网络安全威胁信息格式规范 GB/T 36643—2018[S].北京:国家市场监督管理总局,2018.
[89] 林玥. 社区场景下的网络威胁情报共享机制研究[D]. 西安:西安电子科技大学,2020.

[90] 林晨希, 薛丽敏, 韩松. 浅析网络安全威胁情报的发展与应用[J]. 网络安全技术与应用, 2016(6):3.
[91] 陈福才,扈红超,刘文彦. 网络空间主动防御技术[M]. 北京:科学出版社,2018.
[92] 凌月. 演播室直播风险管理改进研究[D]. 昆明:云南大学, 2016.
[93] 张连华, 张洁, 白英彩. 基于 ontology 的安全漏洞分析模型[J]. 计算机应用与软件, 2006, 23(5):3.
[94] 田景文, 高美娟. 人工神经网络算法研究及应用[M]. 北京:北京理工大学出版社, 2006.
[95] 许彪. 网络安全态势预测的研究[D]. 大连:大连理工大学, 2008.
[96] 刘青芳. 基于原子态势的安全态势评估研究[D]. 北京:北京邮电大学, 2013.
[97] 城成. 基于并行化深度森林的网络安全态势预测方法研究与应用[D]. 成都:电子科技大学,2021.
[98] 余宏伟,高卫华,黄国林. 基于大数据的攻击态势感知技术研究与实现[J]. 中国信息化, 2019(08):70-74.
[99] 赵平,裴晓丽,薛剑. 基于信息融合的建筑施工安全预警管理研究[J]. 中国安全科学学报,2009,19(10):106-110+179.
[100] 耿仕勋. 基于隐马尔可夫模型的复合式攻击预测方法研究[D]. 石家庄:河北师范大学,2018.
[101] 翁芳雨. 基于随机博弈模型的网络安全态势评估与预测方法的研究与设计[D]. 北京:北京邮电大学, 2018.
[102] 中国计算机学会信息保密专业委员会. 第十八届全国信息保密学术会议(IS2008)论文集[C]. 北京:金城出版社, 2008.
[103] 敖志刚. 网络空间作战:机理与筹划[J]. 中国信息化, 2018(10):1.
[104] 冯政鑫, 唐寅, 韩磊,等. 网络安全智能决策系统设计[J]. 信息技术与网络安全, 2021(05).

第5章　网络安全测试环境智能决策系统设计和实现

5.1 引　言

安全决策技术是网络安全测试环境系统安全防护体系的关键技术。由于网络安全测试环境系统环境的复杂性、威胁风险的不确定性、安全需求的多样性和安全目标的动态性,安全决策必须随着系统安全状态的变化自动调整安全防护行为以适应决策问题的求解要求,其面临决策的不确定性问题和模糊问题的挑战。所以,面向网络安全测试环境系统的安全决策有必要提高其智能性和自适应能力。

在决策理论方法的发展方面,已有智能决策技术仅提供辅助决策,对不确定性问题和模糊问题缺乏相应的决策支持手段,无法做到自动化和自主决策,即自适应决策。网络安全测试环境系统所面临决策问题的求解中需要引入时间、空间等多维准则,基于网络安全测试环境系统的防护过程改进智能决策过程,优化决策效果提高自适应能力,这些因素反过来又对决策理论和方法提出了新的挑战。

所设计的智能决策系统在网络安全测试环境系统中实际部署,通过离线训练和在线学习两种学习方式,随着系统的环境、时间和决策过程的变化,能自学习调整安全防护行为以适应决策问题的求解要求。智能决策系统一方面对所面临的不确定性威胁攻击进行自主决策开展主动防护,另一方面自动决策分解有助于安全机制和服务动态自适应网络安全测试环境系统环境的复杂多变。所以,该系统比已有的智能决策系统提供更高智能性和自适应能力,为基于当前安全态势状态信息来协调合适的安全服务节点进行联防提供了关键技术保障。

5.2 研究现状

在决策理论方法的发展方面,传统决策支持系统主要依据运筹学理论方法,采用的是定量分析模型,使数值计算和数据处理融为一体,提高了辅助决策能力。传统决策支持系统对决策中常见的定性问题,但是不确定性问题和模糊问题缺乏相应的支持手段。

20 世纪 80 年代,人工智能(Artificial Intelligence,AI)技术蓬勃发展,对决策支持系统产生了深刻影响。将人工智能与专家系统的理论、方法应用于决策支持系统,产生了智能决策支持系统(Intelligence Decision Support System,IDSS),IDSS 引入智能数据处理理论与方法使上述问题得以解决,使 IDSS 具有更好的学习、发现和使用知识的能力,具有更多智能性和灵活性,以及更高的自适应能力。

5.2.1 基于专家系统的智能决策

大多数智能决策支持系统是基于专家系统,早期发展的为模拟人脑思维推理和基于知识的专家系统以串行运行的格式进入决策支持领域,其特点为串行运行的处理方式,需要专门的构造知识库和数据库。专家系统是传统的数据处理程序向知识处理程序升级的产物,具备下述特点:能处理符号知识、应用启发知识减少搜索复杂性、吸收新知识、解释所得的结论、提供专家级的咨询服务。

专家系统是面对现实世界的,需要领域专家来分析、判断和求解专门问题。它是强调利用专家经验知识和推理方法的计算机模型系统。由于它是针对专门领域问题的,所需的知识为某一专业领域的知识。所以比全智全能系统的研究要现实得多,也成熟得多。专家系统一般包括以下几个部分。

(1) 知识获取:将隐藏在专家大脑中的知识提取出来,经过整理后输入系统。

(2) 知识表示:把获取的知识表示成一定的结构和形式,便于系统利用。

(3) 知识库:把表示成一定形式的知识按照某种方式加以编排和存储,以便于系统检索和调用。

(4) 控制策略:利用知识进行推理的知识,也称为元知识。

(5) 咨询解释:用户使用专家系统时通过咨询提出问题,系统则通过解释向用户说明系统的结论以及结论的推理过程。

基于这样的结构原理,20 世纪 70 年代初出现了许多成功的专家系统,使智能理论的研究从实验室走向了应用。最有代表性的有化学质谱分析专家系统、医疗诊断专家系统、地质勘探专家系统等。虽然专家系统能成功地解决某些专门领域的问题,也有很多优点,但经过多年的实践表明,它离专家的水平总是相差一段距离,有时在某些问题上还不如一个初学者。其主要有以下几类。

(1) 知识获取难:专家知识经验性和模糊性难以用语言准确描述。

(2) 处理复杂问题的时间长:传统的计算机都是串行处理信息,对于一个复杂的系统,计算机要花费较长的时间一个一个地处理程序代码,使专家系统难以适应实时系统的要求。

(3) 容错能力差:计算机采用局部存储方式,不同的数据和知识存储时互不相关,只有通过人编写的程序才能相互沟通,程序中微小的错误都会引起严重的后果,系统表现出极大的脆弱性。

(4) 基础理论还不完善:专家系统的本质特征是基于规则的逻辑推理思维,然而迄今的逻辑理论仍然很不完善,现有的逻辑理论的表达能力和处理能力有很大的局限性。

人类专家要清楚地表达领域知识、领域知识必须要连贯正确、对偏离系统领域的问题,性能急剧下降、大型专家系统难以调试和维护、执行时间过长。专家系统的主要问题是知识表示得不完善,这是由于大多数领域并不能完全被合理数量的规则所表示,一个专家系统只能选择一个可能实现的规则子集来表示某个领域。这使得该领域中的许多规则和规则之间的微妙关系在专家系统中并不能通过推理链直接相连,然而人类专家却能够感觉这种隐含的微妙联系。如果智能决策支持系统能够学习这种隐含的联系,那么在面对复杂问题时就能够做出良好的猜测。

5.2.2 智能技术最新发展

5.2.2.1 神经网络

人类专家做出猜测是使用基于实例的定性推理,或者是使用来自经验的定量推理。在这种情况下,使用神经网络是很有效的,因为神经网络能够通过学习过去的经验来识别规则与规则间的隐藏关系。由于专家系统与人进行交互,人可以通过某些途径感知这种隐藏的关系,这样神经网络可以通过专家系统与人机交互学习隐藏的关系。人工神经网络以其强大的并行运算和联想能力非常适合于决策支持与推理。这类以神经网络结构为基础、在大规模并行运算中模拟人脑物理结构的智能系统,克服了基于知识的专家系统中的瓶颈问题(大规模复杂的知识工程),实现了直觉联想型决策支持。

神经网络能够直接输入数据并进行学习,在学习过程中,它可以自适应地发现蕴含在样本数据中内在的特征及规律性。这一自学习的能力与传统识别中所采用的技术大不相同,后者往往依赖于对识别规则的先验知识,而神经网络对所要处理的对象在样本空间的分布状态无须做任何假设,而是直接从数据中学习样本之间的关系,因而可以解决那些因为不知道样本分布而无法解决的问题。

利用神经网络自学习的特点,将其应用于决策支持系统,能够有效地实现推理系统的自适应并行联想推理和决策支持[8]。可以说,基于人工神经网络的智能决策支持系统的研究前景十分广阔,许多工作仍有待于进一步深入,并且随着新的辅助决策技术的出现和发展,将使基于人工神经网络的智能决策支持系统的研究出现新的进展。

5.2.2.2 深度学习

深度学习的发展使得直接从原始数据中提取高水平特征变成可能。深度学习起源于人工神经网络。20 世纪 90 年代,研究人员通过模拟大脑皮层推断分析数据的复杂层状网络结构,提出了多层感知机的概念,并且提出优化多层神经网络的反向传播算法，但是由于受到梯度弥散问题的困扰和硬件资源的限制，神经网络的研究一直没有取得突破性进展。2006 年，Hinton 等提出通过自动提取原始数据的层级特征表示来建立输入数据与输出数据之间复杂的函数映射关系，并指出训练深层神经网络的一个基本原则，即采用非监督方法先对神经网络中间层逐层进行贪婪的预训练，之后再采用监督方法对整个网络进行精调。预训练的方法为深度神经网络提供了较好的初始参数，降低了深度神经网络的优化难度。深度学习之前的发展集中在预训练，提出了多种方法。到 2010 年之后，随着计算资源和预训练技术的发展，深度学习在人工智能领域取得了重大突破，包括语音识别、图像识别及检测等。2012 年，微软研究人员建立深度神经网络——隐马尔可夫混合模型，并首次成功应用于大词汇量的语音识别系统，相比于传统的高斯-隐马尔可夫模型，识别错误率相对降低 30% 左右。Krizhevsky 等首次在大规模数据集 ImageNet 上应用深度卷积神经网络，将图像的识别错误率降低到 37.5%，远远优于之前的方法。2014 年至今，深度学习又取得了长足的发展，提出了包括注意力机制、RNN-CNN，以及深度残差网络等多种模型。

5.2.2.3 强化学习

强化学习是受到生物能够有效适应环境的启发，以试错的机制与环境进行交互，通过最大化累积奖赏的方式来学习最优策略。强化学习系统由状态 S、动作 a、状态转移概率 P' 和奖赏信号 r 四个基本部分组成。策略 $\pi: S \to A$ 被定义为从状态空间到动作空间的映射。智能体在当前状态 S 下根据策略 π 来选择动作 a，执行该动作并以概率 P' 转移到下一状态 S'，同时接收环境反馈回来的奖赏 r。

图 5-1 所示强化学习的目标是通过调整策略来最大化累积奖赏。通常使用值函数估计某个策略 π 的好坏。强化学习主要有 Q 学习、策略梯度等方法。Q 学习是最早的在线强化学习算法，同时也是强化学习最重要的算法之一。1989 年，Watkins 在其博士论文中提出了 Q 学习算法。该算法的主要思路是定义了 Q 函数，将在线观测到的数据代入更新公式中对 Q 函数进行迭代学习，从而得到精确解。Q 学习是一种离策略的学习算法。使用一个合理的策略来产生动作，根据该动作与环境交互得到的下一个状态，以及奖赏来学习得到另一个最优的 Q 函数。Q 学习在最优控制和游戏上有许多的应用。当满足一定条件时，Q 学习可以在时间趋于无穷时得到最优控制策略。Q 学习方法都是基于值函数的方法，它需要求出值函数，再根据值函数来选择动作。另一种是基于策略的方法，如策略梯度算法。策略梯度是一种直接逼近策略，优化策略，最终得到最优策略的方法。值函数法相比于策略梯度法有两个局限性：首先，由值函数法得到的是一个确定性的策略，而最优策略可能是随机的，此时值函数法不适用；其次，值函数的一个小小的变动往往会导致一个原本被选择的动作反而不能被选择，这种变化会影响算法的收敛性。策略梯度法又可以分为确定策略梯度算法和随机策略梯度算法。近些年，

确定策略梯度算法逐渐受到人们的关注。在确定策略梯度算法中,动作以概率 1 被执行。在随机策略梯度算法中,动作以某一概率被执行。Silver 等提出了一种有效的确定策略梯度估计方法。与随机策略梯度算法相比,确定策略梯度在高维动作空间上拥有更好的表现。假设需要逼近的策略是 $\pi(S,a;\theta)$,而且该策略对参数 θ 可导,则可定义目标函数和值函数。强化学习早期也有一些成功的应用,最经典的是 1992 年 Tesauro 成功使用强化学习使西洋双陆棋达到了大师级的水准。

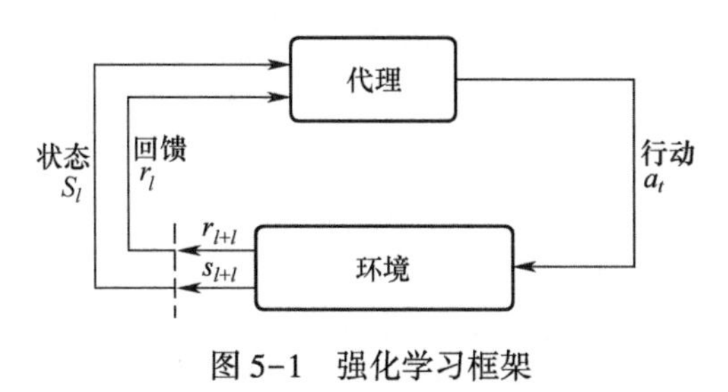

图 5-1　强化学习框架

5.2.2.4　深度强化学习

深度学习具有较强的感知能力,但是缺乏一定的决策能力;而强化学习具有决策能力,对感知问题束手无策。因此,将两者结合起来,优势互补,形成的深度强化学习,为复杂系统的感知决策问题提供了解决思路。深度强化学习框架如图 5-2 所示。

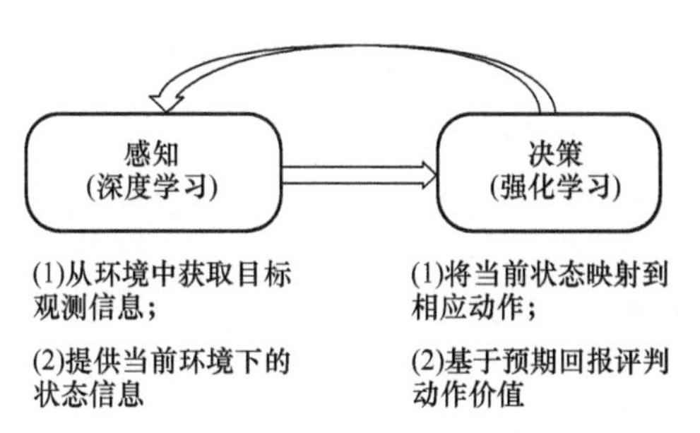

图 5-2　深度强化学习框架

深度强化学习早期的主要思路是将神经网络用于复杂高维数据的降维,转化到低维特征空间便于强化学习处理。Shibata 和 Okabe 将浅层神经网络和强化学习结合处理视觉信号输入,控制机器人完成推箱子等任务。Lange 等提出将深度自动编码器应用到视觉的学习控制中,提出了"视觉动作学习",使智能体具有和人相似的感知决策能力。2012 年,Lange 等将基于视觉输入的强化学习应用到车辆控制中,这种框架称为深度拟合 Q 学习。该算法输入跑道和车辆图像到深度网络,提取出低维特征用于 Q 学习,最后得到合适的控制策略。Koutnik 等将神经演化方法与强化学习结合,在视频赛车游戏 TORCS 中实现了赛车的自动驾驶。DeepMind 团队在参考文献[28]中提出的深度 Q 网络,将卷积神经网络和 Q 学习结合,并集成了经验回放技术。经验回放通过重复采样历史数据增加了数据的使用效率,同时减少了数据之间的相关性。

作为真正意义上深度学习和强化学习结合起来并实现了端到端学习的算法,DQN 的出现引发了众多研究团队的关注。Schaul 等提出一种带优先级经验回放的深度 Q 网络,对经验进行优先次序的处理,增加重要历史数据的回放频率来提高学习效果,同时也加快了学习进程。深度 Q 网络的另一个不足是它漫长的训练时间,为此 Nair 等提出了深度 Q 网络的大规模分布式架构——Gorila,极大提高了深度 Q 网络的学习速率。Guo 等提出将蒙特卡罗树搜索与深度 Q 网络结合,实现了 Atari 游戏的实时处理,游戏得分也普遍高于原始深度 Q 网络。此外,Q 学习由于在学习过程中固有的估计误差,在大规模数据的情况下会对动作的值产生过高估计。Van 等提出的双重深度 Q 网络将两个 Q 学习方法运用到深度 Q 网络中,有效避免了过高估计,并且获取了更加稳定有效的学习策略。Wang 等受优势学习的启发提出竞争架构的深度强化学习,实验证明竞争架构的深度 Q 网络能够获取更好的评估策略。探索和利用问题一直是强化学习中的主要问题。复杂环境中的高效探索策略对深度强化学习的学习结果有深远影响。Osband 等提出一种引导深度 Q 网络,通过使用随机值函数让探索的效率和速率得到了显著的提升。Mnih 等提出了深度强化学习的异步算法,在多核 CPU 上极大提升了训练速度和结果。

深度强化学习面临的问题往往具有很强的时间依赖性,而递归神经网络适合处理和时间序列相关的问题。强化学习与递归神经网络的结合也是深度强化学习的主要形式。Cuccu 等提出将神经演化方法应用到基于视觉的强化学习中,用一个预压缩器对递归神经网络进行训练。采集的图像数据通过递归神经网络降维后输入给强化学习进行决策,在基于视觉的小车爬山任务中获得了良好的控制效果。Narasimhan 等提出一种长短时记忆网络与强化学习相结合的深度网络架构来处理文本游戏。这种方法能够将文本信息映射到向量表示空间,从而获取游戏状态的语义信息。对于时间序列信息,深度 Q 网络的处理方法是加入经验回放机制。但是经验回放的记忆能力有限,每个决策点需要获取整个输入画面进行感知记忆。Hausknecht 和 Stone 将长短时记忆网络与深度 Q 网络结合,提出深度递归 Q 网络,在部分可观测马尔可夫决策过程中表现了更好的鲁棒性,同时在缺失若干帧画面的情况下也能获得很好的实验结果。随着视觉注意力机制在目标跟踪和机器翻译等领域的成功,Sorokin 等受此启发提出深度注意力递归 Q 网络。它能够选择性地重点关注相关信息区域,减少深度神经网络的参数数量和计算开销。

2016 年初,AlphaGo 的问世将深度强化学习的研究推向了新的高度。AlphaGo 创新性地结合深度强化学习和蒙特卡罗树搜索,通过价值网络评估局面以减小搜索深度,利用策略网络降低搜索宽度,使搜索效率得到大幅提升,胜率估算也更加精确。与此同时,AlphaGo 使用强化学习的自我博弈来对策略网络进行学习,改善策略网络的性能,同时生成大量对弈数据来训练价值网络。

随着深度强化学习受到越来越多的关注,国内研究团队同样对深度强化学习进行了深入的研究。自动化研究团队提出了一系列方法改进并应用深度强化学习。针对图像细分类问题需要挖掘图像中的细微差别,Zhao 等提出了融合视觉注意力的深度强化学习方法,利用强化学习帮助寻找与任务相关的区域。对于所有的分类任务,加入视觉注意的模型精度达到 95%以上。Zhao 等提出了基于 SRASA 的深度强化学习算法,利用策略学习的优势,加快训练速度,提升性能。深度 SARSA 学习将游戏画面作为输入,游戏得分作为学习的强化信号。对训练收敛后的算法进行测试,在多个游戏中的表现好于 DQN。Zhu 等提出了深度学习计算车道信息,强化学习实现车辆纵横向控制,通过了标准平台测试。此外,在核心期刊《控制理论与应用》上,赵等结合围棋人工智能做出了深度强化学习综述。

5.2.3 研究现状总结

IDSS 是决策支持系统与人工智能相结合的产物,以定量分析辅助决策的支持系统与以定性分析辅助决策的专家系统结合起来,进一步提高了辅助决策能力。

传统专家系统主要采用逻辑演绎推理,以数理逻辑为数学基础,推理是形式化的、单调的、严格的,所以它是确定性推理。最新智能技术如神经网络采用并行推理,在推理过程中根据需要,还可以通过学习算法对网络参数进行训练和适应性调整。如表 5-1 所列最新智能技术与传统专家系统技术相比在知识获取并行推理、适应性学习、联想、容错能力等方面显示明显的优越性。从思维的观点看,专家系统的知识处理模拟的是人的逻辑思维,神经网络的知识处理模拟的是经验思维,它们处理问题的方法不一样,其特点不一样也是必然的。

表 5-1 特 性 对 比

特　性	传统专家系统技术	最新智能技术
学习能力	无	有
自适应能力	无	有
容错能力	无	有
模糊数据处理能力	通常无	有
解释能力	强	弱
计算	单一一致	复杂多变
逻辑	二值逻辑	模糊逻辑
推理	关键	非关键
应用领域	特定	围棋、游戏、机器人等

从智能发展的历史看,神经网络和专家系统的研究在智能发展的各个阶段此起彼伏,但最终的结果总是与设想的目标相差一段距离,这是因为智能发展的目标是让机器具有人的智能,而人的思维过程不仅包括经验思维和逻辑思维,还包括创造性思维,因此在复杂的网络安全测试环境系统中,最新智能技术对安全决策的支持还有待深入研究。

(1) 最新智能技术依赖于机器能识别的数字数据,需要将一切问题的特征都数值化和形式化。但网络安全测试环境系统本身为新建系统,它的安全防护本身又是一个新的研究问题,没有可选择的数据样本集,感知状态信息和决策行动的数值化与形式化依旧有待研究。

(2) 最新智能技术支持非线性、模糊推理和自动知识能力,现在还只适合解决一些规模比较小的问题,对于网络安全测试环境系统的复杂化环境中的感知状态信息和动作空间很容易产生状态爆炸,决策系统的性能在很大程度上受到限制。

(3) 当前提供智能决策时,其学习行为大多是静态的、被动的,而不是按照实际环境需求制定动态的学习策略,缺乏主动学习机制。网络安全测试环境系统在决策过程中需要引入时间、空间等多维准则,优化和改进决策过程,提高支持决策效果,这些因素反过来又对决策支持系统的理论和方法提出了新的挑战。

(4) 目前的人工神经网络与生物学研究的结果还存在很大的差距,还难以模拟人的高层次智能问题,没有能力解释自己的推理过程和推理依据,所以如何基于当前安全态势给出防护策略决策依据的解释还有待研究。

安全决策的目标就是在面对网络安全测试环境系统复杂的威胁场景时,能够针对不断变化的攻击进行自学习,并做出准确快速的防护行动策略,提高智能和自适应能力来适应威胁攻击与系统环境的变化。

5.3 智能决策系统设计

网络安全测试环境系统是不确定因素众多、多层次、多目标、非线性的复杂系统。建立基于网络安全测试环境系统的智能决策系统,让它对网络安全测试环境系统中感知信息数据进行安全策略的智能决策,结合系统中动态变化的安全资源条件进行自动安全策略分解和策略服务节点的自适应选择。本节从结构框架、安全信息处理模型、决策目标、决策信息和决策方案等进行分析,并提供安全决策智能体的数学建模。

5.3.1 系统的结构框架

智能决策系统基于人工智能的安全决策支持及安全策略分解技术,能够基于当前安全态势信息,以网络安全测试环境系统的安全防护目标为基本依据,进行智能安全决策和自动安全策略分解与下发。

基于人工智能的安全决策支持及安全策略分解工作系统的基本结构如图 5-3 所示。具体获取当前系统感知的态势信息,包括资产安全风险和外部威胁攻击,基于安全目标,在网络安全测试环境系统的防护技术体系和响应技术体系中,通过智能决策有针对地选择安全设备进行安全防护策略下发,则达到了一个较为完备的安全防护系统。

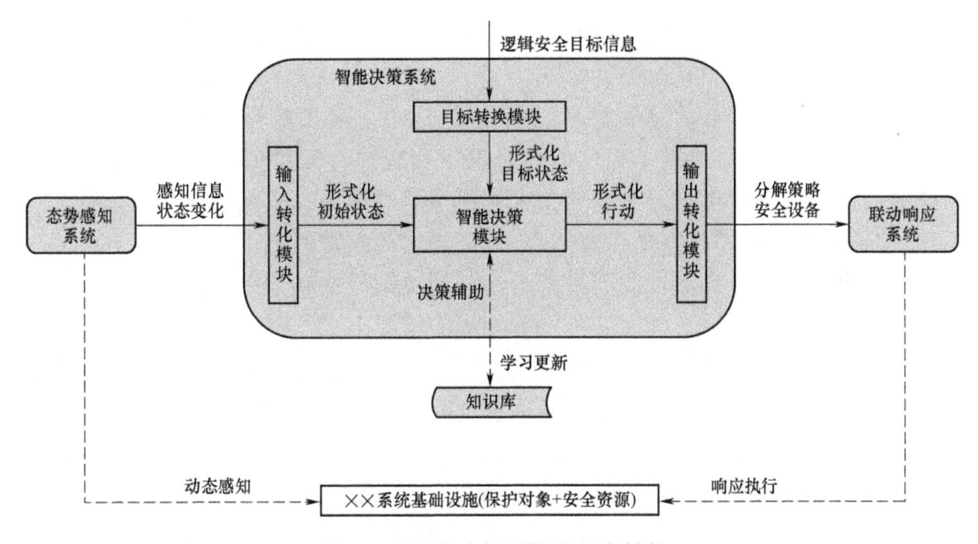

图 5-3　智能决策系统的基本结构

(1) 面向安全决策要素的决策问题形式化方法。通过对决策问题形式化方法的比较研究,将决策问题形式化为决策情景的描述,提出建立在决策情景的识别特征和其内在联系基础上的决策问题形式化方法。对感知的不同信息通过输入转化模块形式化为决策的输入状态;对决策目标通过目标转换模块形式化为数字化决策目标;对决策所获得的动作通过输出转换模块形式化为联动响应系统所能执行的安全节点和分解策略信息。网络安全测试环境系统中感知信息快速变化导致信息量大,而且多种要素之间的关系也难以识别,这里需要的是将一切问题的特征都数值化和形式化转换为机器能识别的数字数据。

(2) 多智能体决策技术。智能决策模块依赖最新多智能体决策技术提供智能和自适应的能力,依据于转换的机器能识别的数字数据。在安全防护过程中,网络安全测试环境系统所面临的是持续变化的安全需求和动态运行环境,这就要求决策系统能够感知保护对象和环境的安全属性变化,并随着这种变化基于安全目标进行动态调整和演化,即要求决策系统具有一定的智能和自适应能力。决策系统没有人工参与,实时感知系统的各种安全状态变化信息,在必要时对安全策略和对应服务节点进行动态调整,在一段可以接受的调整时间之后,以更好地为网络安全测试环境系统提供安全服务,则能够达到一定的安全目标,即达到一个较为完备的安全防护系统。

(3) 构建闭环管理提供决策的自动化。整个系统由“感知-决策-响应”组成安全防护的闭环。中间智能决策模块依赖于态势感知系统收集信息的输入,输出分解策略和与之相关安全设备执行节点信息给联动响应系统。联动响应系统进行策略的响应执行,响应执行后的结果提供反馈,直接由感知系统动态感知下一状态信息,信息的反馈可描述为信息输出后,又将其作用的结果反馈回来,从而达到对信息的再输出起到控制和影响的作用。在下一次行为决策前,智能决策系统会评估当前所感知安全态势信息的状态,所分解执行的策略在执行后对网络安全测试环境系统的影响,然后根据该评估的结果确定响应执行的价值。通过比较该策略响应执行价值和智能决策对其期望值来调整策略的选择。实现整个决策过程的自动化,包括方案选择的自动化以及效果跟踪、评估与反馈的自动化。

(4) 自学习系统具有自我演进能力。智能决策模块和知识库间构建了一个自学习系统。自学习系统不能在完全没有知识的情况下,凭空获取知识,它总是在具有一定知识的基础上,根据环境所提供的信息,理解、分析和比较,做出假设,检验并修改这些假设。这里的知识库提前建立,在已发生的网络攻击过程中通过漏洞、攻击目标知识和已取得的攻击效果来实例化攻击模板生成原子攻击。利用威胁建模技术报告中的技术构建基于知识图谱的知识库,包括求解决策问题所需的安全领域知识(实事和规则),用于辅助决策;自学习系统实质是通过智能决策模块对现有的知识进行扩展和改进,也就是学习更新。知识库和智能决策模块相辅相成,能够获取模型操纵感知信息,利用以往的知识库修正知识、创建新模型,使系统的问题求解能力通过自身的学习过程(经验积累)不断提高,也就是具有自我演进的能力。

为了形成从感知到决策再到响应的闭环安全防护系统,智能安全决策模块需要具备以下两大功能。

(1) 安全策略自主选择。以网络安全测试环境系统的安全防护目标为基本依据,对网络安全测试环境系统中感知当前安全态势信息进行安全策略的智能决策,输出策略集指导协同防护。

(2) 自动安全策略分解。结合系统中动态变化的安全资源条件进行自动化策略分解和策略服务节点的自适应选择,输出分解策略和对应执行节点信息给响应系统。

5.3.2 基于智能决策的安全信息处理模型

智能决策的安全行为开始于安全感知信息,其安全行为活动过程就是安全信息的流动过程。智能决策往往是基于自身对系统安全信息的获取与认知等,进而判断有无危险并采取决策和行动。换言之,当智能决策接收的安全信息准确无误,并能够正确认知且采取行动时,一般均不会发生事故,这也是现代较为推崇的先进、科学而实用的系统安全管理策略之一。

Shannon 通信模型被引入现实的信息系统问题研究时存在一定的局限性,其不能很好地将信息论和人工智能、信息融合等理论结合起来。本节优化 Shannon 通信模型,结合主要的安全行为活动构建决策系统的安全信息处理模型(图 5-4),为信息论与信息融合、人工智能、不确定性理论、可靠性理论整合提供了基础。将 Shannon 研究的通信系统问题推广到一般现实中的信息系统问题,而且避免对 Shannon 通信模型的滥用。安全信息处理模型的主体由系统安全感知信息空间(Safety-related Information,SI)与安全行为空间(Safety-related Behavior,SB)构成。

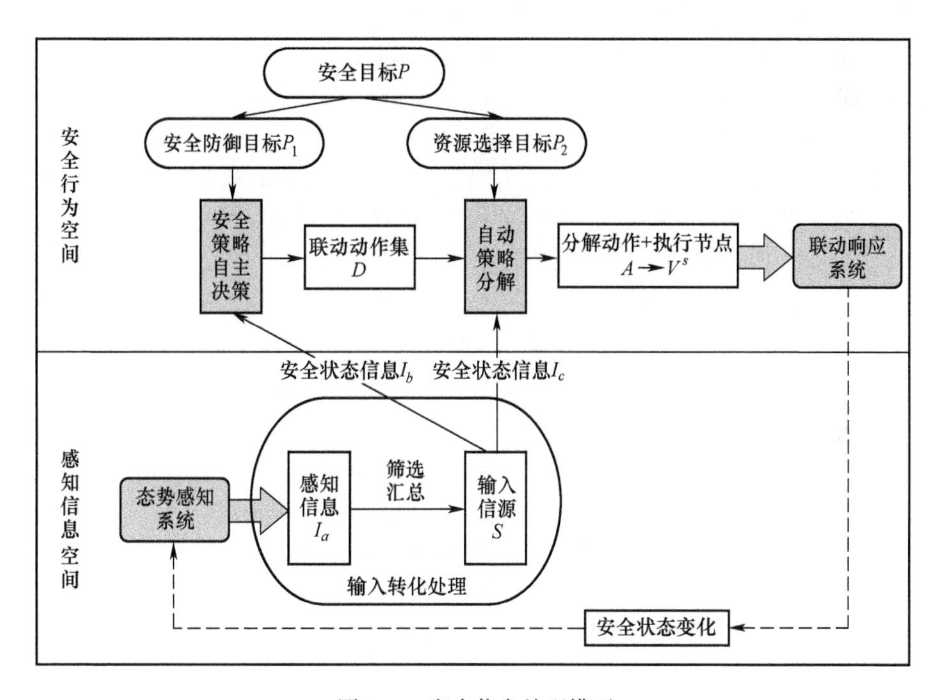

图 5-4　安全信息处理模型

感知信息空间可表示安全信息双向传播的一个完整过程,即其可说明系统中安全信息的整个传播过程,且可说明影响安全防护效率和质量的因素。通过感知系统获取网络安全测试环境系统安全状态的变化信息,主要是安全智能决策所必需的信息,即为安全智能决策系统进行智能决策优化网络安全测试环境系统的安全服务提供输入。就宏观而言,输入信源就是感知信息本身。但实际而言,根据

Shannon 通信模型(信源并非单纯是一个包含任何信息的信息集合,而是一个经筛选的有意义的且可被人理解的信息集合),输入信源并非将感知系统所有安全信息直接进行发送,而是有选择性地进行发送,即应具有一个双向筛选过程,以实现安全智能决策的信息可以被多次筛选和汇总,这一筛选汇总过程主要由感知信息处理模块完成。因而,图 5-4 中将输入信源作为后续安全智能决策的真正信源。

感知信息 I_a 是感知系统所能感知到客观网络安全测试环境系统安全状态变化的信息集合。为尽可能采集到安全目标 P 所需的信息,智能决策系统可对安全感知系统提出所需安全信息的需求。这里将安全信息 I_a 用客观感知信息 E 表示为

$$I_a = E = \{e_1, e_2, e_3, \cdots, e_n\} \tag{5-1}$$

由此可见,输入信源 S 将感知信息 I_a 的部分信息转换为可用于后续智能决策的数字化安全信息 I_b 和 I_c ,这里将输入信源 S 表示为

$$I_b + I_c = S = \{s_1, s_s, s_3, \cdots, s_n\}, S \subset E \tag{5-2}$$

假定输入信息集合 $I_j = \{I_j \mid j = 1,2,\cdots,n\}$ 能解决系统安全目标 P_j 的能力,记作 $\mathrm{CE}_P(I_j) \in [0,1]$, $\mathrm{CE}_P(I_j) = 1$ 时,称此时输入信息为解决系统安全目标 P_j 的安全信息集合。需特别指出的是,就理论而言,系统输入信息缺失问题无法完全克服。因此,为便于在现实中的实际操作,极有必要假定一种系统输入信息充分(无缺失)的情况(这与学界和实践界较为推崇的安全定义,即“安全是免除了不可接受的损害风险的状态”的实质内涵也完全相吻合)。基于此,不妨将满足 $\mathrm{CE}_P(I_j) = \theta$ 时(θ 的取值可由各安全科学领域专家确定)的安全信息 I_j 称为必要(关键)输入感知信息,此时认为系统安全信息充分(无缺失)。

系统安全行为(SB)空间表示系统安全行为(包括安全策略决策、自动安全策略分解,由于从时间先后逻辑顺序看,两者按“安全策略决策→自动安全策略分解”的顺序依次排列,并环环相扣,故图 5-4 中按此顺序依次排列)。假设系统安全行为中保护对象所面临的系统安全行为问题域为 P ,则 $P = \{P_j \mid j = 1,2,3\}$,这里不妨设安全策略决策和自动安全策略分解分别为 P_1 和 P_2 。智能决策模块分为以下两步决策,安全行为活动方案逻辑顺序依次包括安全联动动作集和执行动作集两种。

(1) 安全策略自主选择:安全策略决策为基于安全防护目标 P_1 进行智能决策,输出针对当前安全感知状态的单个最优联动动作集 D (见后面详细描述)。这里 D 是多个执行动作的组合,为后续的自动安全策略分解模块的输入。

(2) 自动安全策略分解:自动化策略基于安全策略决策输出的 D 进行策略分解并选中可用的安全资源的可执行节点,输出分解后的多个执行分解动作集合 A 和可执行节点集合 V^s (见后面详细描述),这些信息为联动响应系统进行联动响应的输入。

安全状态信息 I_b 是指已传递至安全策略决策的,是解决系统安全防护目标 P_1(开展系统安全防护所需决策联动动作集 D)的重要现实依据,其可用数学表达式表示为

$$D = \{d_1, d_2, d_3, \cdots, d_n\} \tag{5-3}$$

其中: $d_t = f(I_b, P_1)$。

安全状态信息 I_c 是指已传递至自动安全策略分解的,是解决安全资源选择目标 P_2(选择可用安全资源开展防护联动响应决策所需分解动作策略 A 和执行节点 V^s)的重要现实依据,其可用数学表达式表示为

$$A = \{a_1, a_2, a_3, \cdots, a_n\} \tag{5-4}$$

其中: $a_t \to V_t^{\ s}$, $V_t^{\ s} = \{v_1^s, v_2^s, \cdots\}$, $a_t = f(I_c, P_2)$。

根据上述信息处理模型的描述,给出以下定义。

定义 1　状态向量集:状态向量集合 S 为对所输入的感知信息进行输入转换处理后所得输入信源 S 的数字表示,可直接用于智能决策的输入,包括感知系统感知的具体一个时刻的威胁态势信息、威胁攻击信息、安全资源状态等信息的数字化处理。

定义 2　分解动作:表示安全设备或服务可执行的动作,如哪些 IP 阻断、哪些应用允许执行、反病毒扫描的频率、哪个漏洞需要补 POC 等,用 $a_t \to V_t^{\ s}$ 表示 t 时刻的输出动作 a_t 与之相关的响应安全节点集合 V^s 。

定义 3　联动动作集:多个分解动作组合定义为联动动作集,用符号 D 表示。其用于定义和描述各安全需求,包括系统配置、资产稽查、补丁需求、敏感数据保护、应急响应等。这些联动动作通常源于内部指导和外部影响,如安全管理需求、威胁攻击响应需求。

5.3.3　安全决策要素分析

5.3.3.1　决策目标分析

支持用户输入目标并进行相关分析。网络空间中的信息安全问题在物理安全、运行安全、数据安全、内容安全等不同层面上表现不一。针对不同的安全需求,需要建设配套的信息安全应用设施,如网络病毒监控系统、网络信息情报搜集系统、网络舆论预警系统、应急响应体系等。

从需求分析可知,威胁攻击或存在脆弱性会给保护对象带来直接或间接的安全威胁。例如,通过破解口令能盗用服务,侵害服务的机密性;缓冲区溢出攻击能导致服务崩溃,侵害服务的完整性;拒绝服务攻击能以多种方式侵害服务的可用性。服务进程常被授予读写数据的权限,当权限集被弱点暴露或被攻击窃取后,会影响数据的安全性。例如,非法读取数据会侵害数据的机密性;越权改写数据会侵害数据的完整性;若损毁的数据难以快速恢复,则会侵害数据的可用性。这是一种

沿授权关系传递的间接风险或威胁。安全目标分解如图5-5所示。

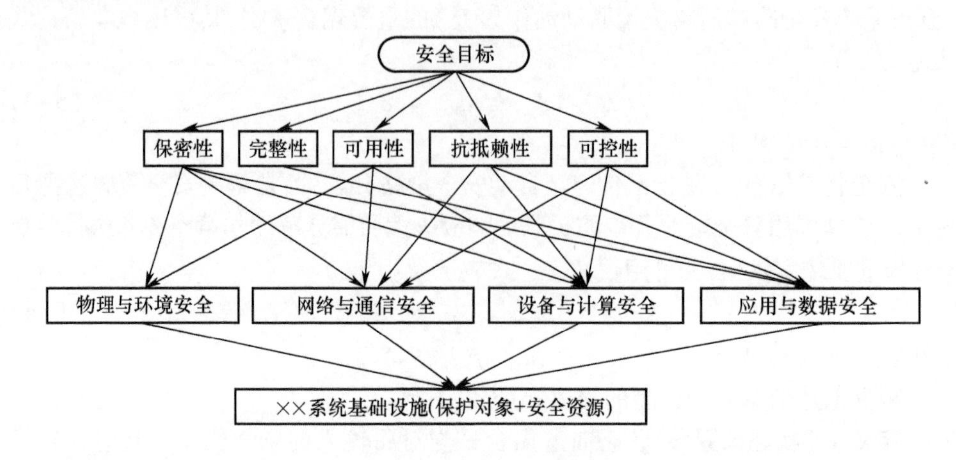

图5-5　安全目标分解

定义4　安全状态向量集:对系统未来安全状态的度量与反映(表征),表现的是系统未来安全状态的实质内容。安全状态向量集是表征网络安全测试环境系统未来安全状态的信息集合,其逻辑及数学表达式为

$$I \Leftrightarrow H(S') = f(T) \tag{5-5}$$

式中:I为感知的安全状态信息;$H(S')$为系统安全状态,是系统安全度S'的综合反应;T为未来某一时刻。

系统安全度S'和安全状态向量$\boldsymbol{S}$存在非线性映射关系。对于系统安全度S'承载安全属性,即保密性、完整性、可用性、抗抵赖性、可控性。安全状态向量$\boldsymbol{S}$反映系统的实时安全状况,涉及威胁攻击(如网络扫描、口令猜测、缓冲区溢出攻击、拒绝服务攻击、网络病毒、蠕虫等)的状态信息、资产脆弱性(如安全漏洞的普遍性和严重性)、安全资源(如防火墙、病毒查杀系统、入侵检测系统等)的部署情况等。由此可见,需要构建起从系统安全度S'到安全状态向量$\boldsymbol{S}$的非线性映射模型,该模型须通过事先评判过的样本(来自态势感知评估数据)训练获得。

5.3.3.2　决策信息分析

网络安全测试环境系统的所有资产都受到态势感知的持续监控,感知信息作为智能决策系统的安全信源。根据Shannon通信模型,这里信源并非单纯是一个包含任何信息的感知安全信息状态变化的集合,而是一个感知信息处理后经筛选的有意义的且可用于决策的信息集合。图5-4将输入信源S作为系统决策的真正信源。

输入转化处理模块汇总和形式化感知系统的安全态势信息、威胁事件信息和环境信息。信息安全问题反映在信息安全事件的实施过程中,呈现出运行的动态特性，针对信息安全的需要随时为决策提供必要的安全信息要素，涉及信息安全应用设施、信息安全基础设施、信息安全产品、信息安全服务及技术资源。这些信息形式化后为安全状态向量集，为智能决策的输入。

设 $\boldsymbol{G}$ 是一张有向图，描述网络安全测试环境系统中所有资产节点和相互间关系，可表示为有序二元组 $(V(\boldsymbol{G}),E(\boldsymbol{G}))$，其中，顶点集合 $V(\boldsymbol{G})$ 表示网络安全测试环境系统中所有资产节点，包括安全防护对象和可提供安全防护能力的节点等。集合 V^o 为网络安全测试环境系统中不同等级的安全保护对象的集合，包括应用服务、组件、主机和网络设备等，来自感知系统的资产信息的输入；集合 V^s 为网络安全测试环境系统中的安全设备和安全服务，如防火墙、IDS、IPS、VPN、网络安全审计、堡垒机、漏洞扫描、主机杀毒软件等。这部分安全资源的实时状态信息同样来自感知系统的输入。同一个节点有可能既是防护节点又能够提供安全防护能力，如安装了杀毒软件的主机。集合 V 中的一个资产节点用 v 表示，不同节点有不同的资产属性，不同属性直接定义对应的属性函数表示，单一资产的所有相关属性通过属性列表表示，如节点 v_i 的属性列表表示为 $[f_T(v_i),f_C(v_i),f_R(v_i),\cdots]$，其中节点 v_i 的资产类型通过 $f_T(v_i)$ 可获得资产类型为网络安全设备防火墙，$f_C(v_i)$ 可获得该防火墙的防护带宽为100GB，$f_R(v_i)$ 可获得该防火墙的风险评分为9分，该防火墙还包括运行状态、脆弱性、威胁性等，具体值的获取来自感知系统实时输入的感知信息。

边的集合 $E(\boldsymbol{G})$ 表示资产节点相互连接关系，其中元素用 e 表示。同节点不同边也有对应的属性，直接定义对应的属性函数表示，同节点单一边的多个属性通过属性列表表示，如 $[f_B(e),f_R(e),\cdots]$，边 e_i 的带宽通过 $f_B(e_i)$ 获得10GB，通过 $f_R(e_i)$ 获得该边的风险评分为5分，具体值的获取来自感知系统实时输入的感知信息。边的方向表示了边两端节点的依赖关系。例如，各种服务进程之间存在着错综复杂的依赖关系，既有主机内的依赖，也有跨主机的依赖，依据操作系统管理信息和网络通信监测记录能大致辨识出来，通过跟踪计数能统计出依赖模式及其发生概率。服务间的依赖关系是指高层服务对底层服务的直接或间接调用。各种服务既可能部署在同一台主机上，使用进程间通信调用；也可能部署在不同的主机上，借助网络通信来调用。严格细分的依赖关系应能构成有向无环图，否则会引发非法的、不合理的无限递归依赖；主机内服务间的依赖在标准的Linux中，在启停服务的脚本头部INIT INFO中描述了服务间的依赖关系；跨主机的依赖一般判定通信的请求方依赖应答方。

如上所述，网络安全测试环境系统表示为有向图 $\boldsymbol{G}$，其中 $V(\boldsymbol{G})=\{v_1,v_2,v_3,\cdots,v_n\}$，$E(\boldsymbol{G})=\{e_1,e_2,e_3,\cdots,e_n\}$，所有节点的安全属性列表构成属性的矩阵 $(v_1,v_2,v_3,\cdots,v_n)^{\mathrm{T}}(f_T,f_C,f_R,\cdots)$，同理所有边的安全属性列表构成属性的矩阵 $(e_1,e_2,e_3,\cdots,e_n)^{\mathrm{T}}(f_B,f_R,\cdots)$。如果对应属性不存在，那么该属性函数求值返回

为 NB,属性函数求值为连续值、可枚举值和布尔值三种类型。

通过对网络安全测试环境系统进行有向图的实时构建完成对所有保护对象安全属性的状态变化的监测。如图 5-6 所示,感知信息 I 由转换输入模块进行形式化转换,转换为对所有保护对象安全属性的实时状态。资产信息转换为上述不同节点和属性列表信息,资产间关系信息转换为上述不同边和边的属性列表信息,从而完成状态向量 S 的形式化转换。

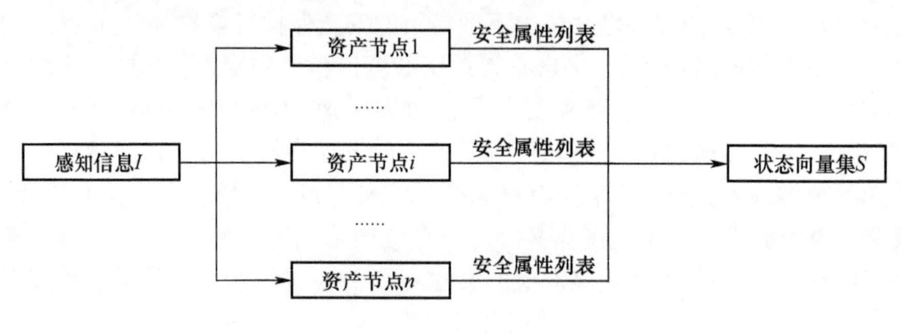

图 5-6　状态向量集

针对所有保护对象的安全属性状态变化的监测。由于在网络安全测试环境系统中安全等级保护对象的集合众多,为进一步准确理解,在此给出保护对象的明确定义及其函数表达式。

定义 5　保护对象:相互作用、相互依存的若干组成部分结合而成的,具有特定功能的有机整体。保护对象的函数表达式为

$$S = f(v_1, v_2, v_3, \cdots, v_n) \tag{5-6}$$

式中:S 为安全状态信息;v_i 表示第 i 个保护对象;n 为保护对象总数,这里保护对象不仅包括服务器等物理实体,而且包括服务器中具体服务等不同形态的组成部分。

安全决策是一个从感知信息到状态向量集的威胁认知过程,其决策依据是威胁攻击者在进行攻击时所产生前两种信息和必要的环境信息。

威胁攻击信息转化为保护对象的威胁性,包括 OSI 各层的攻击状态和攻击特征。由感知系统通过数据融合和关联分析实现攻击行为预测,决策系统需要制定反击策略。

系统缺陷信息转化为保护对象的脆弱性,包括漏洞、配置等风险评估。感知系统给出目标系统存在的漏洞信息后,决策系统用于推断目标系统安全状况,需要给出对目标系统的修补措施。

保护对象所处的环境信息转化为拓扑,包括所有对象的拓扑关系和安全资源节点。决策系统根据这些信息选择最优的安全服务节点提供安全防护。

决策系统针对输入信息进行决策输出针对特定威胁的反击策略、目标系统的补救措施和安全服务节点信息,由输出转换模块转换为下面的决策方案。

5.3.3.3 决策方案分析

决策方案是网络安全测试环境系统安全的指南,是在安全目标驱动下的约束规则,它描述了系统应该符合的安全行为要求。针对威胁防护的安全决策的目标是:威胁攻击发生前预防攻击;攻击过程中要阻击攻击;在遭遇攻击后,采取措施将损失降到最小。由上可知,决策方案包括分解动作集和联动动作集两部分。

1. 分解动作集描述

分解动作集适用于网络安全测试环境的安全防护模型的 P3DR2 模型中的安全策略,虽然将各安全周期联系在了一起,但其粒度过大,需要支持不同类型的安全产品定义其特有的策略。这里策略定义为对某一防护目标的具体应对方法,数学表达式为

$$\pi(a|s) = P[(a_t \to V_s) = a|S_t = s] \tag{5-7}$$

$$T = (V^s, F(A \times P), O(V^o \times C)) \tag{5-8}$$

式中:V^s 为策略实施的对象,包括网络安全测试环境系统中的安全设备和服务,如防火墙、IDS、IPS、VPN、网络安全审计、堡垒机、漏洞扫描、主机杀毒软件等。

$F(A \times P)$ 为安全防护系统的具体动作集,其中,A 采用结构化数据形式对“应对措施”进行规范化的可操作的描述,用于自动实施的安全规则行为;P 是策略实施的技术参数,定义自动化的策略分解。自动安全策略分解所获得分解动作表示为 $A = \{a_1, a_2, a_3, \cdots, a_t, \cdots, a_n\}$,其中 $a_t \to V_t{}^s(V_t{}^s \subset V^s)$ 规定了响应安全节点集 $V_t{}^s$ 所执行同一动作 a_t 。

$O(V^o \times C)$ 为安全防护目标集,包括 V^o 和 C 。V^o 是安全等级保护对象的集合,可以是安全域、子网、主机、组件、数据、网络数据包、密码算法、密钥文件、进程、账号等被保护的系统级对象,按等级保护分物理与环境、网络与通信、设备与计算、应用与数据四大类;C 是保护对象的安全属性集,如配置错误或存在漏洞等。

上述数学表示输出为安全策略规则,这里定义一条安全策略规则时需要包含的要素(称为规则元素),该要素具体内容如下:

(1) 规则模式元素(Modality)为策略执行权限,包括肯定授权A+、否定授权A-、义务 O+、抑制 O-四种。

(2) 执行安全规则的主体(Subject),即策略实施的对象。

(3) 受安全规则控制的目标(Target),即安全防护目标集。

(4) 触发安全规则执行的事件(Event),即安全属性,如配置错误、存在漏洞、数据包到达、系统启动等。

(5) 安全规则行为(Action),即安全防护系统的具体动作集。

(6) 使安全规则生效的条件(Condition),即执行参数,如时间约束、网络资源

约束等。

上述 6 个要素分别用 Modality、Subject、Target、Event、Action、Condition 表示，因此，安全规则形式化表示为 Modality×Target×Event → Subject×Action×Condition。

2. 联动动作集描述

联动动作集 D 表示为一组安全动作的集合 $D = \{d_1, d_2, \cdots\}$ 。划分集合的标准不同，构成的联动动作集可能就不同。例如，对一组包过滤动作而言，如果按主体元素划分，同一台防火墙上的一组包过滤规则构成了该防火墙的安全策略；如果按功能划分，这组规则整个构成了包过滤策略。安全动作包括加密动作、访问控制动作、授权动作、防病毒动作、入侵检测动作、漏洞扫描动作等。

如今持续进化的网络威胁环境带来了更复杂的攻击场景，除了商业化的攻击行为，以前所欠缺的攻击技术现在也发展得更加普遍。为了达到专业化的战术目标并在企业内部创建一个持续的攻击据点，黑客的攻击行为也不再仅仅是普遍的破坏行为（如之前爆发的蠕虫风暴），而是采用了多目标、多阶段、更低调的攻击方式。基于防护思维的攻击链将一次攻击划分为 7 个阶段，可以快速地理解最新的攻击场景一级如何有效地进行防护，其过程如图 5-7 所示。

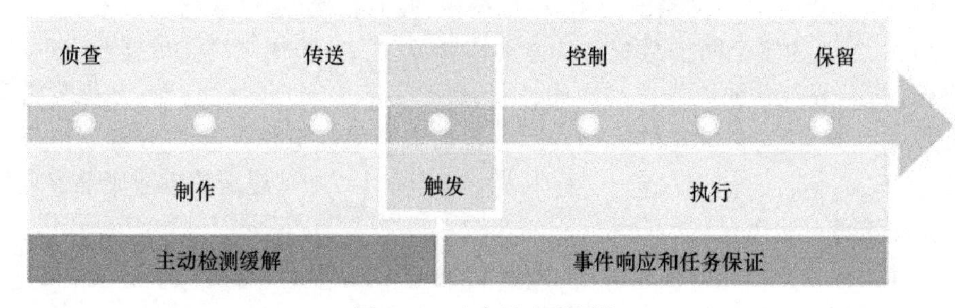

图 5-7　攻击链生命周期

面向一个特定防护目标，把一个策略集 D 划分为攻击链 7 个阶段的子策略，在分阶段内自动化建立分解动作 T，问题得以简化，通过分解动作的逻辑运算得到联动动作集。通过攻击链描述安全周期中各个阶段的安全防护操作，其中：

（1）KC_R 为侦查目标子策略集，且存在全函数 $f_P: O(V^o \times C) \rightarrow R$。

（2）KC_W 为制作工具子策略集，且存在全函数 $f_D: O(V^o \times C) \rightarrow W$。

（3）KC_D 为传送工具子策略集，且存在全函数 $f_E: O(V^o \times C) \rightarrow D$。

（4）KC_V 为触发工具子策略集，且存在全函数 $f_R: O(V^o \times C) \rightarrow V$。

（5）KC_C 为控制目标子策略集，且存在全函数 $f_D: O(V^o \times C) \rightarrow C$。

（6）KC_E 为执行活动子策略集，且存在全函数 $f_E: O(V^o \times C) \rightarrow E$。

（7）KC_M 为保留据点子策略集，且存在全函数 $f_R: O(V^o \times C) \times D \times E \rightarrow M$。

以上述定义的安全策略为基础，将攻击链各个阶段的、反映不同安全需求的策略以一种利于连动的、协同的方式组织起来。策略协同包括安全资源的协同、安全策略的协同和网络流量控制的协同。

(1) 安全资源的协同:在发挥安全功能的资源池中的资源如何生成、何时生成、何时扩容、如何扩容等。特别是在云信息系统中通过 Hypervisor 生成虚拟化的资源,资源管理的编排可实现的功能更多更复杂。

(2) 安全策略的协同:向相应的安全设备、安全服务等下发相应的动作规则。

(3) 网络流量控制的协同:为了通过流量动态调度实现服务链,即多安全设备的串接、并联等网络功能。

为了实现策略协同,提出一种面向系统防护的策略树模型,以指导在网络对抗环境中,制定安全需求、部署网络系统、开发具有主动防护能力的安全应用,如图 5-8所示。

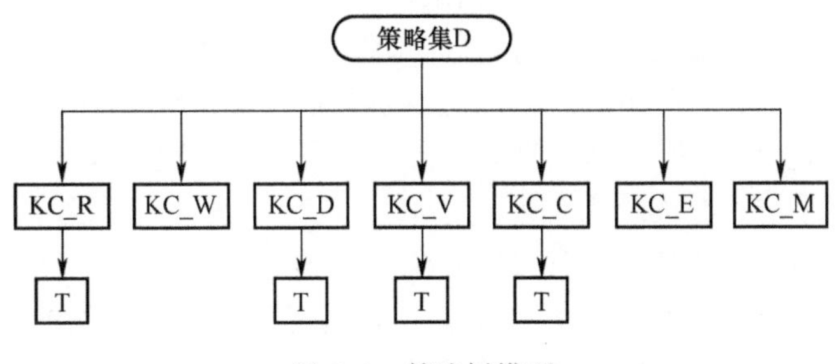

图 5-8　策略树模型

这里联动动作集包括设备安全策略、用户安全策略、数据库安全策略、服务器安全策略、系统安全策略、网络安全策略等。从关注点分类有面向应用的安全策略、面向系统的安全策略、面向网络的安全策略、面向设备的安全策略等。同分解动作,联动动作集包括:

(1) 策略模式为策略执行权限,分为授权策略、义务策略、委托策略。

(2) 策略触发方式包括周期触发型安全策略、持续激活型安全策略、事件触发型安全策略、时间触发型安全策略等。

(3) 策略编号,即策略树模型中的 T,如授权策略赋予主体(用户、终端、程序等)对客体(数据、程序等)的支配权力。在应用层定义的一些授权描述,如"只有高级管理员才能访问机密级信息"在信息系统中实现时对应于一系列访问控制策略。访问控制策略是对各种对象之间通信、交互和访问进行约束的一系列规则。从这个意义上说,防火墙、入侵检测系统等网络安全设备对网络通信流进行控制的包过滤策略也属于访问控制策略的范畴。加密策略用于配置密码资源(算法、密钥、参数)、定义算法强度等。

以策略树为基础,可以建立网络对抗模型。策略树提供了安全防护的方法,其反向应用是依据系统可能的安全漏洞建立攻击系统的入侵对策,实现自动攻击系统。

5.4 智能决策原型系统

5.4.1 原型系统架构

网络安全测试环境智能决策原型系统的基本结构如图 5-3 所示,包括态势感知系统、智能决策系统、联动响应系统以及知识库等,同时智能决策系统包括支撑的相关模块,如输入输出转化模块以及智能决策模块等。本节将设计基于深度强化学习的多智能体决策引擎来完成智能决策模块。通过 TensorFlow 进行相关网络的设计与训练,且其部署在网络安全测试环境防护系统的服务器端,在服务器硬件达标的情况下配置核心功能,进行信息的流通。模型训练完成之后,信息流向如图中黑色箭头方向所述进行流动。当系统因为未知的攻击等原因造成决策模块性能下降时,可以启动决策更新模块,这里首先进行原有智能决策模块参数的传递,在当前参数情况下进行在线或者离线(数据事先进行存储)A3C 模型的训练,之后将参数传递给原有决策模块进行参数的更新。

(1) 部署功能 3:与知识库模块通信。该功能将模型学习到的一些知识以及先验信息进行数据存储,必要时通过知识库进行智能决策模块的决策指导。

(2) 部署功能 4:模型细节图。进行智能决策模块整体数据流图的绘制,基于 Tensor Board 进行数据流向的可视化。

(3) 部署功能 5:模型可解释模块。进行模型部分可解释性的展示,如通过实例进行注意力机制网络权重的展示;通过相关计算进行收益的可视化等。

测试物理部署如图 5-9 所示,包括智能决策系统、网络拓扑、业务管控服务器区和模拟攻击区。智能决策系统安装在 Dell T7910 工作站,CPU 为 Xeon E5-2603 ×2,内存为 64GB,固态硬盘 256GB,系统硬盘为 4TB,GPU 为 NVIDIA TITAN Xp 12G×2。网络拓扑、业务管控服务器区和模拟攻击区分别采用 DELL R720(2U)的服务器进行模拟,CPU 为 E5-2630v2×2,主频 2.6GB 共 12 核/24 线程,内存 64GB,系统磁盘 1.2TB×2,数据磁盘 4TB×6,网卡千兆网卡×2。网络拓扑中包含通过 OVS 2.0 构建的虚拟交换机和路由器,分别为两台虚拟 vSwitch 和两台 vRouter,接收决策响应导流策略动作。业务管控服务器区和模拟攻击区分别在两台 DELL R720(2U)的服务器上部署。业务管控服务器区在服务器上虚拟三台虚拟机,分别装有不同 Windows 和 Linux 系统,系统中分别导入系统漏洞信息和 Web Server 漏洞;模拟攻击区在服务器上虚拟两台虚拟机,分别装有 Windows 2003 和 Kali18 系统来模拟攻击者系统。在上述拓扑中部署入侵检测系统 IDS 和防火墙 FW,IDS 做检测和 FW 做防护,直接接收决策响应安全防护策略动作做联合响应。

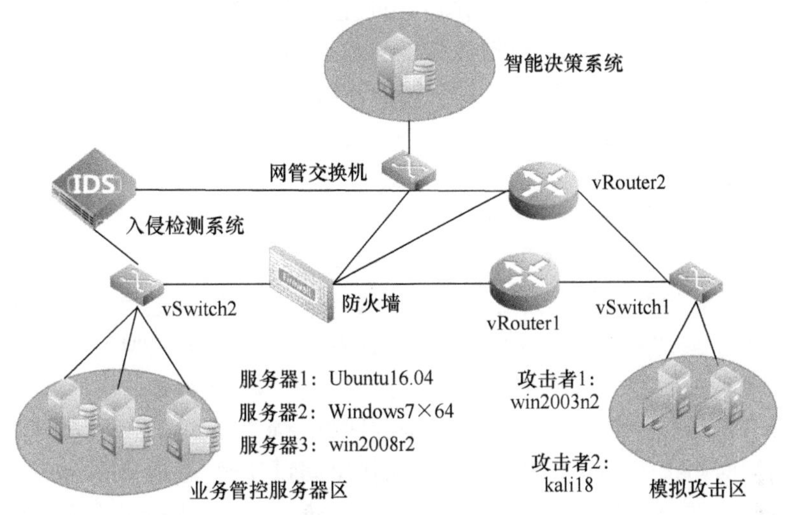

图 5-9　测试物理部署

5.4.2　模型离线训练测试

5.4.2.1　样本数据

采用网络安全测试环境系统实际运营数据为样本数据。表 5-2 所示为样本数据结构。一方面,包含资产拓扑、资产脆弱性、威胁攻击、安全资源、安全态势评估等网络安全测试环境运行环境安全状态数据,经 5.4.3.2 节决策信息分析方法转换为决策输入的状态向量集;另一方面,经 5.4.3.3 节决策方案分析方法需要把智能决策模块输出形式化动作转换为包含响应动作和参数,以及对应安全资源节点的动作信息数据。

表 5-2　样本数据结构

运行环境安全状态数据	动作信息数据
资产拓扑数据 资产脆弱性数据 威胁攻击数据 安全资源数据 安全态势评估数据	响应动作和参数,以及对应安全资源节点

由于当前网络安全测试环境系统实际运营为时不长,所以部分样本数据为人工构造,总数为 5 万样本。构造过程为遍历资产拓扑数据中 12 个节点发生离线故障,分别调准链路负载 100M 变化,范围为 500M~10G。资产脆弱性数据为 10 个

不同漏洞，分别为 Windows 系统漏洞 4 个、Linux 系统漏洞 3 个、Web Server 漏洞 3 个；威胁攻击数据为 2 个，分别为漏洞利用攻击和恶意软件攻击；安全资源数据为防火墙和入侵检测，安全态势数据包括资产态势和威胁态势的量化评估；动作信息数据包括两个路由器的导流动作，防火墙对不同三个防护对象阻塞和放行动作，同时组合为不同的联合动作。

5.4.2.2 训练过程

根据上述简化样本数据，当前系统包含三个节点，每个节点最多三个动作，即动作空间很小，另外考虑样本数据较少，这里将节点通信进行合并以进行 A3C 架构的训练。上述合并操作大大简化了模型的训练难度，同时避免了多智能体协作中回报函数分配的学习问题。作为原框架针对当前数据的一种精简过程，可以有效适用于当前的数据。具体来说，设计图 5-10 所示的网络架构。不同节点的信息进行整合得到所有节点的信息，即通信数据为所有其他节点的所有信息的串接，在整合时同时串接节点本身的信息。在动作空间设计时，考虑最多 27 个动作，即进行 Actor Net 共计 27 个节点的输出，并基于 Softmax 函数进行最优联动动作集的选择且自动分解为对应的多个分解动作，Critic Net 反映当前所选择动作的回报的估计，直接采用全连接层进行预测。

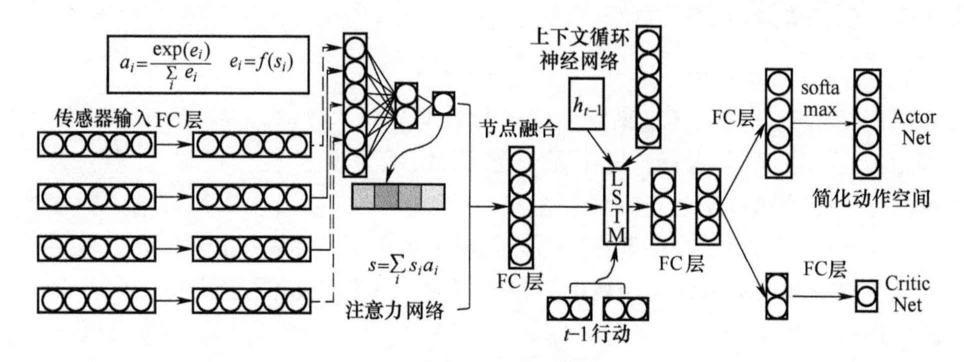

图 5-10　网络架构

上述网络架构进行训练时，直接采用 A3C 模型进行端到端的训练，即注意力网络、上下文循环神经网络、Actor Net 以及 Critic Net 同时进行参数的更新。图 5-11 给出了训练过程 Actor Net 与 Critic Net 的交互过程（Tensorboard）。

需要注意的是，在训练过程中加入探索的步骤以尽可能探索所有动作的影响。最终，模型训练结束后需要保存所有的参数，在进行测试时，直接基于态势信息得到 Actor Net 的输出，并根据输出概率排序进行多个节点和动作的选择。

5.4.2.3 训练结果评估

根据当前网络安全测试环境系统得到总样本数目为 5 万条，每条数据包含一段时间内的若干次攻击与防护，构成序列数据。所有数据中随机选择 4 万条作为

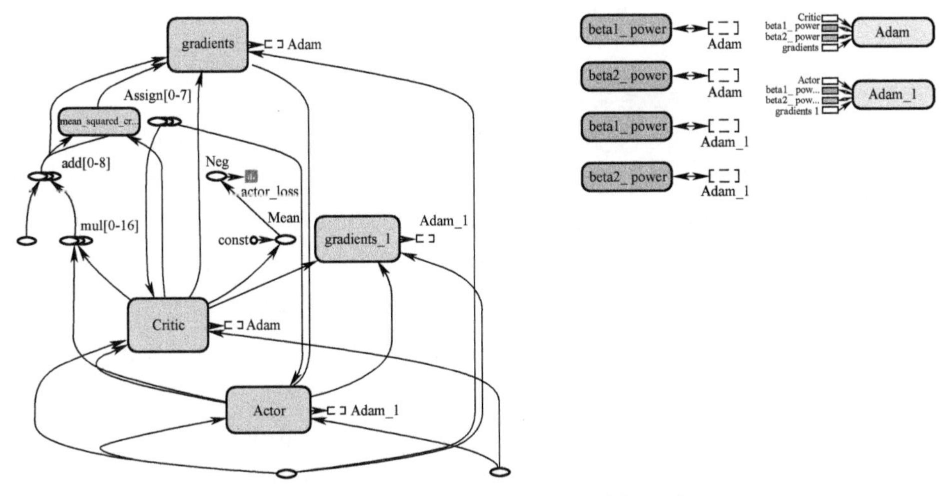

图 5-11　Actor Net 与 Critic Net 训练交互过程

训练集进行模型的训练,其余 1 万条作为测试。评价指标为一条数据的平均防护水平,具体来说,计算一段数据的回报的总和,若其大于所设定阈值,则认为该段时间系统运行正常,最终给出正常运行数据在总测试数据中的百分比。

根据图 5-11 所示 Actor Net 与 Critic Net 训练交互过程进行模型的训练,训练损失函数曲线如图 5-12 所示,图 5-12(a)为 Actor Net 的损失函数随迭代次数的变化,图 5-12(b)为对应 Critic Net 的变化曲线。可以看出,模型随着迭代次数的增加稳步地收敛。

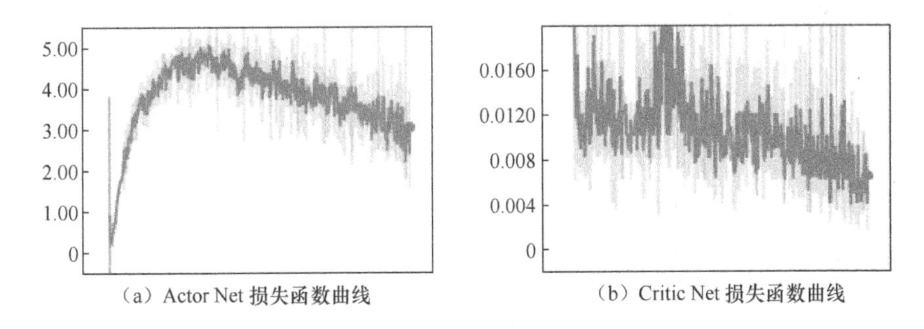

(a) Actor Net 损失函数曲线　(b) Critic Net 损失函数曲线

图 5-12　Actor Net 与 Critic Net 损失函数曲线

根据所设计评价指标,在 1 万条测试数据中,正常运行的数据,即针对攻击可以有效进行防护的数据占总测试数据百分比为 90%。该测试结果一定程度地反映了模型的有效性,为后续更复杂的针对网络安全测试环境系统攻防设计提供了实验依据。

5.4.3 在线自学习测试

5.4.3.1 勒索攻击应用实例

网络安全测试环境系统建设需要一个良好的、完整的动态安全体系,形成一个从感知到决策到响应的闭环自适应安全体系。通过输入“EnternalBlue”(永恒之蓝)漏洞和 WannaCry 木马样本相关数据进行模型训练后网络安全测试环境系统中在线运行,对决策引擎可用性和正确性进行验证。

“永恒之蓝”勒索蠕虫是 NSA 网络军火民用化的全球第一例。2017 年 4 月,第四批 NSA 相关网络攻击工具及文档被 Shadow Brokers 组织公布,包含了涉及多个 Windows 系统服务(SMB、RDP、IIS)的远程命令执行工具,其中就包括“永恒之蓝”攻击程序。恶意代码会扫描开放 445 文件共享端口的 Windows 机器,无须用户任何操作,只要开机上网,不法分子就能在电脑和服务器中植入勒索软件、远程控制木马、虚拟货币挖矿机等恶意程序。目前,“永恒之蓝”传播的勒索病毒以 ONION 和 WNCRY 两个家族为主,受害机器的磁盘文件会被篡改为相应的后缀,图片、文档、视频、压缩包等各类资料都无法正常打开,只有支付赎金才能解密恢复。这两类勒索病毒,勒索金额分别是 5 个比特币和 300 美元,折合人民币分别为 5 万多元和 2000 多元。安全专家还发现,ONION 勒索病毒还会与挖矿机(运算生成虚拟货币)、远控木马组团传播,形成一个集合挖矿、远控、勒索多种恶意行为的木马病毒“大礼包”,专门选择高性能服务器挖矿牟利,对普通电脑则会加密文件敲诈钱财,最大化地压榨受害机器的经济价值。上述感知的威胁攻击信息通过感知系统输入决策系统中,感知信息描述如下:


```
{
"id":"campaign--e2e1a340-4415-4ba8-9671-f7343fbf0836",
"idref":"",
"timestamp":"2017-05-14T06:32:45Z",
"version":"1.0",
"title":"“永恒之蓝”勒索蠕虫的攻击活动",
"description":"基于“永恒之蓝”网络武器生成的蠕虫病毒,通过 Windows 系统的 445 文件共享端口进行传播,往联网的计算机中植入勒索程序。计算机系统在感染后,勒索蠕虫在后台进行文件加密,完成加密后将弹出勒索通知的窗口,要求用户支付价值 300 美元的比特币才能解锁,不能按时支付赎金的系统会被销毁数据。同时,受害主机会自动随机扫描网络内开放 445 端口的、有漏洞的其他主机,并通过 SMB 协议将该勒索蠕虫再植入新的目标主机中,扩散传播速度极快。",
"short_description":"基于 Windows 系统 445 端口传播,加密文件,索要赎金。",
"aliases":"",
"intended_effect":"Theft",
```

"status":"Ongoing",
"related_TTPs":["ttp--5ee9db36-4a1e-4dd4-bb32-2551eda97f4a"],
"related_incidents":["incident--34098fce-860f-48ae-8e50-ebd3cc5e41da","incident--613f2e26-407d-48c7-9eca-b8e91df99dc9","incident--f88d31f6-486f-44da-b317-01333bde0b82"],
"attributed_to":["threatactor--5e57c739-391a-4eb3-b6be-7d15ca92d5ed"],
"associated_campaigns":[],
"confidence":"100",
"activity":"",
"information_source":"网络安全测试环境公司网络安全测试环境团队"
}

{
"id":"ttp--5ee9db36-4a1e-4dd4-bb32-2551eda97f4a",
"idref":"",
"timestamp":"2017-05-14T06:32:45Z",
"version":"1.0",
"title":"“永恒之蓝”勒索蠕虫的攻击方法",
"description":"勒索蠕虫通过漏洞远程执行时,会从资源文件夹下释放一个压缩包,此压缩包在内存中通过密码(WNcry@ 2017)解密并释放文件。这些文件包含后续弹出勒索框的 .exe,桌面背景图片的 .bmp,包含各国语言的勒索字体,还有辅助攻击的两个 .exe 文件。这些文件会释放到本地目录,并设置为隐藏。然后,继续扫描网络中的其他主机,若发现存在 SMB 漏洞(MS17-010)的 Windows 系统,则继续传播。解压后在本机的文件,对用户主机的文件进行加密,并弹出索要赎金的提示框。",
"short_description":"攻击存在 SMB 漏洞(MS17-010)的 Windows 系统,加密文件,索要赎金",
"intended_effect":"Theft",
"behavior":"加密用户常用文件,索要赎金",
"resources":["未安装 MS17-010 补丁的 Windows 系统"],
"victim_targeting":["所有连接网联网的计算机"],
"exploit_targets":["target--b346b4b3-f4b7-4235-b659-f985f65f0009"],
"related_TTPs":[],
"kill_chain_phases":"Actions on Objective",
"information_source":"网络安全测试环境公司网络安全测试环境团队",
"kill_chains":""
}

```
{
"id":"incident--34098fce-860f-48ae-8e50-ebd3cc5e41da",
"idref":"",
"timestamp":"2017-05-14T06:32:45Z",
"version":"1.0",
"url":"",
"title":"“永恒之蓝”勒索蠕虫的安全事件1—连接开关域名",
"external_id":"",
"valid_from":"2017-05-12T15:00:00Z",
"valid_to":"2017-05-14T06:32:45Z",
"description":"勒索蠕虫启动后,立即访问一个特殊域名(开关域名):http://
www.iuqerfsodp9ifjaposdfjhgosurijfaewrwergwea.com,如果能访问到这个域名,则
退出运行,不会触发任何恶意行为。如果访问不到,则执行后续的勒索和传播行为。",
"short_description":"访问开关域名",
"categories":["蠕虫","勒索软件"],
"participator":[{
"reporter":"Darien Huss"
}],
"affected_assets":"受感染的计算机",
"impact_assessment":"决定勒索病毒是否产生恶意行为并继续传播",
"status":"Open",
"related_indicators":["indicator--8e2e2d2b-17d4-4cbf-938f-
98ee46b3cd3f"],
"intended_effect":"Theft",
"security_compromise":"Yes",
"discovery_method":"",
"related_incidents":["incident--613f2e26-407d-48c7-9eca-
b8e91df99dc9","incident--f88d31f6-486f-44da-b317-01333bde0b82"],
"COA_requested":[],
"credibility":"high",
"contact":[],
"history":[],
"info_source":"网络安全测试环境公司网络安全测试环境团队"
}

{
"id":"incident--613f2e26-407d-48c7-9eca-b8e91df99dc9",
"idref":"",
```

"timestamp":"2017-05-14T06:32:45Z",
"version":"1.0",
"url":"",
"title":"“永恒之蓝”勒索蠕虫的安全事件 2—加密并勒索",
"external_id":"",
"valid_from":"2017-05-12T15:00:00Z",
"valid_to":"2017-05-14T06:32:45Z",
"description":"执行 tasksche.exe,解压资源文件,从 t.wnry 文件中加载动态链接库,进行文件加密,弹出勒索对话框。",
"short_description":"加密文件,索要赎金",
"categories":["蠕虫","勒索软件"],
"participator":[],
"affected_assets":"受感染的计算机",
"impact_assessment":"",
"status":"Open",
"related_indicators":["indicator--8e2e2d2b-17d4-4cbf-938f-98ee46b3cd3f"],
"intended_effect":"Theft",
"security_compromise":"Yes",
"discovery_method":"检查文件",
"related_incidents":["incident--34098fce-860f-48ae-8e50-ebd3cc5e41da","incident--f88d31f6-486f-44da-b317-01333bde0b82"],
"COA_requested":["coa--34098fce-860f-48ae-8e50-ebd3cc5e41da"],
"credibility":"high",
"contact":[],
"history":[],
"info_source":"网络安全测试环境公司网络安全测试环境团队"
}
{
"id":"incident--f88d31f6-486f-44da-b317-01333bde0b82",
"idref":"",
"timestamp":"2017-05-14T06:32:45Z",
"version":"1.0",
"url":"",
"title":"“永恒之蓝”勒索蠕虫的安全事件 3—横向传播",
"external_id":"",
"valid_from":"2017-05-12T15:00:00Z",
"valid_to":"2017-05-14T06:32:45Z",

"description":"①判断是否处于内网环境,如果是内网,扫描 10.0.0.0 ~ 10.255.255.255,172.16.0.0 ~ 172.31.255.255,192.168.0.0 ~ 192.168.255.255 范围内的主机并进行感染传播;如果是外网,则随机产生 IP 地址并进行感染传播;②投递载荷(由 shell code 和 dll 组成),包括 32 位和 64 位两个版本;③执行 shell code 并调用 dll。",

"short_description":"扫描网络,投递载荷",

"categories":["蠕虫","勒索软件"],

"participator":[],

"affected_assets":"与受感染计算机连接的计算机",

"impact_assessment":"",

"status":"Open",

"related_indicators":[],

"intended_effect":"Theft",

"security_compromise":"Yes",

"discovery_method":"",

"related_incidents":["incident--34098fce-860f-48ae-8e50-ebd3cc5e41da","incident--613f2e26-407d-48c7-9eca-b8e91df99dc9"],

"COA_requested":["coa--34098fce-860f-48ae-8e50-ebd3cc5e41da"],

"credibility":"high",

"contact":[],

"history":[],

"info_source":"网络安全测试环境公司网络安全测试环境团队"

}

{

"id":"threatactor--5e57c739-391a-4eb3-b6be-7d15ca92d5ed",

"idref":"",

"timestamp":"2017-05-14T06:32:45Z",

"version":"1.0",

"title":"“永恒之蓝”勒索蠕虫的威胁主体",

"description":"不明黑客组织/个人,利用“永恒之蓝”网络武器,通过 Windows 系统的 445 文件共享端口,传播勒索程序。计算机系统在感染后即被锁定,所有文件被加密,用户被要求支付价值 300 美元的比特币才能解锁,不能按时支付赎金的系统会被销毁数据。",

"short_description":"不明黑客组织/个人",

"identity":"",

"type":[],

"motivation":"Financial or Economic",

"sophistication":"eCrime Actor - Malware Developer",

"intended_effect":"Theft",
"planning_and_operational_support":"",
"observed_TTPs":["ttp--5ee9db36-4a1e-4dd4-bb32-2551eda97f4a"],
"associated_campaigns":["campaign--e2e1a340-4415-4ba8-9671-f7343fbf0836"],
"associated_actors":[],
"confidence":"50",
"information_source":"网络安全测试环境公司网络安全测试环境团队"
}

{
"id":"target--b346b4b3-f4b7-4235-b659-f985f65f0009",
"idref":"",
"timestamp":"2017-05-14T06:32:45Z",
"version":"1.0",
"title":"“永恒之蓝”勒索蠕虫的攻击目标",
"description":"网络安全测试环境省网络安全测试环境市网络安全测试环境加油站,5台加油卡自助服务终端计算机。",
"short_description":"网络安全测试环境省网络安全测试环境市网络安全测试环境加油站计算机",
"vulnerability":["CVE-2017-0143","CVE-2017-0144","CVE-2017-0145","CVE-2017-0146","CVE-2017-0147","CVE-2017-0148"],
"weakness":"",
"configuration":"",
"potential_COAs":["coa--34098fce-860f-48ae-8e50-ebd3cc5e41da"],
"information_source":"网络安全测试环境公司网络安全测试环境团队",
"related_exploit_targets":["target--ee916c28-c7a4-4d0d-ad56-a8d357f89fef","target--5d0092c5-5f74-4287-9642-33f4c354e56d"]
}

{
"id":"target--ee916c28-c7a4-4d0d-ad56-a8d357f89fef",
"idref":"",
"timestamp":"2017-05-14T06:32:45Z",
"version":"1.0",
"title":"“永恒之蓝”勒索蠕虫的攻击目标",
"description":"网络安全测试环境省网络安全测试环境市出入境业务办理大厅,10台处理业务的计算机。",

"short_description":"网络安全测试环境省网络安全测试环境市出入境业务办理大厅计算机",
"vulnerability":["CVE-2017-0143","CVE-2017-0144","CVE-2017-0145","CVE-2017-0146","CVE-2017-0147","CVE-2017-0148"],
"weakness":"",
"configuration":"",
"potential_COAs":["coa--34098fce-860f-48ae-8e50-ebd3cc5e41da"],
"information_source":"网络安全测试环境公司网络安全测试环境团队",
"related_exploit_targets":["target--b346b4b3-f4b7-4235-b659-f985f65f0009"]
}

{
"id":"target--5d0092c5-5f74-4287-9642-33f4c354e56d",
"idref":"",
"timestamp":"2017-05-14T06:32:45Z",
"version":"1.0",
"title":"“永恒之蓝”勒索蠕虫的攻击目标",
"description":"网络安全测试环境省网络安全测试环境大学网络安全测试环境实验室,15 台计算机。",
"short_description":"网络安全测试环境省网络安全测试环境大学网络安全测试环境实验室计算机",
"vulnerability":["CVE-2017-0143","CVE-2017-0144","CVE-2017-0145","CVE-2017-0146","CVE-2017-0147","CVE-2017-0148"],
"weakness":"",
"configuration":"",
"potential_COAs":["coa--34098fce-860f-48ae-8e50-ebd3cc5e41da"],
"information_source":"网络安全测试环境公司网络安全测试环境团队",
"related_exploit_targets":["target--ee916c28-c7a4-4d0d-ad56-a8d357f89fef","target--b346b4b3-f4b7-4235-b659-f985f65f0009"]
}

{
"id":"indicator--8e2e2d2b-17d4-4cbf-938f-98ee46b3cd3f",
"idref":"",
"timestamp":"2017-05-14T06:32:45Z",
"version":"1.0",
"title":"“永恒之蓝”勒索蠕虫的攻击指标",

```
    "type":"ransomware worm",
    "aliases":"WannaCry",
    "description":"“永恒之蓝”勒索蠕虫的攻击指标,涉及进程、文件、注册表等多类",
    "short_description":"",
    "valid_from":"2017-05-12T15:00:00Z",
    "valid_to":"2017-05-14T06:32:45Z",
    "observable":"observation--089a6ecb-cc15-43cc-9494-767639779123",
    "composite_indicator_expression":[
    {
            "value":"3773a88f65a5e780c8dff9cdc3a056f3",
            "source_ref":"provider",
            "type":"md5",
            "created_time":"2016-12-09T08:58:33Z"
    },
    {
            "value":"0aa1f07a2e网络安全测试环境
dd42896d3d8fdb5e9a9fef0f4f894d2501b9cbbe4cbad673ec03",
            "source_ref":"provider",
            "type":"sha256",
            "created_time":"2016-12-09T08:58:33Z"
        }
    ],
    "indicated_TTP":["ttp--5ee9db36-4a1e-4dd4-bb32-2551eda97f4a"],
    "test_mechanisms":"",
    "likely_impact":"",
    "suggested_of_coa":["coa--34098fce-860f-48ae-8e50-ebd3cc5e41da"],
    "confidence":"89",
    "related_indicators":[],
    "information_source":"网络安全测试环境公司网络安全测试环境团队"
    }

    {
    "id":"observation--089a6ecb-cc15-43cc-9494-767639779123",
    "idref":"",
    "timestamp":"2017-05-14T06:32:45Z",
    "version":"1.0",
    "title":"“永恒之蓝”勒索蠕虫的可观测数据",
    "description":"“永恒之蓝”勒索蠕虫会改变多个参数,包括……",
```

"short_description":"",
"object":[
{
"relationship":"or",
"value":[
{
"constraint":"equal",
"object_type":"file",
"file_name":"*.wncry"
},{
"constraint":"equal",
"object_type":"process",
"name":"attrib.exe",
"parameter" :["+h ."]
},{
"constraint":"equal",
"object_type":"process",
"name":"cmd.exe",
"parameter":["/c","regadd HKLM\\SOFTWARE\\Microsoft\\Windows\\Cur-
rentVersion\\Run"]
},{

"constraint":"equal",
"object_type":"process",
"name":"@WanaDecryptor@.exe ",
"parameter" :["co"]
},{
"constraint":"equal",
"object_type":"registry",
"registry_path":"HKEY_LOCAL_MACHINE\\SOFTWARE\\Microsoft\\Windows\\
CurrentVersion\\Run",
"registry_type" :["REG_SZ"],
"registry_key_value" :"tasksche.exe"
}]}]}
{
"id":"coa--34098fce-860f-48ae-8e50-ebd3cc5e41da",
"idref":"",
"timestamp":"2017-05-14T06:32:45Z",

"version":"1.0",
"title":"“永恒之蓝”勒索蠕虫的应对措施",
"stage":"Response",
"type":["Physical Access Restrictions","Eradication","Patching"],
"description":"①拔掉网线再开机,防止继续感染其他计算机;②用升级后的杀毒软件查杀该蠕虫病毒;③在确定病毒清除后,迅速更新系统补丁 MSC17-010(对 Windows XP/2003 等官方已停止服务的系统,微软已推出针对该病毒利用漏洞的特别安全补丁);④若数据价值较高,在确认攻击者信誉度后,可考虑支付赎金取回。",
"short_description":"断网,查杀蠕虫,打补丁,必要时考虑缴纳赎金",
"objective":["所有被怀疑的计算机"],
"parameter_observables":"",
"structured_COA":"",
"impact":"",
"cost":"",
"efficacy":"",
"information_source":"网络安全测试环境公司网络安全测试环境团队",
"related_COAs":[]
}

5.4.3.2 学习过程验证

通过上传 WannaCry 木马样本到业务管控服务器区的服务器上,并运行 WannaCry 木马,发现目标主机被勒索界面如图 5-13 所示。

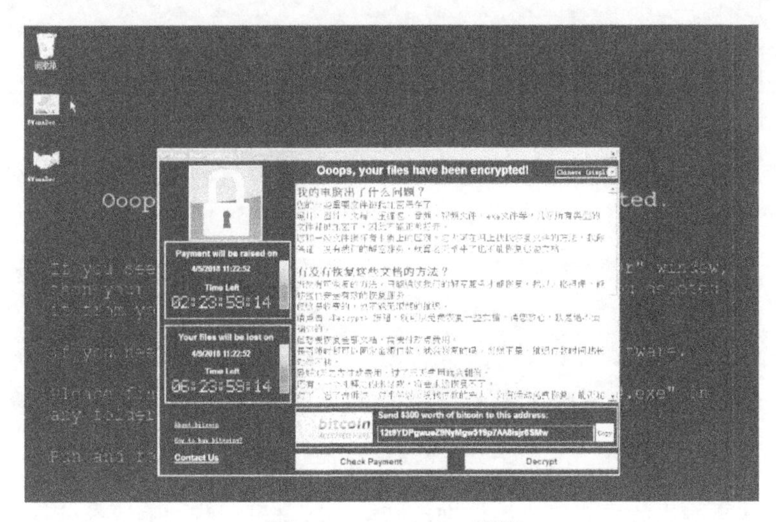

图 5-13 WannaCry 运行

感知系统采集 IDS 相关 WannaCry 木马样本攻击的告警信息,关联分析后获得

WannaCry 事件的威胁度为 9 分,资产总的风险指数 8 分,并把相关威胁资产信息和安全资源等信息统一为感知信息(图 5-14)输入给智能决策系统。

ORFF5W1RW bFpUQm1OR1F4W1dJME5EQXhMbVY0W1E9PW5TZjBDdXMoQzkONjZBMTgxMjZCNDFGNDg3QU
VFMEQ5 QTUxMjk5NzMuZXh1KW5TZjBDdXMzOjZuU2YwQ3VzNDQyNDk4MGFkOTA0YTdhNjViMDBmOWFkM
zVm MmQOMjA=", "card": "G1/1", "dzonename": "global", "rawlen": 128, "action": 1
6385, "iscdnip": 0, "dip": "10.82.180.133"}]
[{"hash": "7B15-7D66-18B1-0707", "product": "ips", "msgtype": 34815, "dev_ip": "
10.82.180.140"}, {"replib": "cc:20180326,url:20180326,file:20180323", "engine":
"up", "netcard": "G1/1@0.000#H1@0.000#M@0.000#G1/2@0.000", "flashver": "V5.6R10F
02", "avlib": "V5.6R10F34998,2018-03-27 02:02:18", "urllib": "V5.6R00F205,2018-0
3-16 02:20:14", "time": 1522173438, "rulelib": "V5.6R10F17482,2018-03-24 02:04:1
6", "agentver": "V5.6R10F02SP02,2018-02-05 02:01:32"}]
[{"hash": "7B15-7D66-18B1-0707", "product": "ips", "msgtype": 31490, "dev_ip": "
10.82.180.140"}, {"szonename": "global", "msel": 0, "vid": 0, "acted": 16385, "m
odule": 6, "smac": "00-10-F3-3F-C8-4D", "ar": 2, "rawinfo": 0, "sport": 80, "sip
": "125.77.131.213", "group": 3, "ruleid": 41311, "cache": 1, "strategy": 1, "ms
g": "6K6/6Zeu5Y2x6Zmp5paH5Lu2KOmrmOe6p+WogeiDgemYsuaKpCk=", "dmac": "38-22-D6-03
-73-8A", "lasttimes": 1, "smt_user": "", "dport": 49914, "user": "", "date": 152
2133791, "ds": "SFRUUG5TZjBDdXNaQz1OYzJSdmQyNXNiMkZrTDNWd1pHRjBaUz16YjJaMGQyRnla
UzlrW1daMUx6 SXdNVGd2TURJdl1XMWZZbUZ6W1Y4M11UUm1NV013T1RWa01tVTNZV1k1WkRabE9UWXh
ORFF5W1RW bFpUQm1OR1F4W1dJME5EQXhMbVY0W1E9PW5TZjBDdXMoNjhDREFEMjY3RjFENDdCN0IyMD
1COUU0 MOIzQjREODIuZXh1KW5TZjBDdXMzOjZuU2YwQ3VzNDQyNDk4MGFkOTA0YTdhNjViMDBmOWFkM
zVm MmQOMjA=", "card": "G1/1", "dzonename": "global", "rawlen": 128, "action": 1
6385, "iscdnip": 0, "dip": "10.82.180.133"}]
[{"hash": "7B15-7D66-18B1-0707", "product": "ips", "msgtype": 30721, "dev_ip": "
10.82.180.140"}, {"szonename": "Monitor", "msel": 0, "vid": 180, "acted": 1, "mo

图 5-14　WannaCry 事件相关感知信息

智能决策系统获取上述感知信息后转化为决策状态向量集(图 5-15)。

图 5-15　WannaCry 决策状态向量集

智能决策中间过程所选择联动动作集 19 号,进行自动化分解动作序列。最后输出对防火墙防护动作和 vRouter1 中导流动作,如图 5-16 所示。

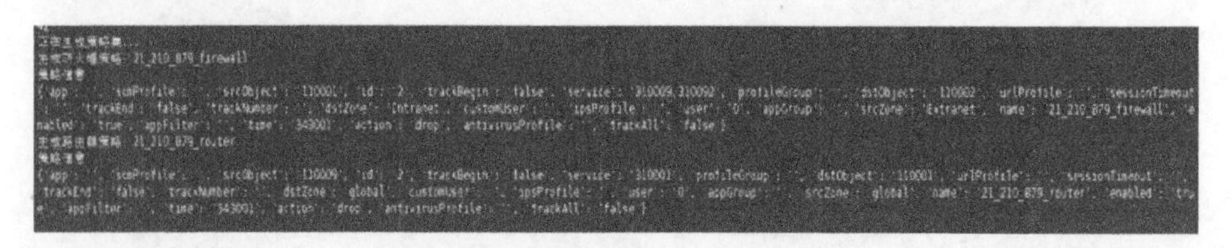

图 5-16　WannaCry 决策输出

这些决策输出的信息输入给后面的联动响应系统。联动响应系统接受智能决策系统发送的策略集,并下发到对应路由器和防火墙。

5.4.3.3　学习结果评估

在下一个状态,感知系统并未采集到 IDS 相关 WannaCry 木马样本攻击的告警信息，此时资产总的风险指数降为4分，由于关联分析后并未获得WannaCry事件，所以不存在对应的威胁度。从上述过程可以看出，智能决策系统可以对新的威胁攻击进行学习后得出新的输出，从而完成感知信息到决策动作的自主决策。整个过程验证了多智能决策系统自学习的正确性，从而验证了该系统在测试环境中有一定的技术可行性。

对比不同感知参数变化下决策结果的变化。图5-17中27个分解动作对应表见知识库中定义。通过测试物理部署图的拓扑为拓扑1，然后删除vRouter1后为拓扑2，可见两个不同的拓扑下分解动作的编号不同。一方面，动作22对应为唯一一个防火墙的阻断动作，不同拓扑下相同，这是由于威胁攻击相同。另一方面，拓扑变化导致动作5和动作3的选择概率不同，可见由于vRouter1的删除，导流动作的路由器发生了变化。

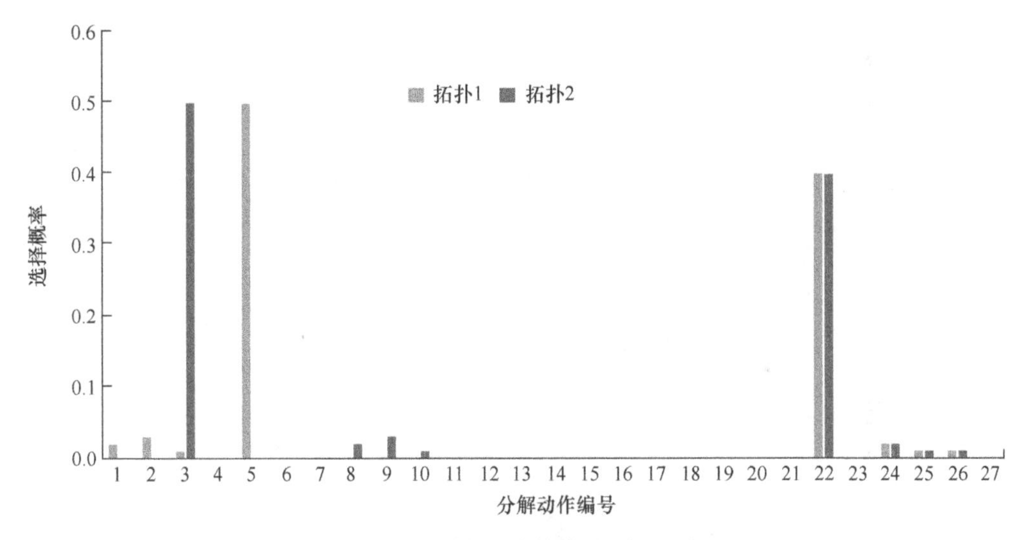

图5-17　拓扑变化的决策结果(彩图见插页)

图5-18所示为威胁攻击变化对决策动作影响的验证。直接在业务管控服务器区中不同服务器上运行WannaCry木马样本。由于测试拓扑和其他感知数据未变，所以决策动作未变。当三台服务器上都未运行WannaCry木马样本时，智能决策系统并未给出具体动作。

图5-19所示为资产脆弱性变化对决策动作的影响。在业务管控服务器区中不同服务器上分别进行MS17-010漏洞利用，智能决策的新动作为12。同上，由于测试拓扑和其他感知数据未变，所以决策动作未变。当三台服务器上都未被漏洞利用，智能决策系统并未给出具体动作。

从上述不同感知参数变化下决策动作变化的验证结果可以看出，对于新的攻

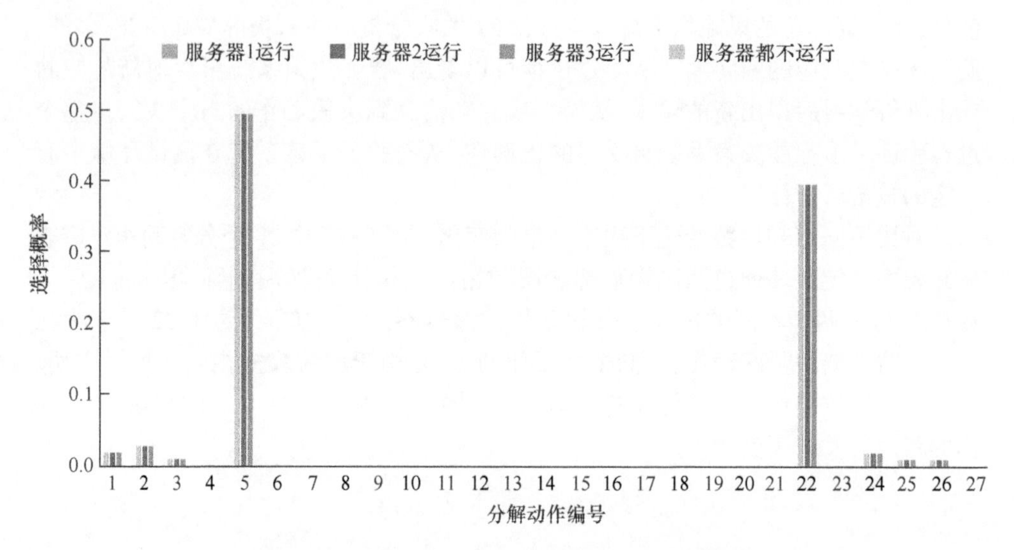

图 5-18　威胁攻击变化的决策结果(彩图见插页)

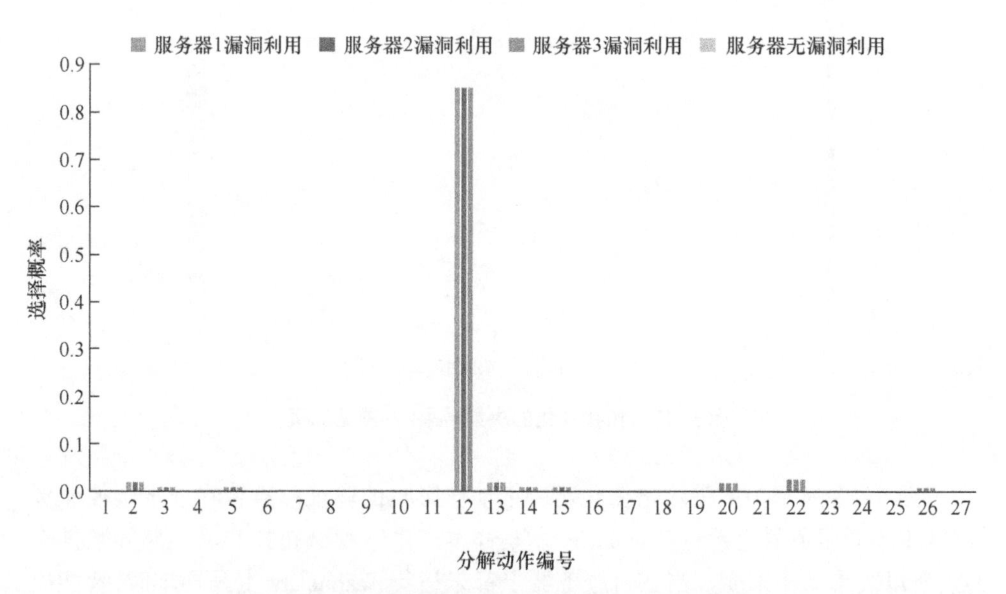

图 5-19　资产脆弱性变化的决策结果(彩图见插页)

击时间和漏洞,利用输入智能决策系统,可以进行自学习并进行决策输出对应新的动作。更重要的是,不同感知参数变化,智能决策系统可以根据拓扑、威胁攻击和脆弱性变化而变化决策动作,所以该系统能够在一定程度上适应网络安全测试环境系统不同感知状态变化,且所得结果具有正确性。

参 考 文 献

[1] SHACHTER R D, KANAL L, HENRION M, et al. Uncertainty in Artificial Intelligence 5 [M]. Elsevier, 2017.

[2] KASEMSAP K. Mastering Intelligent Decision Support Systems in Enterprise Information Management [M]//SREEDHAR G. Web Data Mining and the Development of Knowledge-based Decision Support Systems. IGI Global. 2017:35-56.

[3] 黄梯云. 智能决策支持系统 [M]. 北京:电子工业出版社,2001.

[4] 吴泉源,刘江宁. 人工智能与专家系统 [M]. 长沙:国防科技大学出版社,1995.

[5] 蔡自兴,德尔金,龚涛. 高级专家系统:原理,设计及应用 [M]. 北京:科学出版社,2005.

[6] 韩力群,康芊.《人工神经网络理论,设计及应用》——神经细胞、神经网络和神经系统 [J].北京工商大学学报(自然科学版),2005,23(1):52.

[7] SCHMIDHUBER J. Deep Learning in Neural Networks:An Overview [J]. Neural Networks, 2015, 61:85-117.

[8] SANGAIAH A K, ABRAHAM A, SIARRY P, et al. Intelligent Decision Support Systems for Sustainable Computing:Paradigms and Applications [M]. Cham:Springer, 2017.

[9] DENG L, YU D. Deep Learning: Methods and Applications [J]. Foundations and Trends® in Signal Processing, 2013, 7(3-4):197-387.

[10] ERHAN D, BENGIO Y, COURVILLE A, et al. Why Does Unsupervised Pre-training Help Deep Learning? [J]. Journal of Machine Learning Research, 2010, 11:625-660.

[11] HINTON G E, OSINDERO S, TEH Y-W. A Fast Learning Algorithm for Deep Belief Nets [J]. Neural Comput, 2006, 18(7):1527-1554.

[12] DAHL G E, YU D, DENG L, et al. Context-dependent Pre-trained Deep Neural Networks for Large-vocabulary Speech Recognition [J]. IEEE Transactions on Audio, Speech, and Language processing, 2012, 20(1):30-42.

[13] KRIZHEVSKY A, SUTSKEVER I, HINTON G E. Imagenet Classification with Deep Convolutional Neural Networks[C]//Proceedings of the Advances in Neural Information Processing Systems, 2012, 2:1097-1105.

[14] XU K, BA J, KIROS R, et al. Show, Attend and Tell:Neural Image Caption generation with Visual Attention[C]//Proceedings of the 32nd International Conference on Machine Learning, 2015, 37:2048-2057.

[15] PINHEIRO P H, COLLOBERT R. Recurrent Convolutional Neural Networks for Scene Labeling [C]//Proceedings of the 31st International Conference on Machine Learning (ICML), 2014, 32(1):82-90.

[16] HE K M, ZHANG X Y, REN S Q, et al. Deep Residual Learning for Image Recognition[C]// the Proceedings of the IEEE Conference on Computer Vision and Pattern Recognition, 2016: 770-778.

[17] SUTTON R S, BARTO A G. Reinforcement Learning: An Introduction [M]. Cambridge: MIT press, 1998.

[18] WATKINS C J, DAYAN P. Q-learning [J]. Machine Learning, 1992, 8(3-4): 279-292.

[19] SUTTON R S, MCALLESTER D A, SINGH S P, et al. Policy Gradient Methods for Reinforcement Learning with Function Approximation[C]//Proceedings of the Advances in Neural Information Processing Systems, 2000: 1057-1063.

[20] LIU D R, WEI Q L. Policy Iteration Adaptive Dynamic Programming Algorithm for Discrete-time Nonlinear Systems [J]. IEEE Transactions on Neural Networks and Learning Systems, 2014, 25 (3): 621-634.

[21] SILVER D, LEVER G, HEESS N, et al. Deterministic Policy Gradient Algorithms[C]//Proceedings of the ICML, 2014: 605-619.

[22] TESAURO G. Td-gammon: A Self-teaching Backgammon Program [M]//MURRAY A F. Applications of Neural Networks. New York: Springer, 1995: 267-285.

[23] 刘全,翟建伟,章宗长,等. 深度强化学习综述 [J]. 计算机学报, 2018, 41(1): 1-27.

[24] SHIBATA K, OKABE Y. Reinforcement Learning when Visual Sensory Signals are Directly Given as Inputs [C]//Proceedings of the International Conference on Neural Networks, 1997, 3: 1716-1720.

[25] LANGE S, RIEDMILLER M. Deep Auto-encoder Neural Networks in Reinforcement Learning [C]// Proceedings of the 2010 International Joint Conference on Neural Networks (IJCNN), 2010.

[26] LANGE S, RIEDMILLER M, VOIGTLANDER A. Autonomous Reinforcement Learning on Raw Visual Input Data in a Real World Application[C]//Proceedings of the 2012 International Joint Conference on Neural Networks (IJCNN), 2012.

[27] KOUTN K J, SCHMIDHUBER J, GOMEZ F. Online Evolution of Deep Convolutional Network for Vision-based Reinforcement Learning[C]// Proceedings of the International Conference on Simulation of Adaptive Behavior, 2014: 260-269.

[28] MNIH V, KAVUKCUOGLU K, SILVER D, et al. Human-level Control Through Deep Reinforcement Learning [J]. Nature, 2015, 518(7540): 529-533.

[29] SCHAUL T, QUAN J, ANTONOGLOU I, et al. Prioritized Experience Replay [C/OL]. arXiv preprint arXiv: 1511. 05952, 2015.

[30] NAIR A, SRINIVASAN P, BLACKWELL S, et al. Massively Parallel Methods for Deep Reinforcement Learning [C/OL]. arXiv preprint arXiv: 1507. 04296, 2015.

[31] GUO X X, SINGH S, LEE H, et al. Deep Learning for Real-time Atari Game Play Using Offline Monte-Carlo Tree Search Planning[C]//Proceedings of the Advances in Neural Information Processing Systems, 2014, 2: 3338-3346.

[32] VAN HASSELT H, GUEZ A, SILVER D. Deep Reinforcement Learning with Double Q-Learning [C]//Proceedings of the AAAI, Conference on Artificial Intelligence, 2016: 2094-2100.

[33] WANG Z Y, SCHAUL T, HESSEL M, et al. Dueling Network Architectures for Deep Reinforce-

ment Learning [C/OL]. arXiv Preprint arXiv:1511.06581,2015.

[34] OSBAND I,BLUNDELL C,PRITZEL A,et al. Deep Exploration Via Bootstrapped DQN[C]// Proceedings of the Advances in Neural Information Processing Systems,2016:4033-4041.

[35] MNIH V,BADIA A P,MIRZA M,et al. Asynchronous Methods for Deep Reinforcement Learning [C]//Proceedings of the International Conference on Machine Learning,2016,48:1928-1937.

[36] CUCCU G,LUCIW M,SCHMIDHUBER J,et al. Intrinsically Motivated Neuroevolution for Vision-based Reinforcement Learning;Proceedings of the 2011 IEEE International Conference on Development and Learning (ICDL),2011.

[37] NARASIMHAN K,KULKARNI T,BARZILAY R. Language Understanding for Text-based Games using Deep Reinforcement Learning [C]. arXiv Preprint arXiv:1506.08941,2015.

[38] HAUSKNECHT M,STONE P. Deep Recurrent Q-learning for Partially Observable MDPs [C/OL].arXiv preprint arXiv:1507.06527,2015.

[39] SOROKIN I,SELEZNEV A,PAVLOV M,et al. Deep Attention Recurrent Q-network [C/OL]. arXiv Preprint arXiv:1512.01693,2015.

[40] ZHAO D B,CHEN Y R. LV L. Deep Reinforcement Learning with Visual Attention for Vehicle Classification [J]. IEEE Transactions on Cognitive and Developmental Systems,2016,9(4): 356-367.

[41] ZHAO D B,WANG H T,SHAO K,et al. Deep Reinforcement Learning with Experience Replay Based on Sarsa[C]//Proceedings of the 2016 IEEE Symposium Series on Computational Intelligence (SSCI),2016 [C]. IEEE.

[42] ZHU Y H,ZHAO D B,HE H B,et al. Event-triggered Optimal Control for Partially Unknown Constrained-input Systems Via Adaptive Dynamic Programming [J]. Ieee T. Ind. Electron., 2017,64(5):4101-4109.

[43] 赵冬斌,邵坤,朱圆恒,等. 深度强化学习综述:兼论计算机围棋的发展 [J]. 控制理论与应用,2016,33(6):701-717.

[44] MAUNSELL J H,TREUE S. Feature-based Attention in Visual Cortex [J]. Trends in Neurosciences,2006,29(6):317-322.

[45] MOZER M C,VECERA S P. Space-and Object-based Attention [M]//ITTI L,REES G,TSOTSOS J K. Neurobiology of Attention. London:Elsevier,2005:130-134.

[46] BORJI A,ITTI L. State-of-the-art in Visual Attention Modeling [J]. IEEE Transactions on Pattern Analysis and Machine Intelligence,2013,35(1):185-207.

[47] LI Z P. Contextual Influences in V1 as a Basis for Pop out and Asymmetry in Visual Search [J]. Proceedings of the National Academy of Sciences,1999,96(18):10530-10535.

[48] CORBETTA M,SHULMAN G L. Control of Goal-Directed and Stimulus-driven Attention in the Brain [J]. Nature Reviews Neuroscience,2002,3(3):201-215.

[49] POSNER M I. Orienting of Attention [J]. Quarterly Journal of Experimental Psychology,1980,32(1):3-25.

[50] FANG F,HE S. Crowding Alters the Spatial Distribution of Attention Modulation in Human Pri-

mary Visual Cortex [J]. Journal of Vision,2008,8(9):6. 1-9.

[51] SILVER M A,RESS D,HEEGER D J. Topographic Maps of Visual Spatial Attention in Human Parietal Cortex [J]. J. Neurophysiol. ,2005,94(2):1358-1371.

[52] O'CRAVEN K M,DOWNING P E,KANWISHER N. fMRI Evidence for Objects as the Units of Attentional Selection [J]. Nature,1999,401(6753):584-587.

[53] SERENCES J T,SCHWARZBACH J,COURTNEY S M,et al. Control of Object-based Attention in Human Cortex [J]. Cerebral Cortex,2004,14(12):1346-1357.

[54] WOLFE J M,HOROWITZ T S. What Attributes Guide the Deployment of Visual Attention and How do They Do it? [J]. Nature Reviews Neuroscience,2004,5(6):495-501.

[55] TSITSIKLIS J,BERTSEKAS D,ATHANS M. Distributed Asynchronous Deterministic and Stochastic Gradient Optimization Algorithms [J]. IEEE Transactions on Automatic Control,1986,31(9):803-812.

[56] BOKHARAIE V S,MASON O,VERWOERD M. D-stability and Delay-independent Stability of Homogeneous Cooperative Systems [J]. IEEE Transactions on Automatic Control, 2010, 55(12):2882-2885.

[57] WANG W,SLOTINE J J E. Contraction Analysis of Time-delayed Communications and Group Cooperation [J]. IEEE Transactions on Automatic Control,2006,51(4):712-717.

[58] ZHANG F M,LEONARD N E. Cooperative Filters and Control for Cooperative Exploration [J]. IEEE Transactions on Automatic Control,2010,55(3):650-663.

[59] LYNCH K M,SCHWARTZ I B,YANG P,et al. Decentralized Environmental Modeling by Mobile Sensor Networks [J]. IEEE Transactions on Robotics,2008,24(3):710-724.

[60] YANG P,FREEMAN R A,LYNCH K M. Multi-agent Coordination by Decentralized Estimation and Control [J]. IEEE Transactions on Automatic Control,2008,53(11):2480-2496.

[61] ZHANG Z, ZHAO D B, GAO J W, et al. FMRQ—A Multiagent Reinforcement Learning Algorithm for Fully Cooperative Tasks [J]. IEEE Transactions on Cybernetics,2017,47(6):1367-1379.

[62] ZHANG Z, ZHAO D B. Clique-based Cooperative Multiagent Reinforcement Learning Using Factor Graphs [J]. IEEE/CAA Journal of Automatica Sinica,2014,1(3):248-256.

[63] SCHUSTER M,PALIWAL K K. Bidirectional Recurrent Neural Networks [J]. IEEE Transactions on Signal Processing,1997,45(11):2673-2681.

[64] AARTS E,KORST J. Simulated Annealing and Boltzmann Machines: a Stochastic Approach to Combinatorial Optimization and Neural Computing[M]. New York:John Wiley & Sons,1989

[65] FUNAHASHI K-I,NAKAMURA Y. Approximation of Dynamical Systems by Continuous Time Recurrent Neural Networks [J]. Neural Networks,1993,6(6):801-806.

[66] HOCHREITER S,SCHMIDHUBER J. Long Short-term Memory [J]. Neural Comput ation,1997,9(8):1735-1780.

[67] SILVER D,HUANG A,MADDISON C J,et al. Mastering the Game of Go With Deep Neural Net-Works and Tree Search [J]. Nature,2016,529(7587):484-489.

[68] KULKARNI T D, NARASIMHAN K, SAEEDI A, et al. Hierarchical Deep Reinforcement Learning: Integrating Temporal Abstraction and Intrinsic Motivation[C]//Proceedings of the 30th International Conference on Neural Information Processing Systems, 2016: 3682-3690.
[69] FRANS K, HO J, CHEN X, et al. Meta Learning Shared Hierarchies [EB/OL]. arXiv Preprint arXiv: 1710. 09767, 2017.
[70] BACON P-L, HARB J, PRECUP D. The Option-Critic Architecture[C]//Proceedings of the AAAI, 2017: 1726-1734.
[71] VEZHNEVETS A S, OSINDERO S, SCHAUL T, et al. Feudal Networks for Hierarchical Reinforcement Learning [C]//Proceedings of the 34th Con. Mac. Lear., 2017, 70: 3540-3549.
[72] 周文吉,俞扬. 分层强化学习综述 [J]. 智能系统学报, 2017, 12(5): 590-594.
[73] SUTTON R S, PRECUP D, SINGH S. Between MDPs and Semi-MDPs: A Framework for Temporal Abstraction in Reinforcement Learning [J]. Artificial Intelligence, 1999, 112(1-2): 181-211.
[74] PARR R, RUSSELL S J. Reinforcement Learning with Hierarchies of Machines [C]// Proceedings of the 10th International Conference on Neural. Information Processing systems, 1998: 1043-1049.
[75] DIETTERICH T G. Hierarchical Reinforcement Learning with the MAXQ Value Function Decomposition [J]. Jartif Intell Res(JAIR), 2000, 13(1): 227-303.
[76] LI Y X. Deep Reinforcement Learning: An Overview [EB/OL]. arXiv Preprint arXiv: 1701. 07274, 2017.
[77] KONDA V R, TSITSIKLIS J N. Actor-critic Algorithms[C]//Proceedings of the Advances in Neural Information Processing Systems, 2000: 1008-1014.
[78] LILLICRAP T P, HUNT J J, PRITZEL A, et al. Continuous Control with Deep Reinforcement Learning[EB/OL]. arXiv Preprint arXiv: 1509. 02971, 2015.
[79] 董菡. 基于免疫记忆的校创新基金审核决策系统的开发[D]. 西安:西安理工大学, 2008.
[80] 冯政鑫, 唐寅, 韩磊, 等. 网络安全智能决策系统设计[J]. 信息技术与网络安全, 2021(05).
[81] 秦杨. 基于决策支持的数据管理系统研究[D]. 长沙:中南大学, 2005.
[82] 安实, 王健, 徐亚国, 等. 城市智能交通管理技术与应用[M]. 北京:科学出版社, 2005.
[83] 曹建刚. 基于人工神经网络的智能决策支持模型研究与应用[D]. 大庆:大庆石油学院, 2008.
[84] 张晓丽. 计算机在制丝业中的应用:煮茧工艺设计专家系统[D]. 合肥:安徽农业大学, 2001.
[85] 李运爽. 混合型专家系统的设计及其在材料设计中的应用[D]. 天津:河北工业大学, 2005.
[86] 刘长敏. 基于分段式智能控制器的微机温控显微系统[D]. 镇江:江苏大学, 2006.
[87] 刘卫红. 基于神经网络与专家系统集成的智能决策系统的应用研究[D]. 重庆:重庆大学, 2002.

[88] 栗然. 专家系统与人工神经网络的发展与结合[J]. 华北电力大学学报:自然科学版, 1998, 25(2):7.
[89] 王海芳. 神经网络专家系统的人机界面设计及其在材料设计中的应用[D].天津: 河北工业大学, 2006.
[90] 高广耀, 王世卿. 基于神经网络集成技术构建 IDSS 知识库的研究[J]. 计算机工程与设计, 2005, 26(8):4.
[91] 张腾. 高速硬铣削工艺专家系统的研究[D]. 南京:南京航空航天大学, 2007.
[92] 王青, 祝世虎, 董朝阳,等. 自学习智能决策支持系统[J]. 系统仿真学报, 2006, 18(4): 924-926.
[93] 周彦, 杨静. 基于 MATLAB 的 BP 神经网络入侵检测系统[J]. 山东农业工程学院学报, 2004, 20(001):131-132.
[94] 周顺辉. 基于模糊神经网络的 STS 起重机工况识别技术及其应用研究[D]. 上海:上海海事大学, 2004.
[95] 吴淑玲. 面向油田开发领域的多准则智能决策模型及应用研究[D]. 大庆:大庆石油学院,2010.
[96] 赵冬斌, 邵坤, 朱圆恒,等. 深度强化学习综述:兼论计算机围棋的发展[J]. 控制理论与应用, 2016, 33(6):17.
[97] 陈康. 基于深度强化学习的小行星探测器跳跃轨迹规划研究[D]. 哈尔滨:哈尔滨工业大学,2018.
[98] 章康树. 基于神经网络的污水处理自适应控制方法初探[D] .杭州:浙江大学,2019.
[99] 周蓉, 王佳欣, 张森,等. 基于强化学习的 ATM 现金管理方法[J]. 网络新媒体技术, 2019(5):56-59.
[100] 刘通. 基于深度学习的 RTS 视角的指挥决策方法研究[D]. 沈阳:沈阳理工大学,2020.
[101] 陈茜. 基于经验回放机制的深度强化学习算法改进及应用[D] 南京:.东南大学,2021.
[102] 梁宸. 基于强化学习的多智能体协作策略研究[D]. 沈阳:沈阳理工大学 .
[103] 杨铮, 贺骁武, 吴家行,等. 面向实时视频流分析的边缘计算技术[J]. 中国科学: 信息科学, 2022, 52(1).
[104] 黄淑芹. 综合评价决策支持系统模型的研究与设计[D]. 合肥:合肥工业大学,2006.
[105] 刘锋, 夏春先, 黄振和. 基于人工神经网络的故障诊断专家系统[J]. 国外电子测量技术, 2004, 23(4):3.
[106] 武星星. 神经网络解决机械加工误差复映的应用研究[D]. 长春:吉林大学, 2004.
[107] 许花桃. 基于模糊神经网络的模糊专家系统在网络性能管理中的应用研究[D]. 南宁:广西大学,2002.
[108] 张晓云. 微机操作实用教程 Windows98 版[M].西安:西安电子科技大学出版社, 2000.
[109] 黄牧涛, 田勇. 组合智能决策支持系统研究及其应用[J]. 系统工程理论与实践, 2007, 27(4):6.
[110] 马彪. 面向决策支持的组织多源异性知识的智能集成研究[D]. 上海:东华大学,2011.
[111] 屈俊峰. 决策树的结点属性选择和修剪方法研究[D]. 武汉:中国地质大学,2006.

[112] 王会梅，鲜明，王国玉. 基于扩展网络攻击图的网络攻击策略生成算法[J]. 电子与信息学报，2011，33(12):7.
[113] 冯伟，陈沅江，黄思琪，等. SIC 过程与安全信噪的相关问题研究[J]. 情报杂志，2019，38(11):9.
[114] 王勇. 一种广义信息系统模型[J]. 中国科技论文在线，2008.
[115] 吴超，黄浪，王秉. 新创理论安全模型[M]. 北京：机械工业出版社，2019.
[116] 王秉，吴超. 安全信息-安全行为(SI-SB)系统安全模型的构造与演绎[J]. 情报杂志，2017，36(11):10.
[117] 王娜，方滨兴，罗建中，等. "5432 战略"：国家信息安全保障体系框架研究[J]. 通信学报，2004，25(7):9.
[118] 郭致星. 如何通过系统集成项目管理工程师考试[M]. 北京：人民邮电出版社，2013.
[119] 李志东. 基于融合决策的网络安全态势感知技术研究[D]. 哈尔滨：哈尔滨工程大学，2012.
[120] 张维明，黄金才，贺明科. 管理信息系统[M]. 北京：中国人民大学出版社，2012.
[121] 何明耘. 大规模网络系统的动态安全防御体系研究：信息对抗下的控制与决策问题[D]. 西安：西北工业大学，2003.
[122] 张峰. 基于策略树的网络安全主动防御模型研究[D]. 成都：电子科技大学，2005.
[123] 吴蓓. 安全策略转换关键技术研究[D]. 郑州：解放军信息工程大学，2011.
[124] 马恒太，刘小霞，朱登科. 天基综合信息系统安全策略设计与验证技术研究[J]. 中国电子科学研究院学报，2015，10(5):6.
[125] 雷远东. 绿盟大数据安全分析平台[J]. 网络安全和信息化，2016，5(05):41-42.
[126] 王勇. 金融企业系统安全管理平台的设计与实现[D]. 天津：天津大学，2015.
[127] 吴尚. 针对 Windows 大规模系统日志的依赖分析系统[D]. 杭州：浙江大学，2020.
[128] 周鸿祎，范海涛. 颠覆者 周鸿祎自传[M]. 北京：北京联合出版有限公司出版，2017.
[129] 林玥. 社区场景下的网络威胁情报共享机制研究[D]. 西安：西安电子科技大学，2020.
[130] 陈启安，滕达，申强. 网络空间安全技术基础[M]. 厦门：厦门大学出版社，2017.
[131] 于普漪，褚智广，滕征岑，等. 面向特定网络安全事件响应的态势评估方法[J]. 计算机应用与软件，2018，35(10):7.
[132] 王帆. 基于贝叶斯攻击图的网络安全风险评估方法研究[D]. 西安：西北大学，2019.

第6章　网络安全测试环境联动响应安全体系设计

6.1　引　言

6.1.1　背景分析

近年来,网络安全已成为国家战略,2014年2月27日,习总书记在网络安全和信息化工作座谈会上,作出了重要论断:“没有网络安全就没有国家安全,没有信息化就没有现代化。”充分强调了网络安全在国家层面的重要性。2016年11月7日,第十二届全国人民代表大会常务委员会第二十四次会议通过了《网络安全法》,使得惩治网络空间领域的不法行为有法可依。

与此同时,互联网上的安全事件不减反增。著名的数据泄露分析报告Verizon DBIR(Data Breach Investigations Report)在2015年的报告中,收集了2122起已确认的数据泄露事件,而在2016年的报告中,这一数字上升到了3141起,其中89%的数据泄露是经济利益或间谍驱动。这一观点在2016年一系列针对银行SWIFT系统的攻击事件中得到验证,其中孟加拉国央行因此造成了约1亿美元的损失。在间谍驱动方面,安天实验室发布了《白象的舞步——来自南亚次大陆的网络攻击》APT报告,曝光了过去4年来自南亚具有国家背景的定向攻击,目标主要针对中国高校和其他机构。

以往被视为高度安全的隔离内网已被各种安全事件证明是可以被攻破的,2017年一些物理隔离的内网被发现遭到了勒索软件WannyCry的入侵。一些APT调查工作发现,如在伊朗、俄罗斯和卢旺达发现的“索伦计划”(Project Sauron)具有50多个组件,可以绕过USB阻断的数据防泄露方案(Data Leakage Prevention,DLP),隔空攻击目标主机。

值得注意的是,网络攻击数量逐年增加,安全形势不容乐观,很多传统的安全防护手段在新型环境和新型威胁下变得低效甚至失效。据统计,在云计算信息系统方面,VMware虚拟化系统共出现过222个漏洞,其中高危漏洞52个,2015年披露了11个漏洞;全球最大的开源IaaS系统Openstack共披露了68个漏洞,2015年一年就有14个漏洞,其中高危漏洞1个。这些漏洞无疑为外部或内部攻击者提供了极其便利的攻击手段,如果攻击者通过 Hypervisor 漏洞从虚拟机穿透到宿主机,那么很多安全机制就完全失效。

总之,网络攻击的频繁化、多样化和隐蔽化,与传统安全机制检测、防护和响应的落后,造成了不可调和的矛盾。

6.1.2 协同防护理念

前述 DBIR 2015 报告中提到,一次定向攻击从开始到数据窃取平均只需数小时,而防守方从攻击开始到检测完成则需数月。可见安全界亟须改造自身的安全防护体系,以快速响应应对漏洞利用攻击,以威胁情报分析应对隐秘威胁。

具体而言,协同防护、快速响应是实现该防护体系的目标,为了实现该目标,可借鉴和吸收当前行业先进理念,如软件定义安全、自适应安全等,从而融入安全体系的设计和实现中。

6.1.2.1 软件定义的敏捷防护

云计算等技术的迅猛发展,已在深刻改变传统的 IT 基础设施、应用、数据以及 IT 运营管理。特别是对于安全管理来说,一些新技术,如软件定义网络(SDN),对于这些基础设施的安全防护而言,既是挑战,也是机遇。

软件定义的理念正在改变 IT 基础设施的方方面面,如计算、存储和网络,最终成为软件定义。在当前的大部分数据中心,计算和存储组件已经相当成熟,各种分布式计算和存储系统对外提供海量和弹性的服务,但网络管理还相对较为落后,管理员一般只能通过 Web 页面或命令行 CLI 对网络设备进行管理和控制,这对于一个包含上万台虚拟交换机和路由器的数据中心来说显然是不可管理的。随着 SDN 等支撑技术的出现,网络自动化控制和运营已经成为未来网络的必由之路。

随着计算、存储和网络可以被软件定义,将来的信息系统也是可以被软件定义的,即软件定义一切(Software Defined Everything,SDx)。这"一切"必然包含安全,因而软件定义的安全体系将是今后安全防护的一个重要前进方向。

著名咨询机构 Gartner 在 *The Impact of Software-Defined Data Centers on Information Security*① 一文中提出软件定义安全(SDS)的概念,其理念是将通过安全数据平面与控制平面分离,对物理及虚拟的网络安全设备与其接入模式、部署方式、实现功能进行解耦,底层抽象为安全资源池里的资源,顶层统一通过软件编程的方式进行智能化、自动化的业务编排和管理,以完成相应的安全功能,从而实现一种灵活的安全防护。

近年来,软件定义与安全的结合已成为业界的前沿发展热点,融入软件定义的安全体系可以在变化、异构的防护场景中体现出敏捷、弹性的特点,无疑会加快整

---

① https://www.gartner.com/doc/2200415/.

体的响应速度，在以快对快的安全对抗大背景下，使得防守方缩短与攻击方的响应延迟，甚至借助主动防御的技术可在某些场景中占得先机。

6.1.2.2　自适应的协同安全防护

Gartner[①] 于 2016 年提出了“自适应安全”（Adaptive Security）的防护模型，其核心思想就是不再假设防护（Protection）能实现万无一失的安全，这也是因为很多大企业和政府机构尽管购买了很多安全产品，部署了完备的安全机制，依然发生了大量的数据泄露和恶意攻击事件。可见，以往重防守、堆设备的建设思路已然不能抵御复杂攻击。

自适应安全强调了检测、响应和预测的能力。安全团队在检测到业务中断或系统遭到破坏时，应快速恢复信息系统和相关业务；当发现存在恶意攻击时，应及时隔离（Contain）和阻止恶意攻击，避免重要数据外泄。企业在构建自适应安全时应遵循以下原则：一方面，要将安全策略贯穿防护、检测、响应和预测 4 个阶段，如图 6-1 所示；另一方面，在每个阶段均要结合多种手段，如在检测阶段需要检测事件、对事件进行确认、优先级排序，以及相应隔离；在响应阶段需要修复、对事件进行取证等。

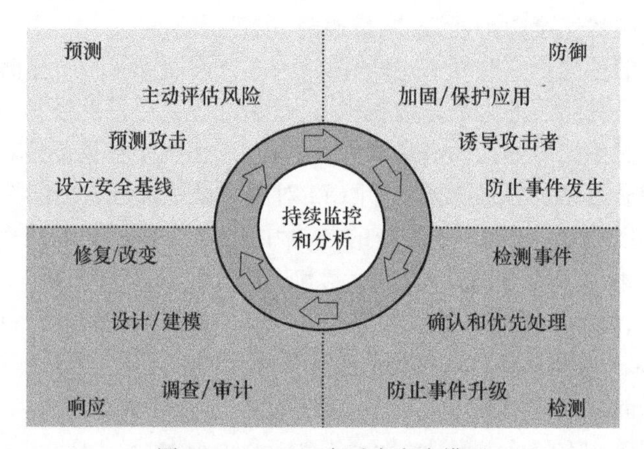

图 6-1　Gartner 自适应安全模型

6.1.2.3　小结

Gartner 既将“软件定义安全”作为 2014 年的十大信息安全技术之一，又将“自适应安全”列为 2017 年十大技术趋势之一，这两种安全防护思路都非常重要，并有一定的内在联系。Gartner 将软件定义安全作为平台革命，在《2016 年新兴技术成熟度曲线》报告中，软件定义安全在成熟度曲线上已经有明显的移动，越过了成熟度曲线的最高点。对此，报告的评论是“安全供应商继续将更多策略管理从个别

① http://www.gartner.com.

硬件元素移动到一个基于软件的管理平面,以便保证指定安全策略的灵活性。因此,软件定义安全为安全策略的执行带来速度和敏捷性”。可见,“软件定义安全”是实现“自适应安全”的支撑体系,只有当检测、防护的各类安全机制可以被控制平面的安全应用所驱动,才能快速响应,及时发现和解决安全事件;而“自适应安全”是“软件定义安全”的一个编排原则,指明了如何协同使用各种安全能力,应对在不同阶段发生的安全事件。

6.2 响应模型分析

本节提出相应的防护响应手段,主要包含两个方面:网络安全测试环境自身安全性和网络安全测试环境业务安全性。

6.2.1 网络安全测试环境自身安全防护响应

网络安全测试环境自身安全防护主要是保证网络安全测试环境的边界划分和资源隔离恰当,避免攻击者突破网络安全测试环境沙箱,攻击其他网络安全测试环境或信息系统。由于实体环境和云环境的防护思路相似,云环境更具有通用性,所以本节以云环境介绍网络安全测试环境自身安全性,主要有以下两点。

1. 安全域划分

安全域是由一组具有相同安全保护需求、并相互信任的系统组成的逻辑区域,在同一安全域中的系统共享相同的安全策略,通过安全域的划分把一个大规模复杂系统的安全问题化解为更小区域的安全保护问题,是实现大规模复杂信息系统安全保护的有效方法。安全域划分是按照安全域的思想,以保障云计算业务安全为出发点和立足点,把网络系统划分为不同的安全区域,并进行纵深防护。

对于网络安全测试环境计算平台的安全防护,需要根据云平台安全防护技术实现架构,选择和部署合理的安全防护措施,并配置恰当的策略,从而实现多层、纵深防御,才能有效地保证网络安全测试环境平台资源及服务的安全。

(1) 业务保障原则:安全域方法的根本目标是能够更好地保障网络上承载的业务。在保证安全的同时,还要保障业务的正常运行和运行效率。

(2) 结构简化原则:安全域划分的直接目的和效果是要将整个网络变得更加简单,简单的网络结构便于设计防护体系。例如,安全域划分并不是粒度越细越好,安全域数量过多过杂可能导致安全域的管理过于复杂和困难。

(3) 等级保护原则:安全域划分和边界整合遵循业务系统等级防护要求,使具有相同等级保护要求的数据业务系统共享防护手段。

(4) 生命周期原则:对于安全域的划分和布防不仅要考虑静态设计,还要考虑云平台扩容及因业务运营而带来的变化,以及开发、测试及后期运维管理要求。

按照纵深防护、分等级保护的理念,基于网络安全测试环境平台的系统结构,划分相应的安全域。特别是针对不同的网络安全测试环境业务系统,应划分对应的安全域,以避免业务系统间的干扰。

在完成安全域划分之后,就需要基于安全域划分结果,设计和部署相应的安全机制、措施,以进行有效防护。

2. 网络隔离

为了保障云平台及其承载的网络安全测试环境业务安全,需要根据网络所承载的数据种类及功能,进行单独组网。

1) 管理网络

物理设备是承载虚拟机的基础资源,其管理必须得到严格控制,所以应采用独立的带外管理网络来保障物理设备管理的安全性。同时各种虚拟资源的准备、分配、安全管理等也需要独立的网络,以避免与正常业务数据通信的相互影响,因此设立独立的管理网络来承载物理、虚拟资源的管理流量。

2) 存储网络

对于数据存储,往往采用SAN、NAS等区域数据网络来进行数据的传输,因此也将存储网络独立出来,并与其他网络进行隔离。

3) 迁移网络

虚拟机可以在不同的云计算节点或主机间进行迁移,为了保障迁移的可靠性,需要将迁移网络独立出来。

4) 控制网络

随着SDN技术的出现,数据平面和数据平面数据出现了分离。控制平面非常重要,关于整个云平台网络服务的提供,因此建议组建独立的控制网络,保障网络服务的可用性、可靠性和安全性。

上面适用于一般情况。针对具体的应用场景,也可以根据需要划分其他独立的网络。

6.2.2 网络安全测试环境业务安全防护响应

网络安全测试环境业务安全防护响应手段有三类。

1. 网络安全机制部署

为了及时检测和响应前述租户通过渗透攻击虚拟网络,甚至穿透内部网络到达管理网络或其他信息系统,则应该在关键的网络拓扑位置部署相关的安全机制,如访问控制、入侵检测等。

在SDN或具备网络设备自动配置的环境中,可通过SDN或脚本的方式,自动化地将流量牵引到网络安全设备中,实现快速的安全响应;但在一些不具备这样能力的网络中,可在关键的网络节点部署可自由组合的光交换机或物理SDN交换机，在这些节点可实现半自动化的安全响应。

2. 主机 Agent 部署

在虚拟机、服务器或其他带有操作系统的设备中，可以部署具备安全检测和防护的 Agent，可获得主机的视图，并监控运行的程序、脚本或文件的行为，及时发现恶意攻击并进行阻断。

3. 安全 Proxy 部署

对于一些没有操作系统的嵌入式设备，或无法部署网络或主机安全机制的环境，可部署只有转发功能的安全代理 Proxy，用于转发流量、日志、告警或行为等数据，并交由其他检测响应引擎进行处置。

6.3 研究现状

6.3.1 软件定义安全

自从著名咨询机构 Gartner 在 *The Impact of Software-Defined Data Centers on Information Security*[①] 一文中提出软件定义安全（SDS）的概念后，软件定义与安全的结合已成为业界的前沿发展热点。软件定义安全是从软件定义网络（SDN）引申而来的，原理是将通过安全数据平面与控制平面分离，对物理及虚拟的网络安全设备与其接入模式、部署方式、实现功能进行解耦，底层抽象为安全资源池里的资源，顶层统一通过软件编程的方式进行智能化、自动化的业务编排和管理，以完成相应的安全功能，从而实现一种灵活的安全防护。

Check Point 在 RSA 2014 大会上宣布推出软件定义防护（Software Defined Protection，SDP）革新性安全架构，可在当今日新月异的 IT 和威胁环境中为企业提供虚拟化的边界防护。赛门铁克也在 RSA 2015 提出使用软件定义网络技术对 APT 攻击进行取证的话题提供了一种安全事件事后快速分析的新思路[②]。Catbird 公司的软件定义安全架构[③]通过微分区（Micro-Segmentation）在虚拟环境中划分不同的区域，并通过编排将安全策略下发给多种类型的安全设备，并作用在区域级别或虚拟机级别。这些方案有的具有开放性，有的可以快速响应，还有的能完成自动化安全运维，并从不同层面表现出软件定义的特征。随着一些具有洞察力的安全公司提出了概念性的方案，并将其做出面向某领域的商用产品，可预见越来越多的公司的安全产品和解决方案将走向软件定义。

---

① https://www.gartner.com/doc/2200415/.

② https://www.rsaconference.com/events/us15/agenda/sessions/1555.

③ http://www.catbird.com/product/catbird-architecture.

由于安全产品的自动化响应需要控制平面和数据平面的南向接口标准化，OASIS 正在开发一个开放的控制命令语言 OpenC2(Open Command and Control)。OpenC2 是将编排器生成的安全策略在语义上进行抽象，可用任何语言表达，如防火墙、路由器或 SDN 等功能。一个典型的 OpenC2 命令包括了动作(Action)、目标(Target)、执行单元(Actuator)和修饰词(Modifiers)，表明指定某个执行单元在特定的触发条件下对目标采取某种动作。通过定义具体场景下每个要素的属性和取值，可实现多安全厂商的产品标准化地执行安全动作。OpenC2 主要涉及了响应方面的功能描述，可实现自动化的安全响应，如果借助情报相关的语言，如 STIX、TAXII，可以进而实现预测、检测和响应的自动化闭环。

6.3.2 自适应安全和弹性响应

自适应安全模型可以软件定义安全为支撑体系，利用北向应用编排机制进行安全资源和策略的灵活调配，实现多种防护手段的协同运作。

在 2016 年 RSA 大会的创新沙盒竞赛中，Phantom Cyber 公司展示的自动化应用编排系统①得到评委的青睐，获得了优胜奖；在 2016 年 2 月 29 日，IBM 安全收购了安全事件响应公司 Resilient Systems，以强化其弹性的灾难恢复服务。这两家公司的技术特点有不少相似性，具有软件定义安全的特征。

Phantom 认为在存在大规模攻击的场景下，会有大量的日志、告警输出，通过人工检查的方式很难发现问题，即便发现问题也很难快速解决。于是，Phantom 从应用层入手，构建自动化、可编排的安全应用体系。图 6-2 所示为 Phantom Cyber

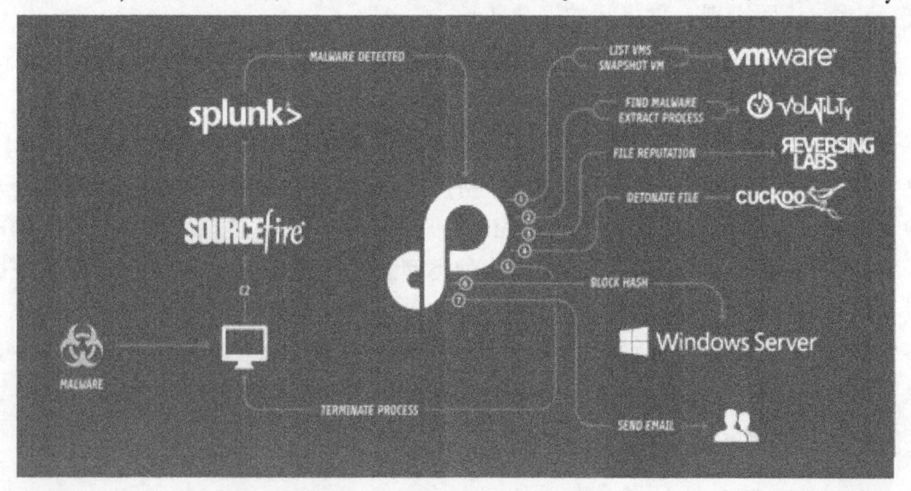

图 6-2 Phantom Cyber 的架构

① https://www.phantom.us/product.html.

的架构,它支持多种数据源和主流的 SIEM 平台,如 Splunk、Qradar 等;同时,可以让安全管理团队编写脚本 Playbook,调用相应的安全服务,实现安全运维自动化。

Resilient Systems① 通过对事件调查和响应的流程进行建模,建立了一套灵活的事件处置机制。通过软件化的设计,可以调用邮件、报表和 Ticketing 系统,将以前需要人工、低效、没有可视度的处置流程变得更加优化,大大缩短了安全事件处置的整体时间。

6.3.3 SDN 安全架构和安全防护

软件定义网络颠覆了现有网络的通信和管理模式,近年来在业界和学术界得到越来越多的关注。但与此同时,业界的安全解决方案却依然臃肿,不能抵御新型网络中的新型攻击。主要原因是当前的主流安全应用少有用户可编程的应用接口;此外,传统安全产品还不能与设施虚拟化(Infrastructure as a Service,IaaS)系统交互。

当前已有一些涉及 SDN 安全的架构,如 FRESCO 在 SDN 控制器中加入一个安全模块,可使用用户脚本检测 SDN 流信息,具有开放特性。但其应用没有与底层安全设备交互,无法做到深度防护;此外,FRESCO 与 SDN 控制器深度整合,过多脚本容易使其成为 SDN 系统的瓶颈。

在产品化的角度,将所有安全核心功能内置于 SDN 控制器也是不可行的,不可能根据每一个 SDN 控制器都实现一套功能相同的安全内核。

综上所述,现有 SDN 控制器无法与安全设备协同,且无法以低成本实现全局视图下的流和数据包双层深度检测,实现对新安全威胁的快速响应。

针对 OpenFlow/SDN 的安全问题,参考文献[21]进行了较为全面的分析;参考文献[14]认为 SDN 技术将引入新的安全威胁和风险,如控制器层面的安全风险等,其中,最大的风险应该是控制器的可用性;参考文献[20]提出了一种针对 SDN 资源耗尽的攻击;而参考文献[23]设计了一个控制器的扩展以抵御恶意设备发起的 DDoS 攻击。ETSI 对 NFV 的可信问题进行的分析并提出建议,参考文献[16]分析了 NFV 所带来的网络安全问题,但两者均针对 SDN 和 NFV 两种技术架构分析风险,而没有考虑随着新技术融合出现的新型混合云环境中出现的新挑战。参考文献[22]提出了一种在虚拟环境中的 NFV 框架,并分析了在移动网络中使用该框架的挑战。

虽然 SDN 和 NFV 环境中因为新技术的引入存在安全威胁,但同时 SDN 和 NFV 等技术也为安全防护提供了一些思路,如流检测和分析是 SDN 环境中检测攻击的一种可行手段,参考文献[2,23]提出了一种检测分布式拒绝服务攻击的方

---

① https://www.resilientsystems.com/.

法,定时获取并分析流统计信息。参考文献[3]提出了另一种流分析方法,在每次查流表时都触发一个“流未找到”事件,然后将数据包封装到 PACKET_IN 的 OpenFlow 控制消息,再发送给 SDN 控制器,进而检查数据包地址是否被伪造,但这种方法给控制器带来极大负载,并不可扩展。

此外,包检测在 SDN 安全中也非常重要,如参考文献[4-5]提出如何分析流中该应用,参考文献[6-7]使用控制器与 IDS 结合的方式检测攻击,参考文献[8]提出了一个 OpenFlow 扩展 FleXam,可对每条流进行采样,使 SDN 控制器访问部分数据包以判断是否有攻击。但这种方案将数据面与控制面混合,偏离了 SDN 设计的初衷,数据平面交由设备处理更适合。Zafar 等提出了一种策略加固和保护方案,可用现有的 SDN 应用接口而不修改设备做防护,但 SDN 控制器需对流中的某些字段处理以避免多租户环境中的地址冲突。

另一个重要的安全领域是访问控制,与传统防火墙相比,使用 SDN 网络中的网络设备实现访问控制则更为轻量级和高效。其中,在边界防护的研究中,业界出现了若干种模型,如 CSA 的软件定义边界(SDP),提出类似于 SDN 的架构,存在一个集中控制的 SDP Controller,在该系统中任意两点间的访问,都需要获得该控制器的授权,所以能做到全局集中控制,而且所有的策略都是通过上层控制器软件灵活决定的。有一些工作在基于角色的访问控制(RBAC)模型上做的风险分析,如文献[9]使用安全偏序关系表示进行中的访问,使用独立的风险评估程序管理这些访问;参考文献[1]基于这些风险提出了一种基于风险感知的 RBAC 模型,可提供比 RBAC 更清晰的认证语义和更丰富的访问控制决策。也有一些工作使用有别于 RBAC 的新模型,如基于属性的访问控制(Attribute Based Access Contro, ABACl),借助被认证主体和被访问客体的各种属性,进行灵活的决策。此外, Gartner 提出的自适应访问控制(Adaptive Access Control)模型,强调根据上下文的因素,如在没有发现异常情况的场景下,可适当降低访问控制的强度,反之增强。该模型成为 2014 年 Gartner 十大技术之一,原因在于它与 RBAC 或 ABAC 不同,通过分析上下文和风险,提高了控制的灵活性。

新型安全域的划分是访问控制在云计算系统的访问控制实现的一个新方向, Hypersegregation 超隔离是 CSA 提出的安全的六大趋势之一,当攻击者攻入内部,也不能很容易获得数据,此外还有如 VMWare 提出的微分段等概念的出现,也是考虑云环境中会出现越来越多的东西向流量,这些流量的控制是非常重要的问题。总之,各种模型通过主客体和环境的各种因素,综合决定了系统内资源的访问控制策略。而混合云环境较为复杂,所以要求灵活度高、控制粒度细且可集中控制的访问控制模型。

在划分好的各类安全域边界或内部,可部署多种安全机制实现复杂的防护,参考文献[18]探讨了 SDN 应用的策略冲突消解,以解决多种安全应用下发的策略冲突所造成的安全问题。但不可否认控制器总可能存在一些漏洞,攻击者通过一系列复杂的攻击链(Attack Chain),绕过某些安全检查,进行定向攻击。但防守方同样可以利用 SDN 和 NFV 的新特性,灵活组成由多重安全机制组成的服务链进行防护。例如,参考文献[6]使用 SDN 修改 VLAN tag,从而实现了多设备在任意位置部署实现多重防护。

6.4 基于策略驱动的联动响应安全体系

6.4.1 联动响应的安全架构

联动响应的安全架构自顶向下可分为安全应用、安全控制平台和安全设备三层,如图 6-3 所示。

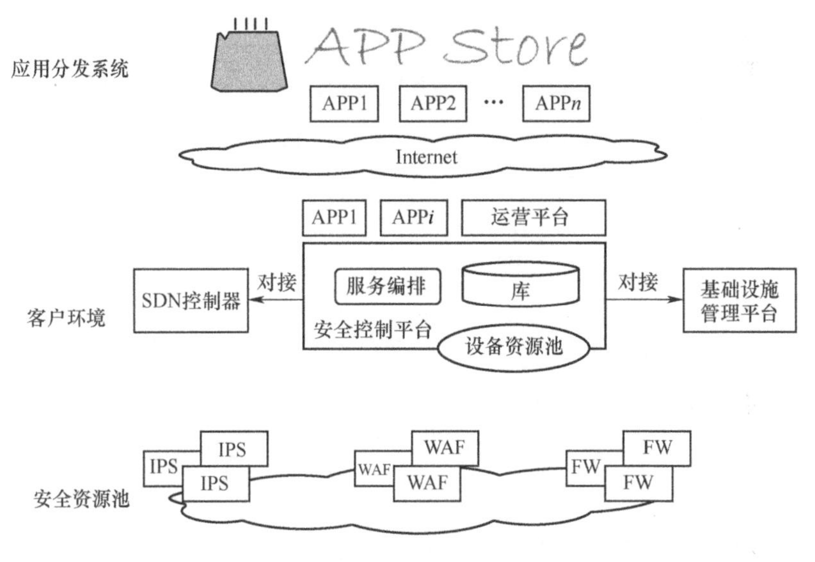

图 6-3　联动响应安全架构示意图

态势感知应用对整体攻防态势进行感知,决策引擎进行分析判断,最终安全决策,向安全控制平台下达处置策略。

安全控制平台的服务编排组件对策略进行解析、编排和一致性计算,得到若干面向安全设备的规则,调度相关的安全资源生效,控制平台调整网络配置和拓扑,最终驱动安全设备将规则生效。

安全控制平台会与网络控制平台和基础设施管理平台对接,如果网络环境启用了 SDN 或 NFV,则可通过 SDN 控制器或 NFV 管理器实现网络拓扑和网络设备策略的自动化调整;如果网络环境是分布式自治的,则可通过传统的方式(如 Net-

Conf、SNMP）实现脚本化的自动控制。

在一些网络安全设备无法处理或需要在主机层面获得更多信息的场景中，安全控制平台需要借助 EPP（Endpoint Protection Platform）或 EDR（Endpoint Detection Response）系统，监控和控制部署在终端侧的进程行为和文件行为。

安全资源池模块接收到资源调度指令后，计算资源池中具备所需能力的安全资源，若无则通过资源池管理系统进行新建，若有则进行调度，并启用相应的安全资源。

安全设备或终端安全软件收到安全控制平台下发的指令后，应用于引擎的规则库，从而对之后经过的数据包或新发生的网络终端行为进行响应。

更具体地，在网络安全测试环境中，可以分为应用、操作系统、主机、网络和硬件 5 层，编排系统可动态地调用安全资源池、安全代理等安全机制进行协同防护，保护相应层次中的网络安全测试环境资源。具体如图 6-4 所示。

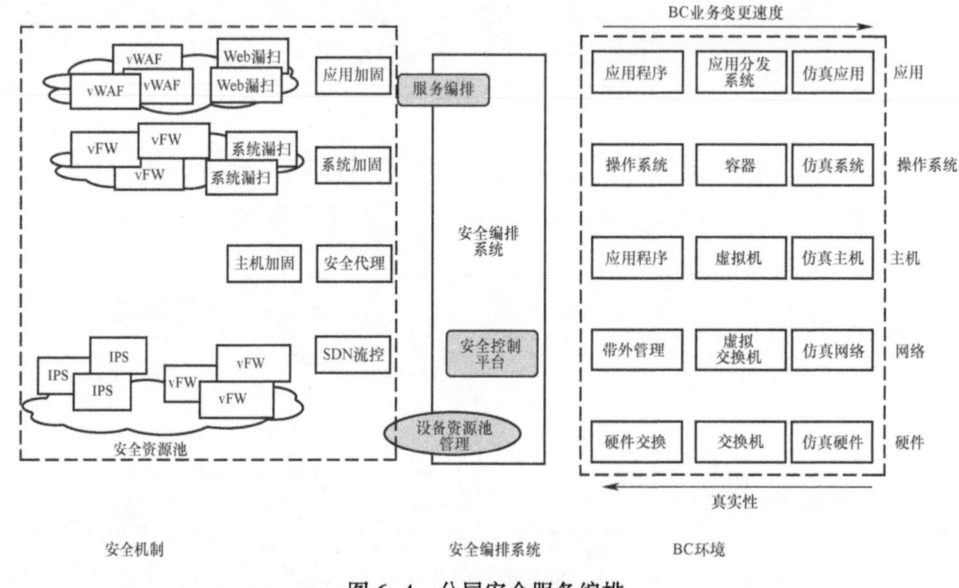

图 6-4　分层安全服务编排

6.4.2　安全控制平台

联动响应安全架构的核心是安全控制平台（Security Controller），该平台应支持开放自适应的协同控制能力，也可实现敏捷弹性的安全响应能力，以下介绍平台的整体架构和主要功能模块，以及这些模块的协作机制。

6.4.2.1　安全控制平台组成

安全控制平台的内部模块组成和总体架构如图 6-5 所示，主要由若干个核心模块和面向不同场景的定制模块组成。每个模块与控制平台内部的模块或外部的安全或网络主体进行交互,生成的数据保存到缓存或数据库中,形成若干个库,如APP 库、设备库、流库和策略库等。

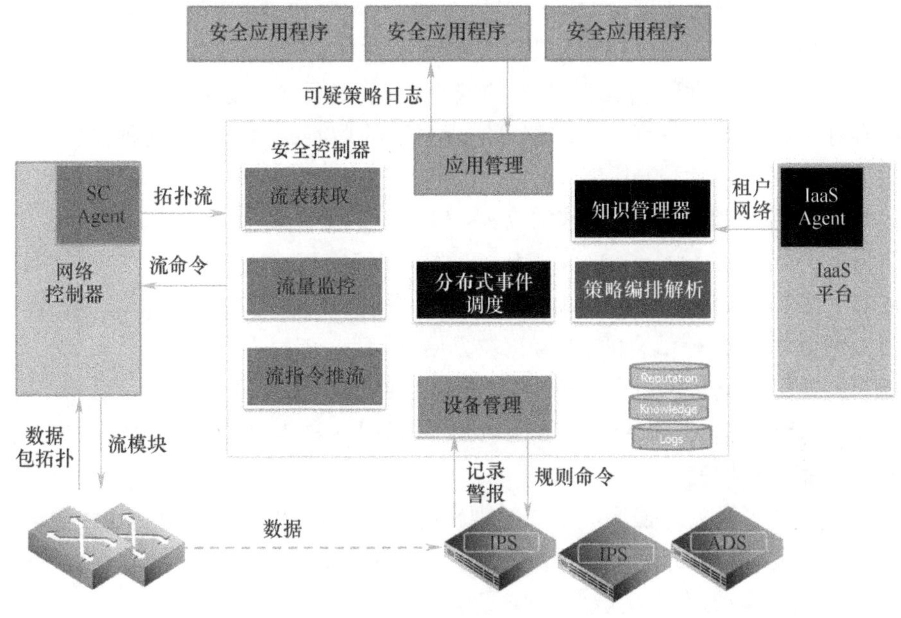

图 6-5　安全控制平台的结构

其中,核心模块包含:

(1) 分布式事件调度(Event Scheduler):接受各模块注册事件,将需处理的事件分发给相应模块,触发事件处理机制。

(2) 应用管理(APP Manager): 管理北向的安全应用信息,接受应用的可疑数据订阅,推送满足条件的可疑数据。

(3) 设备管理(Device Manager): 管理南向的设备应用信息,在策略解析器等模块中提供所需的安全设备。

(4) 策略编排解析(Policy Resolver):将安全决策引擎输出的策略集分解为网络设备或安全设备可执行的具体命令。

此外,还有一些重要的模块,如数据收集、可疑数据监控和命令推送,在不同场景有特定的实现,称为定制模块。例如:在 OpenFlow/SDN 的环境中,还有流表获取(Flow Polling)、流量监控(Flow Monitor)和流指令推送(Flow Pusher)三个模块,在传统网络环境中,流指令推送模块则变为与之等价的网络设备配置模块,在仿真环境中,这些组件又变成了仿真器的输入输出适配模块。

安全控制平台实现的功能是由上述若干模块的协作完成的,基本的工作流为数据收集模块从东西向获得网络数据,数据监控模块根据安全应用的订阅条件寻找粗颗粒度的可疑数据，通过安全应用管理模块推送给安全应用；后者根据细粒度的算法进行决策，将命令通过安全应用管理模块下发给策略解析模块，后者根据语义解析成网络控制器或安全设备可理解的命令，最终由数据推送模块下发到控制器或安全设备。

在具体场景中，可能会存在额外的安全模块，如日志记录和分析等，工作流也可能存在一些差异。但每个模块都可实现自己的功能，相对独立，这种模块的设计有以下特点。

1. 各模块均提供开放、标准的 WEB API

例如，APP Manager 和 Device Manager 等都可通过 RESTful 接口进行访问，支持 CRUD 操作，从而实现应用和设备的增加、更新和删除等功能。

2. 模块之间是松耦合的，部署比较方便

管理员可以调用接口启用或禁用某些组件，安全控制平台也可以根据相应的应用场景，调用相应的模块；安全管理员还可以很容易根据需要编写新的模块，以对安全功能进行扩展。

由于整个安全系统强调的是在松耦合的系统中，提供简单的资源操作原语，使得安全管理员可以通过设计一组相关的 Web 调用，就能完成一系列一致性的操作，从而实现复杂的安全功能。

整个系统要点在于协作控制，它贯穿了安全控制平台内部模块间，以及安全控制平台与安全应用、设备间的交互设计。下面先介绍南北向的设备和应用如何与安全控制平台进行交互，接着说明安全控制平台内部的模块通信协作机制，然后介绍安全控制平台与安全应用协作的可疑数据订阅机制，最后分析将安全应用下发的策略解析成相应命令的策略解析机制。

6.4.2.2　安全策略处理机制

安全应用的策略生成后，决策引擎输出在多个时间点所执行的安全策略。此时需要安全策略处理机制，将决策引擎输出的 AI 可读策略转换为设备可读的规则。安全策略处理框架如图 6-6 所示。

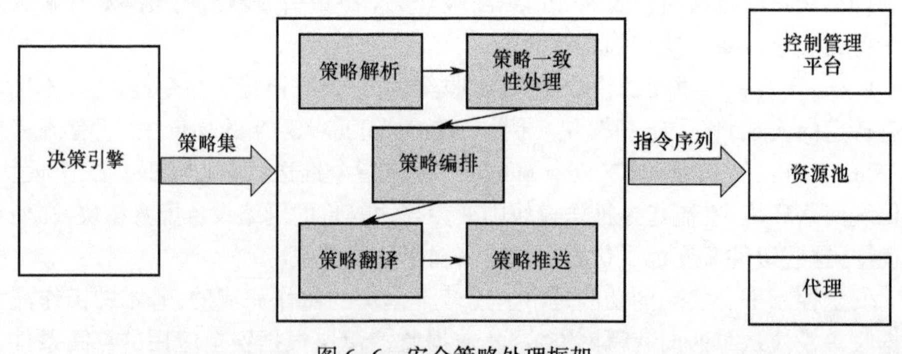

图 6-6　安全策略处理框架

安全策略下发机制主要分为策略解析、策略一致性处理、策略编排、策略翻译和策略推送 5 个步骤。

(1) 策略解析:安全策略从 AI 的分类器解析为(主体、操作、资产)标准形式。

(2) 策略一致性处理:通过安全策略一致性检测机制,发现与已有安全策略产生冲突的新策略,如果可以通过冲突修正机制解决,则解决冲突;否则通知决策引擎重新决策。

(3) 策略编排:多个安全策略之间的协同编排。

(4) 策略翻译:将安全策略转换为面向网络设备的流表、路由项;面向 SDN 控制器的北向接口请求;面向安全资源池的资源管理指令;以及面向安全设备的规则。

(5) 策略推送:将前述请求和规则形成指令序列,依次推送到相应的安全资源。

通过自动化的策略处理机制,可以将决策引擎的安全策略快速推送到各个安全机制加固点,避免了以往人工下发慢且容易出错的问题,为实现安全敏捷响应提供了基础。

6.4.2.3 安全应用编排机制

安全应用在部署时会包含可执行程序和描述自身功能的元数据,安全应用部署后,元数据在决策引擎中转换为各种特征和参数。运行时,决策引擎中对输入的日志、告警和事件等信息进行分析,或执行一个响应剧本(Playbook),决策输出一个或多个安全策略。安全应用编排机制如图 6-7 所示。

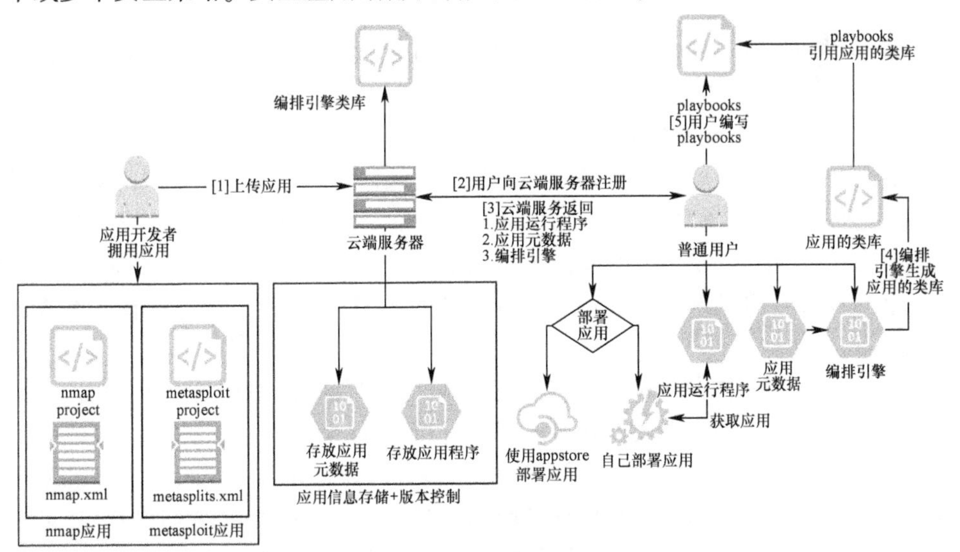

图 6-7 安全应用编排机制

前面描述的过程中，剧本定义了一系列的自动化任务，是安全应用的编排工具。决策引擎会对输入数据进行操作，形成时序化的操作流。例如，对某个 CVE 进行一系列的情报搜集、脆弱资产发现、补丁查找和漏洞修复等，如图 6-8 所示。

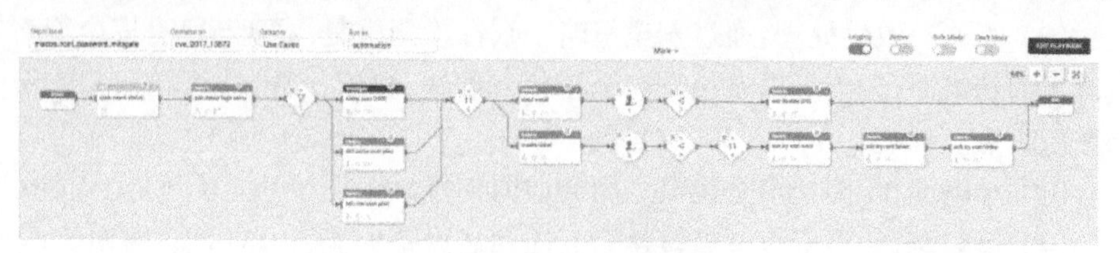

图 6-8　安全应用编排示例

安全策略通常语义层面包含主体（Owners）、动作（Actions）和资产（Assets）三个要素。

（1）主体：资产所有者，能请求系统执行一个动作以完成任务，任务就是对指定的资产执行特定的动作。资产所有者的权限（行为）是被赋予（发送）过去的。行为中包含预期的响应时间。首先发送给顶级所有者。如果响应时间超时，则行为被发布到次级资产所有者。

（2）动作：在整个系统中可使用的网络、主机资源上的安全功能。例如，获取进程内存镜像、阻塞 IP、暂停 VM 和终止进程。

（3）资产：如物理设备或虚拟设备，可能是服务器、端口、路由器和防火墙等。

6.4.3　安全资源池

本节针对虚拟化和传统环境等多种场景进行分析，并给出安全资源池的部署方案。

6.4.3.1　安全资源池简介

网络安全测试环境是异构、复杂和多维的，既存在纯硬件的传统网络安全测试环境，也有通过模拟仿真实现的软件网络安全测试环境，还有通过虚拟化实现的云计算网络安全测试环境，因而，安全设备的部署和安全机制的实施变得非常复杂。在这种网络安全测试环境中应对恶意攻击者的入侵，实现快速响应存在非常大的挑战。

通过资源池化技术，将多种安全设备和安全机制抽象出相应的安全能力，使得上层的安全应用无须考虑其部署形态、部署位置和部署模式。

以网络安全测试环境中引入的新的安全设备为例，如果采用面向设备的安全防护的方案，通常需要花上数月时间针对防护目标做需求分析、方案设计、产品选型和招标采购，其中产品选型非常重要，需要对多个厂商的安全产品进行验证和测试，用户需要对安全产品非常熟悉才能确认每一项功能是否完备；随后还需要花很长时间做产品采购、部署、调试和上线的准备，非常耗时耗力。

此外，当发生新的攻击时，现有的安全防护手段在短时间内无法有效防护。例如，网络安全测试环境某 Web 站点需要 Web 安全防护，所以部署一台 WAF，但如果出现大规模的拒绝服务攻击时，单台 WAF 就很难抵挡住攻击，此时按照前述流程部署新的设备已经来不及了。

如果使用资源池的技术路线，安全体系关心的并不是安全设备本身，而是安全设备体现出的安全能力。即便很多安全设备的形态也是硬件，但里面的能力是软件定义的，可能是虚拟化实例，也可能是硬件虚拟化的虚拟系统，还可能是支持租户的处理引擎。此时用户只需要关心资源池是否具备完备的安全能力，即便此能力尚未生效，仅仅是以镜像的形式存在，或作为备用硬件设备而已，在需要防护时可以快速将其生效。

在前例中，如果资源池具备 Web 防护和抗 DDoS 防护的能力，就会先部署 WAF 并配置好安全策略、网络流量导向等。如果出现流量型分布式拒绝服务攻击，则可以在资源池中快速生成虚拟的流量清洗设备，与虚拟 WAF 一起工作；如果整体流量扩大时，还可以对虚拟 WAF 做弹性扩容。

需要说明的是，安全资源池并不局限于虚拟化的安全设备池化，硬件的、传统的安全设备同样也能纳入资源池中，发挥相应的防护能力。当然，SDN、NFV 等技术可以使虚拟化形态的资源池具备更为敏捷和弹性的防护能力，同样在云环境中，安全资源池不仅可以解决云中安全防护，而且能发挥虚拟化和 SDN 等先进技术的优势，实现最大限度的快速响应。安全资源池对外体现的是多种安全能力的组合、叠加和伸缩，以抵御日益频繁的内外部安全威胁。

6.4.3.2　安全资源池形态

目前，资源池中的资源形态主要有如下 4 类，如图 6-9 所示。

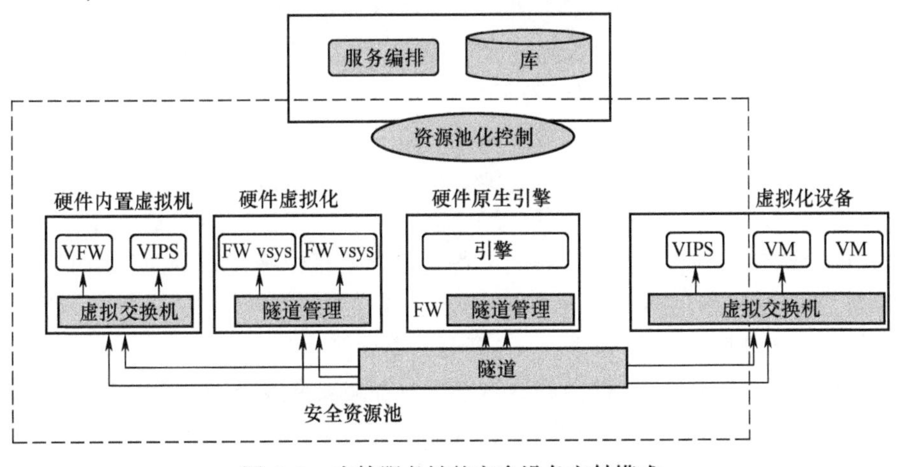

图 6-9　支持服务链的安全设备交付模式

(1) 虚拟化设备形态,部署在客户的计算节点上。安全控制平台的设备资源池化组件借助云平台的 Hypervisor 和网络管理组件进行控制这些虚拟安全设备。这种形态的优点是不需要购置新的硬件产品,安全能力也可随着计算节点的规模弹性扩展,安全处理在计算节点内部避免了数据传输的时间和带宽开销,缺点是安全虚拟机需要适配多个云计算系统,比较困难。

(2) 硬件内置虚拟机形态、技术路线与虚拟机设备形态很相似,安全设备也是虚拟化的实例,不同之处在于底层的 Hypervisor 是安全厂商可控的,处理性能和网络流量调度可以做得非常高效。

(3) 硬件虚拟化形态,通过硬件虚拟化技术,可以实现在一个硬件设备中虚拟出多达数千个虚拟系统,每个虚拟系统独立运行,可做到租户隔离。与(2)相比,这种方式更轻量,以较少的硬件成本就能部署在大规模的环境中,缺点是单个硬件只能启动同一类型的虚拟安全设备。

(4) 硬件原生引擎形态,这是一种将原有硬件设备加入资源池最简单的方式,主要是提供必要的应用接口支持。此外,在一些 Overlay 网络中,需要加入隧道管理和对数据包加解隧道头的功能。其优点是不需要做太多改动;缺点是部署与网络拓扑有关,不能快速横向扩展。

其中,形态(1)交付的是镜像文件,形态(2)~(4)交付的是硬件设备,外部形态看似与传统的安全设备没有太多区别,但内部实现各有不同。随着技术的发展,除了上述 4 种,很可能还有其他形态的安全产品组成资源池,如安全即服务。不过万变不离其宗,只要资源池化控制组件与资源池之间的应用接口保持一致,那么无论哪种形态的资源池,都能对外提供相应的安全能力。

图 6-10 给出了各种形态安全设备组成的完整资源池示意图。当安全设备以硬件存在时(如硬件虚拟化和硬件原生引擎系统),可直接连接硬件 SDN 网络设备接入资源池;当安全设备以虚拟机形态存在时(如虚拟机形态和硬件内置虚拟机形态),可部署在通用架构(如×86)的服务器中,连接到虚拟交换机上,由端点的 agent 统一做生命周期管理和网络资源管理。

在具体的项目中,可以根据业务系统的云平台和网络部署情况,选择合理形态的安全设备,构建出统一的安全资源池。例如,当安全性能要求较高时,推荐使用硬件虚拟化形态设备组成的安全资源池;当云平台的资源和应用接口存在较多限制时,在计算节点中部署虚拟化安全设备就很难实现快速复杂的防护功能。从实践来看,划分一块专用的计算、存储和网络区域作为安全资源池,在这个可控的环境中可以完成如服务编排、负载均衡、高可用等功能。

具体来说,专有安全资源池的数据平面由各类安全设备和支持 SDN 的软硬件交换机组成,形成了弹性的防护能力。资源池的控制平面由安全控制平台和网络控制器组成,两者通过松耦合分别控制专有区域内部的安全资源和网络流量,同时

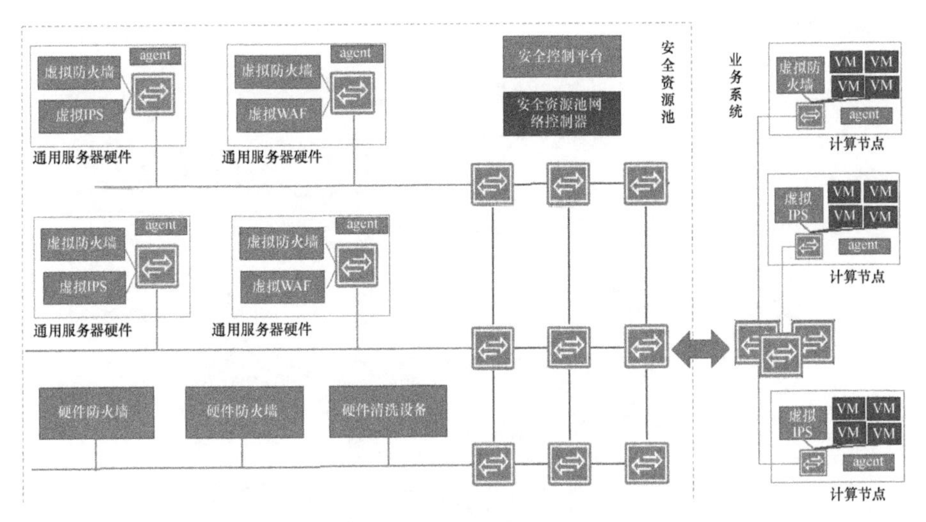

图 6-10　安全资源池示意图

与业务系统的控制平面进行对接,实现域间流量互通。

根据租户业务特点,安全控制平台对安全资源、安全/网络策略进行统一管理,向上输出相应的安全能力,使得安全应用不需要关心执行安全功能的是什么类型的设备、是哪台设备、在哪里部署,或是如何配置策略,极大减轻了安全应用与环境的耦合度;同时,使得安全应用的编排效率大大提高。

根据安全策略需要,资源池的网络控制器对内部流量进行统一调度,从业务系统过来的流量进行分流、引流,到达某个或某些安全设备;进行相应处理后,再由资源池的网络出口输出。目前,不少主流的 SDN 解决方案都支持这种网络 Fabric 的结构和功能。借助网络 Fabric 的能力,安全控制平台可以将流量调度到任意硬件或虚拟安全设备处置,还可快速建立、拆除安全服务链,使得安全防护方案灵活度大大提高。

6.4.3.3　安全资源池部署

1. 网络安全测试环境虚拟化系统边界和传统环境的部署

网络安全测试环境虚拟化系统与外部环境相连的边界处,以及传统网络的边界处存在大量的流量,这些流量可以在路由器或三层交换机处获取到,所以可以将资源池部署在这些网络的交界点进行处理。

对于虚拟化系统与物理网络的边界流量,可以采用由若干硬件设备组成安全资源池的方式,旁挂在数据中心入口处的路由器或三层交换机上,对物理环境进出虚拟云环境的流量进行处理。另外,在资源池内部可根据安全策略的需要,对各种安全应用进行按需编排,实现敏捷、协调、按需而变。对于传统网络的流量,可以在关键网络节点处,通过路由、VLAN 等方式,将流量牵引或镜像到资源池的入口。

具体如图 6-11 所示。

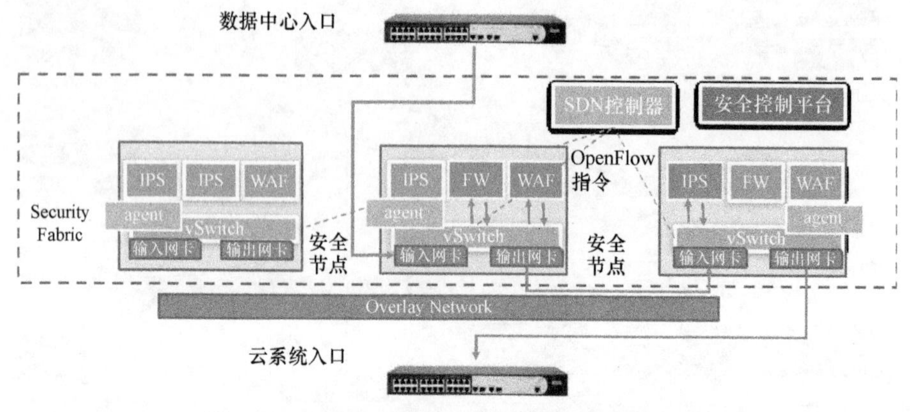

图 6-11　处理南北向流量的安全资源池部署方式

2. 网络安全测试环境虚拟化系统内部的安全防护

虚拟化系统中的虚拟网络内部存在东西向流量，对其安全防护可以采用安全资源池化的方式，当然前提是这些安全资源都支持安全控制平台的 API 接口。

对于虚拟化网络，要将东西向流量引入安全资源池，可采用以下两种方法：

（1）利用 SDN 网络技术，对支持 SDN 技术的虚拟交换机/路由器下发流表，将流量引入安全资源池。

（2）在业务系统的计算节点内部，内置网络访问代理，通过配置网络策略可将需处理的流量由网络访问代理转发到安全资源池。

待安全资源池处理完毕后，根据安全策略配置，将流量转发到相应的目的节点。

与传统网络的安全防护类似，在对东西向流量做安全防护时，安全资源池内也可以运行各类安全应用，根据不同的安全检测、分析、响应、处置策略，进行灵活的安全业务编排，实现安全防护的协同、敏捷、按需而变。

在一个典型应用场景中，资源池规模安全虚拟设备在 500 台左右，每个机架部署 1~2 个物理安全设备（即安全节点，下同）。安全控制平台通过分布式的方式部署，包括 1 台数据库服务器，1 台消息通信服务器，1 台负责策略、设备管理和应用管理的服务器，以及 1 台部署安全应用的服务器。总体的部署方案如图 6-12 所示。

当需要多种类型的安全防护时，数据流就通过隧道从计算节点进入安全节点，即安全资源池。在安全资源池内部，数据会依次经过多个安全设备，形成一条服务链，如图 6-13 所示，处理完毕后再经过隧道到达目的主机。

6.4.3.4　标准化的设备应用接口

实现设备间协同防护和设备对攻击的快速响应前提是各个厂商的各种设备都

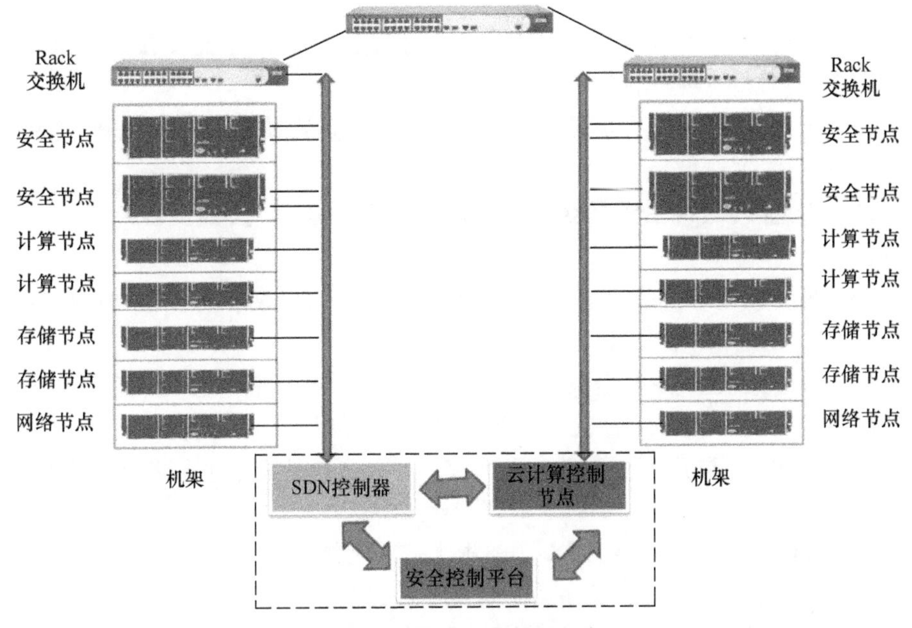

图 6-12　安全设备部署方案

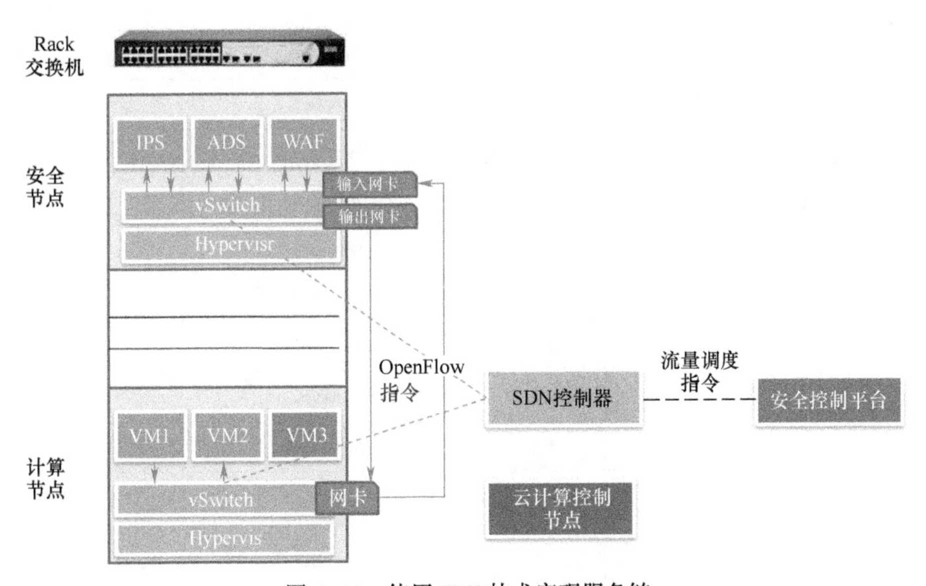

图 6-13　使用 SDN 技术实现服务链

能通过标准化的接口与安全控制平台、安全资源池进行通信和工作，所以安全控制平台的南向接口与安全设备的应用接口需要统一且标准化，这个标准化应该是跨厂商、跨设备的。

通常而言,一个具有安全能力的设备会有配置类接口、信息类接口、策略类接口和日志类接口4类应用接口。

(1) 配置类接口:主要是对设备的各个配置项进行获取和更新,如网络地址、主机名等。

(2) 信息类接口:主要是获得主机的静态和动态信息,如设备配置、运行时长等。

(3) 策略类接口:主要是安全应用向设备下发检测、防护等安全功能的策略,如防火墙的访问控制五元组。

(4) 日志类接口:主要是设备向控制平台上传安全告警和各类日志数据。

需要说明的是,配置、信息和日志类的接口可以在语法上统一,如RESTful、JSON、Syslog等,不同厂商在语义上可能存在一些不同之处,但从设计上尽可能要求统一。

上述4类接口又可细分,表6-1给出了若干示例。

表6-1 标准化接口示例

<table>
<tr><td rowspan="3">基本信息</td><td>设备概要信息</td><td>GET</td><td>/summary</td><td>设备编号、
特征值、版本等</td></tr>
<tr><td>资产信息</td><td>GET</td><td>/assets</td><td>CPU、磁盘、内存等</td></tr>
<tr><td>服务状态</td><td>GET</td><td>/service</td><td>功能模块开启状态</td></tr>
<tr><td rowspan="3">配置管理</td><td rowspan="2">基本配置</td><td>GET</td><td>/configs</td><td></td></tr>
<tr><td>PUT</td><td>/configs</td><td></td></tr>
<tr><td>网络配置</td><td>PUT</td><td>/network</td><td></td></tr>
<tr><td rowspan="5">设备控制</td><td>关闭</td><td>GET</td><td>/command/shutdown</td><td></td></tr>
<tr><td>重启</td><td>GET</td><td>/command/reboot</td><td></td></tr>
<tr><td>升级</td><td>GET</td><td>/command/upgrade</td><td></td></tr>
<tr><td>注册</td><td>GET</td><td>/command/register</td><td></td></tr>
<tr><td>命令执行</td><td>GET</td><td>/command/execute</td><td>因设备差异
会有所不同</td></tr>
<tr><td rowspan="4">规则管理</td><td>查询</td><td>GET</td><td>/rules/{id}</td><td></td></tr>
<tr><td>下发</td><td>POST</td><td>/rules</td><td></td></tr>
<tr><td>更改</td><td>PUT</td><td>/rules/id</td><td>更改控制启停</td></tr>
<tr><td>删除</td><td>DELETE</td><td>/rules/id</td><td></td></tr>
</table>

任务管理	查询	GET	/tasks/{id}	
	下发	POST	/tasks	
	更改	PUT	/tasks/id	
	删除	DELETE	/tasks/id	
	操作	GET	/tasks/id/{operation}	start\pause\stop\restart
报表管理	获取	GET	/reports/id	
	删除	DELETE	/reports/id	
服务接口	联通性测试	GET	/services/connection	
设备管理	注册接入	POST	/devices	
	状态查询	GET	/devices/id	
	设备注销	DELETE	/devices/id	
	设备变更	PUT	/devices/id	
告警处理	接收告警	POST	/alerts	
异常处理	资产异常	POST	/exception/hardware	CPU、Mem、Disk、Traffic
	负载异常	POST	/exception/payload	
反馈处理	任务扫描报告	POST	/feedback/scan	
	设备重启	POST	/feedback/restart	
	设备升级	POST	/feedback/upgrade	
	命令执行	POST	/feedback/command	
服务接口	联通性测试	GET	/services/connection	

另外,即便是一个厂商,其不同安全设备的功能不同,所以对外的策略和日志方面的应用接口也可能完全不同。例如,防火墙的规则通常为五元组,而 Web 应用防火墙则是非常复杂的规则。以 WAF 为例,给出一些标准化的应用接口样例。

例如,WAF 的部署方式有反向代理和透明代理等,如要创建一个反向代理安全服务,其接口如表 6-2 所列。

表 6-2 反向代理安全服务接口

URL	/sc/securityfunction/webprotect/WEB_PROTECT_REVERSE_PROXY
方法	POST

续表

参数	{
	"head":{
	"appID":"app_id",
	"tenantID":"tenant_id"
	},
	"data":{
	"domain":"",
	"protocol":"http",
	"ip":"10.65.100.43",
	"port":80
	}
	}

返回值	{
	"data":{
	"result":{
	"template":{
	"sql":"enabled",
	"anti_leech":"disabled",
	"info_leak":"disabled",
	"xss":"enabled",
	"anti_spider":"disabled",
	"download_limit":"disabled",
	"dir_cross":"disabled",
	"upload_limit":"disabled"
	},
	"proxy_ip":"10.64.120.104",
	"proxy_port":10044,
	"handle":94,
	"proxy_protocol":"http",
	"policy_id":""
	},
	"status":"success"
	},
	"opt_status":200,
	"head":{}
	}

获取反向代理所有信息接口如表 6-3 所列。

表 6-3 获取反向代理所有信息接口

URL	/sc/securityfunction/webprotect/ALL
方法	GET
参数	? appID= * &tenantID= * &domain=&protocol=http&ip=10.65.99.99&port=80
参数说明	(1) 上面各个参数必须都存在; (2) 查询时,上面的参数可以传'*',作为通配符

返回值	{
	"data":{
	"result":{
	"websites":[
	{
	"reverse_proxy":{
	"proxy_ip":"10.64.120.104",
	"proxy_port":10043,
	"proxy_protocol":"http",
	"error_code":"SUCCESS"
	},
	"white_list":{
	"white_list":[
	{
	"rule_id":"19136542",
	"dst_port":"10043",
	"except_policy_id":"4718593",
	"event_type":"8",
	"domain":"10.64.120.104",
	"src_ip":"10.64.100.223",
	"site_id":"1417443599",
	"policy_id":"2359299",
	"uri":"/"
	},
	{
	"rule_id":"19136542",
	"dst_port":"10043",
	"except_policy_id":"4718594",
	"event_type":"8",
	"domain":"10.64.120.104",
	"src_ip":"10.64.100.223",
	"site_id":"1417443599",

续表

URL	/sc/securityfunction/webprotect/ALL

返回值	"policy_id":"2359299",
	"uri":"/ftplogin/? login=%3e%3cscript%3ealert(document.cookie);%3cscript%3e%3cdivstyle="
	}
	]
	},
	"website_info":{
	"website_domain":"",
	"website_protocol":"http",
	"website_port":80,
	"tenant_id":"2",
	"app_id":"11416901830487",
	"website_ip":"10.65.99.99"
	},
	"policy_template":{
	"template":{
	"sql":"enabled",
	"info_leak":"disabled",
	"anti_leech":"disabled",
	"anti_spider":"disabled",
	"xss":"enabled",
	"download_limit":"disabled",
	"dir_cross":"disabled",
	"upload_limit":"disabled"
	},
	"error_code":"SUCCESS"
	}
	}
	]
	},
	"status":"success"
	},
	"opt_status":200,
	"head":{}
	}

WAF 除了下发具体某条规则，也支持配置模板，常用配置模板如表 6-4 所列。

表 6-4 常用配置模板

模板名	说　　明
xss	XSS 防护模板
sql	SQL 注入防护模板
anti_leech	盗链防护模板
upload_limit	非法上传防护模板
download_limit	非法下载防护模板
anti_spider	爬虫防护模板
dir_cross	目录遍历防护模板
info_leak	无效链接重定向防护模板

对某个站点启用模板防护,其接口如表 6-5 所列。

表 6-5 模板防护接口

URL	/sc/securityfunction/webprotect/WEB_PROTECT_POLICY_TEMPLATE
方法	POST

参数	{
	"head":{
	"appID":"app_id",
	"tenantID":"tenant_id"
	},
	"data":{
	"domain":"",
	"protocol":"http",
	"ip":"10.65.100.43",
	"port":80,
	"template":{
	"sql":"enabled",
	"anti_leech":"disabled",
	"xss":"disabled",
	"anti_spider":"disabled",
	"download_limit":"disabled",
	"upload_limit":"disabled"
	}
	}
	}

参数说明	template 参数上传的是 SC 能够识别的模板名和是否开户的信息: (1) 如果传入的名称不被 SC 识别,SC 将忽略该模板; (2) 如果参数中传入的模板名称不是 SC 支持的全集,那么没有传给 SC 的模板会设置为 disabled

续表

URL	/sc/securityfunction/webprotect/WEB_PROTECT_POLICY_TEMPLATE

返回值	{
	"data":{
	"result":{
	"template":{
	"sql":"enabled",
	"anti_leech":"disabled",
	"xss":"disabled",
	"anti_spider":"disabled",
	"download_limit":"disabled",
	"upload_limit":"disabled"
	},
	"policy_id":""
	},
	"status":"success"
	},
	"opt_status":200,
	"head":{}
	}

为了防止误报,可添加白名单,接口如表 6-6 所列。

表 6-6　白名单接口

URL	/sc/securityfunction/webprotect/WEB_PROTECT_WHITE_LIST
方法	POST

参数	{
	"head":{
	"appID":"app_id",
	"tenantID":"tenant_id"
	},
	"data":{
	"domain":"",
	"protocol":"http",
	"ip":"10.65.100.43",
	"port":80,
	"white_list":{
	"site_id":"1410924857",
	"src_ip":"10.65.100.43",
	"dst_port":"10019",
	"domain":"10.65.100.151",
	"uri":"/?a=1%27",
	"event_type":"9",

续表

<table>
<tr><td>URL</td><td>/sc/securityfunction/webprotect/WEB_PROTECT_WHITE_LIST</td></tr>
<tr><td>参数</td><td><pre>   "policy_id":"2359301",
            "rule_id":"18612227"
        }
    }
}</pre></td></tr>
<tr><td>返回值</td><td><pre>{
    "data":{
        "result":{
            "except_policy_id":"4718595"
        },
        "status":"success"
    },
    "opt_status":200,
    "head":{}
}</pre></td></tr>
</table>

通过这些标准化的接口,可使 WAF 等安全设备快速将安全策略生效,进行及时响应。

6.4.4 安全应用分发系统

6.4.4.1 安全应用分发系统介绍

当前安全产品交付模式大致有两类:第一类是以硬件设备的模式,即网络安全测试环境白方根据产品的功能特性,选择符合要求的硬件设备,然后将该设备部署在网络安全测试环境的特定位置,最后调试完上线;第二类是以服务的模式,即网络安全测试环境白方购买相应的安全服务后,安全公司提供一定时间的人工支持,以解决某些问题。然而,在虚拟化、云计算和 SDN 等新型网络安全测试环境中,前者需部署硬件设备,已经越来越难以适应网络安全测试环境业务的需求,难开发难部署;而后者则需要大量的人员开销,不适合网络安全测试环境快速变化的特点。

在未来新兴网络环境的一种安全产品交付方案是通过可编程、开放的安全控制平台实现安全资源抽象池化,为客户提供开放可编程的应用接口,进而实现安全应用的快速开发。安全应用分发系统可提供安全应用二次开发的能力,以覆盖所有的网络安全测试环境业务场景,并实现安全应用无缝升级,以应对网络安全测试环境复杂的安全威胁。

6.4.4.2 轻量级虚拟化 Docker

Docker 是介于 IaaS 和 PaaS 之间的虚拟化方案,有高效、隔离和轻量级等优点。Docker 技术涉及镜像(Image)、容器(Container)和仓库(Repository)三大概念。

Docker 镜像对应预安装的操作系统和若干应用软件的系统,也是启动一个 Docker 容器的基础。

Docker 容器是基于主机之上的操作系统虚拟化,作为普通进程运行于宿主机器。Docker 利用容器来运行应用,而容器是基于镜像创建的运行实例,可以被启动、开始、停止、删除等。Docker 镜像是静态的,而 Docker 容器是动态的,Docker 容器启动需要先装载 Docker 镜像,启动之后的容器可以进行动态化管理,也可以对容器进行打包,生成新的镜像。

与虚拟机一样,每个 Docker 容器之间相互隔离,安全性得到操作系统级别的保证;而容器对于虚拟机有明显的优势,主要包括:

(1) VMs 运行整个虚拟操作系统于主机,而 Docker 容器直接加载应用程序在主机上运行,一个主机可以同时运行数千个容器。

(2) Docker 容器启动速度远远快于 VMs,以实现高效快速化,容器的启动时间是秒级的。

(3) Docker 容器比 VMs 轻量级,节约资源,便于管理。

Docker 仓库是集中存放 Docker 镜像的场所,分为本地仓库和远程仓库两种。本地仓库指的是存放本地的镜像仓库,远程仓库是指 Registry 仓库,对外提供 Docker 镜像下载、上传等服务。

此外,Docker 使用了 AUFS 文件系统,允许用户将一次对磁盘做的读写操作变为文件系统中一层增量的部分,面向不同层面应用的镜像可以树形结构建立,子镜像的容量只比父镜像大增量部分,如图 6-14 所示。不同用户的不同镜像的不同

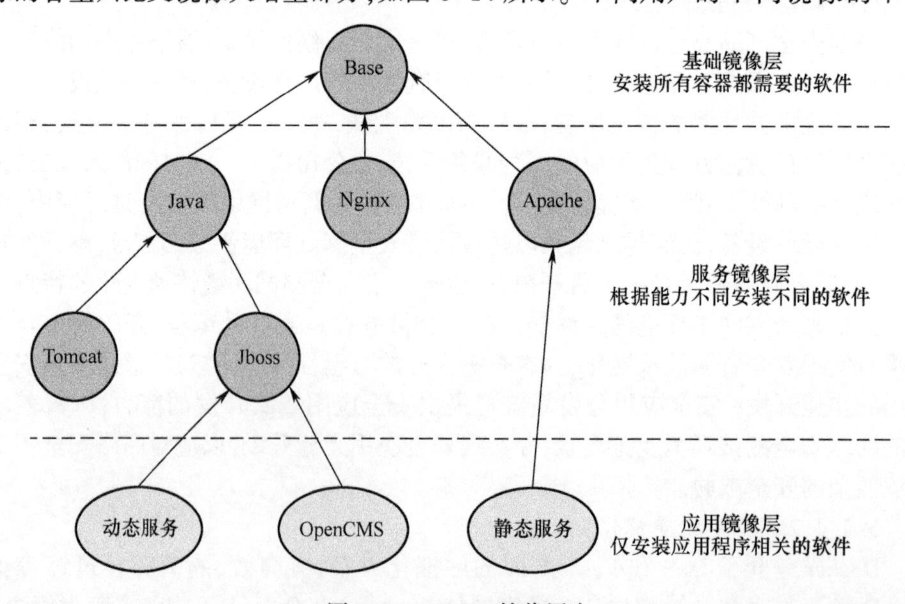

图 6-14　Docker 镜像层次

版本都可源于同一个安全厂商提供的预置的镜像,这样所有的应用更新都可以只传输增量部分,大大减少了传输的时间和网络开销。

最后,Docker 提供了很好的版本管理和资源隔离,安全厂商的研发 Docker 环境与客户部署的 Docker 环境可以完全一致,当客户遇到非预期的应用异常时,研发只需要检出对应版本的 Docker 镜像,启动容器中的操作系统、网络和应用软件环境与用户侧则是相同的,很容易排查问题。

6.4.4.3 安全应用分发流程

安全应用分发系统与以往的安全产品交付模式相比有革命性的变化,网络安全测试环境白方不需要关注具体的安全硬件功能、性能甚至型号,而只需要关注是否适合其适用的业务场景。以开源应用 Nmap 为例,白方如需评估某些基础设施是否存在脆弱性,只需做到以下几点。

(1) 登录安全应用分发系统,找到适合的应用,如图 6-15 所示。

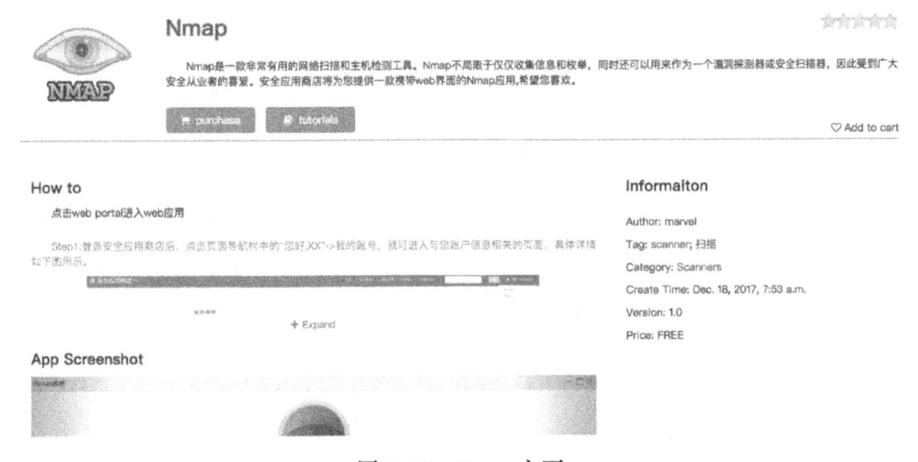

图 6-15 Nmap 主页

(2) 单击获取按钮,该应用即可部署到相应的区域网络安全测试环境,如图 6-16所示。

My App

Name	Manifest	Version	Author	Node	Status	Operations
Nmap教程	org.nmap.demo	v1.0	flyair	47.104.26.25	running	Stop Web Portal

图 6-16 区域网络安全测试环境

(3) 在应用列表中选择应用,即可使用该应用进行扫描,如图 6-17 所示。

当某零日漏洞曝光后,白方可通过安全应用分发系统获得响应应用的更新,并快速确认所有可能存在漏洞的设施,然后通过剧本调用阻断应用拦截所有可能的

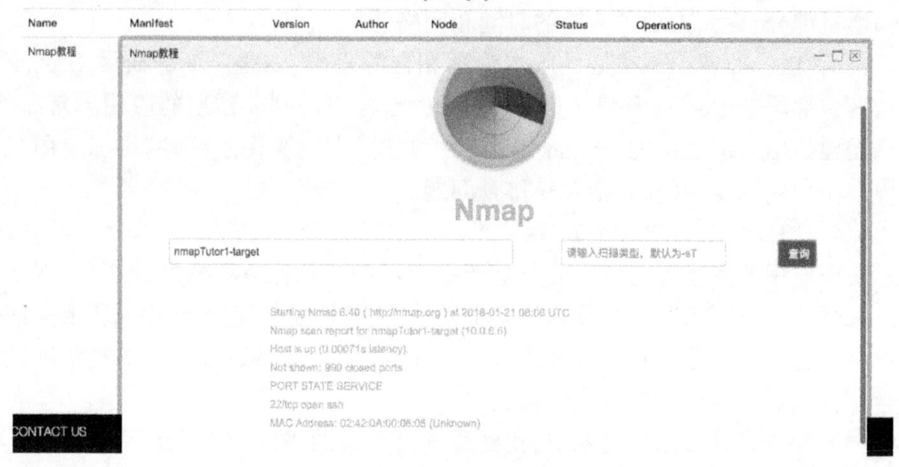

图 6-17　Nmap 应用列表

连接尝试。

6.4.5　安全协同响应防护机制设计

网络安全测试环境存在多种场景,主要有可集中管控的传统网络安全测试环境、虚拟化网络安全测试环境、其他传统网络安全测试环境和仿真环境等。以下分别针对这几种环境设计安全协同响应防护机制。

6.4.5.1　可集中管控的传统环境中的协同安全防护

通用服务器和网络设备组成的传统网络安全测试环境,如民网、办公网等,通常网络中可以部署支持 Netconf、SNMP、OpenFlow 等自动化配置的网络设备,主机一般运行 Linux、Windows 等操作系统。

这类环境的网络中可部署相应的安全机制,如访问控制、入侵检测、安全审计、脆弱性评估等,对网络中的流量进行监控和响应。对于需审查或可疑流量,可通过部署网络代理或 SDN 控制的方式,将这部分流量牵引到安全资源池进行分析、检测、隔离或阻断。

在主机侧部署 EDR 或 EPP 软件,维护更新的杀毒软件,也能对主机中运行的软件、脚本的行为进行监控和阻断。对于可疑的行为,如运行未知命令、执行指令含有超长参数或修改注册表等,可将该行为通过终端代理或 API 发送到行为分析平台做进一步的分析。

6.4.5.2　云计算虚拟环境中的协同安全防护

与可集中管控的传统环境类似,云计算系统中的网络一般都是支持 SDN 的,虚拟机也是运行主流操作系统的。所以,在虚拟环境内部,网络侧使用 SDN/NFV

技术,实现对虚拟网络流量的调度,利用资源池技术实现安全资源的快速准备;在虚拟机中,部署 EDR 或 EPP 软件,监控虚拟机内部行为。

云计算系统与外部的通信属于南北向流量,经过边界的物理网络设备,可使网络侧安全防护方案,此处不涉及主机安全。

6.4.5.3 其他传统环境的协同安全防护

此处的"其他"是与 4.5.1 节相对,如网络中的设备不支持集中控制,主机侧是一些只运行小程序而不含操作系统的嵌入式设备。这样的网络安全测试环境防护较前两个环境更困难。

在网络中,如果现有设备不支持自动化配置或控制,则考虑是否可以在某些关键网络设备上连接一些支持自动化配置的网络设备,如串接或旁路一个 SDN 交换机,那么就有可能在这些关键网络节点上对流量进行操作,形成一个 Overlay 网络,从而在这个 Overlay 网络上进行流量的调度和网络安全机制的部署。

但如果像某些工控网络中不支持 TCP/IP,或某些国外厂商的 PLC 不支持加入安全 Agent,那么需要从技术和流程两方面进行解决。

一方面,安全决策引擎识别其中手动环节,将某些安全响应的流程转换成工单形式,分发给相关责任人;另一方面,在设计时应针对这些场景,做好安全培训,指定安全响应的负责人,当出现安全事件时,应快速完成工单指派任务。

即便很多场景下不能实现完全的自动化,但只要人工、半自动响应能将处置周期缩短到小时级甚至分钟级,就能在攻击者发动攻击造成破坏前将其拦截。

6.4.5.4 仿真环境

仿真环境通常不需要在仿真引擎中部署安全机制,但需要在管理系统、数据输出的主机和网络侧部署相应的认证鉴别、访问控制、业务安全等机制,避免未授权对仿真程序或输入输出数据进行篡改。

6.4.6 安全响应防护实例

在本节中,以两个实例阐述前述联动响应技术如何在真实场景中落地。

6.4.6.1 入侵检测系统和防火墙联动

在内网环境中,通常防护方案会在边界处部署防火墙,在内部网络中部署入侵检测系统,但这两个安全设备通常彼此没有交互,所以当入侵检测系统发现恶意攻击时,无法及时进行阻断。

在此案例中,介绍如何通过安全联动响应体系实现秒级的入侵检测和访问控制协同的快速响应。如图 6-18 所示。

首先,在初始化阶段,防火墙和入侵检测系统都在资源池管理组件中进行注册,从而安全控制平台能感知到目前具有入侵检测和访问控制的能力;检测响应应用在应用管理模块进行注册,并订阅其关心的异常事件作为将来响应的输入源,如

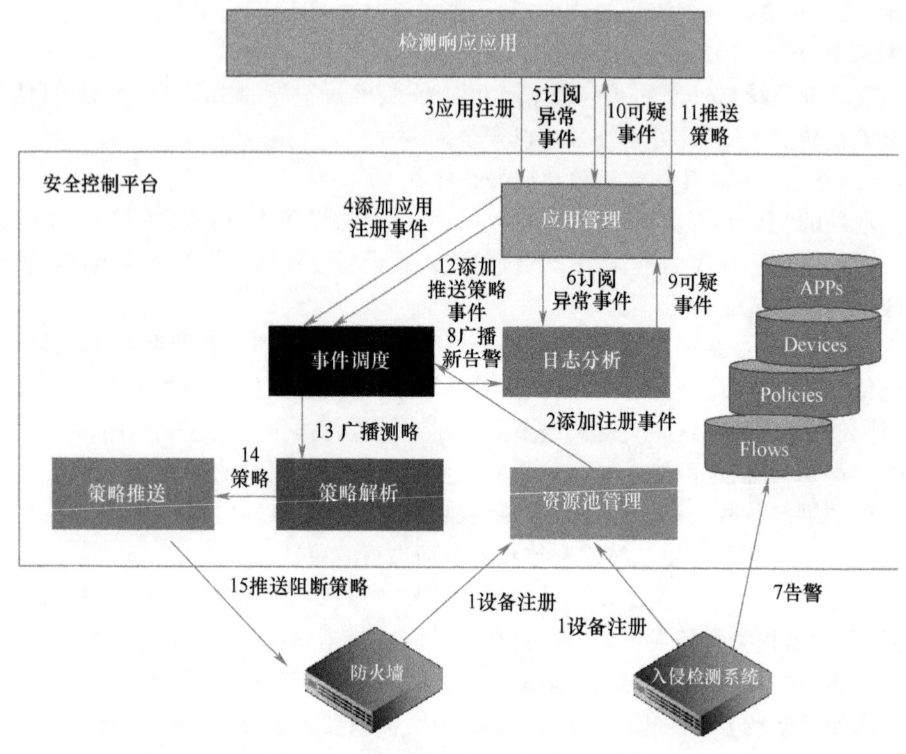

图 6-18　防火墙与入侵检测联动场景

网络入侵事件。其次,在运行时,入侵检测系统发现异常事件,并向安全控制平台的日志库提交相关告警日志,此时所有订阅该异常事件的组件都得到了通知,将该告警推送到已注册的检测响应应用。

应用根据上下文信息和知识库,进行智能决策后,将防护策略下发到安全控制平台。控制平台的策略解析模块会对该策略进行解析,在已有的安全策略库中寻找相关的策略,进行一致性分析,对冲突之处进行解决,最终生成一条全局一致的策略,从资源池管理组件中找到并调度相应的安全资源。该策略如果涉及访问控制,则可选择已注册的防火墙设备,将访问控制规则转换为防火墙的 ACL 规则,通过策略推送组件将该规则推送到防火墙,对恶意连接实施阻断。

6.4.6.2　入侵检测系统和路由器联动

入侵检测系统与路由器的联动可分为两种场景:一种是路由器提交 Net Flow/sFlow 到控制平台,后者进行分析,将可以流量镜像到入侵检测系统;另一种是入侵检测系统发现异常后,提交告警到安全控制平台,后者决策后,将流量进行阻断、牵引等。

第一种场景如图 6-19 所示。在初始阶段,入侵检测系统和检测响应应用向安全控制平台注册,检测响应应用向安全控制平台订阅恶意的流量模式。运行时,安全控制平台的流获取组件通过代理和网络控制器,获得路由器上的 NetFlow/sFlow 信息,并将其存于流数据库中;流监控模块得到通知后,对流量进行分析,发现存在应用订阅的流模式后,将可疑数据推送到应用;应用经过进一步分析和检测,做出最终决策,该策略通过策略解析组件转换成网络流量调度策略和入侵检测系统的规则,前者通过网络控制器下发到路由器,将异常流量镜像到入侵检测系统,后者通过设备管理组件推送到相应的入侵检测系统中。

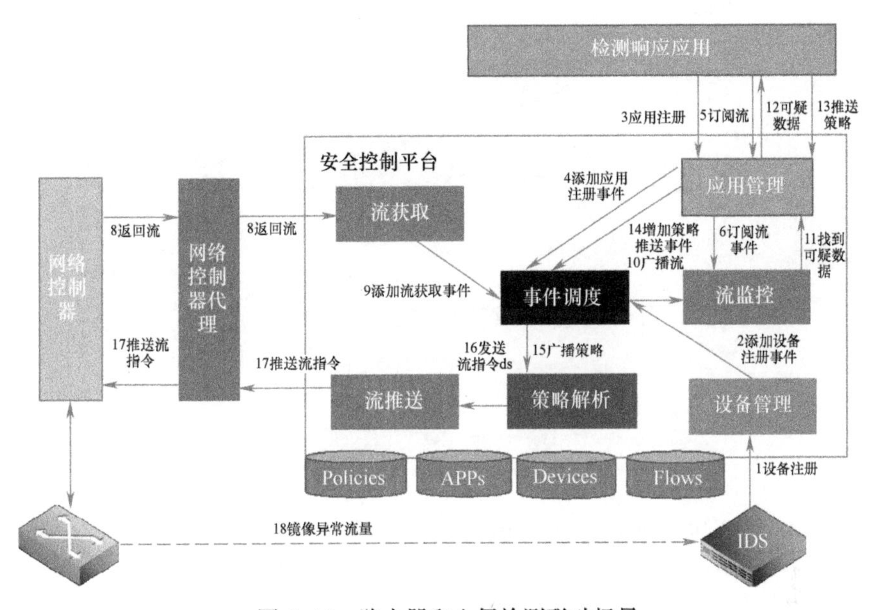

图 6-19　路由器和入侵检测联动场景一

第二种场景如图 6-20 所示。在初始阶段,入侵检测系统和检测响应应用向安全控制平台注册,检测响应应用向安全控制平台订阅其关心的异常事件作为将来响应的输入源,如网络入侵事件。在运行时,入侵检测系统发现异常事件,并向安全控制平台的日志库提交相关告警日志,此时所有订阅该异常事件的组件都得到了通知,将该告警推送到已注册的检测响应应用。

应用根据上下文信息和知识库进行智能决策后,将防护策略下发到安全控制平台。控制平台的策略解析模块会对该策略进行解析,最终生成一条访问控制策略,并询问负责资源池管理的设备管理组件,后者发现具有访问控制能力的安全资源只有路由器,则将访问控制规则转换为路由器中路由表中的一项丢弃行为,并通过策略推送组件将该规则推送到网络控制器或直接下发到路由器,从而对恶意连接进行实时阻断。

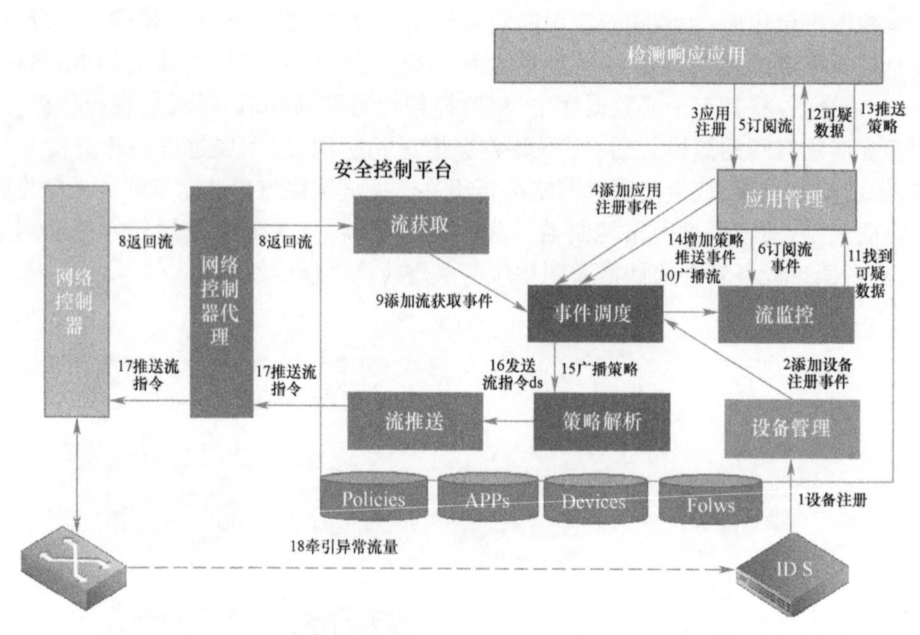

图 6-20　路由器和入侵检测联动场景二

参 考 文 献

[1] CHEN L,CRAMPTON J. Risk-aware Role-based Access Control[C]//Proceedings of the 7th International Conference on Security and Trust Management,2012:140-156.

[2] Braga R,MOTA E,Passito A. Lightweight DDoS Flooding Attack Detection Using NOX/OpenFlow [C]//2010 IEEE 35th Conference on Local Computer Networks (LCN),Denver:. LCN,2010:408-415.

[3] YAO G,BI J,XIAO P Y. Source Address Validation Solution With OpenFlow/NOX Architecture [C]//Proceedings of the 19th IEEE International Conference on NetworkProtocols (ICNP),Vancouver,2011:7-12.

[4] QAZI Z A, LEE J, TAO J. Application-awareness in SDN [C]//Proceedings of the ACM SIGCOMM 2013 Conference on SIGCOMM,Hong Kong:ACM ,2013:487-488.

[5] JARSCHEL Ms. WAMSER F,Hohn T. Sdn-based Application-aware Networking on the Example of Youtube Video Streaming[C]//EWSDN 2013,Budapest:CPS,2013:87-92.

[6] QAZI Z A,Tu C C,CHIANG L. SIMPLE-fying Middlebox Policy Enforcement Using SDN[C]//SIGCOMM'13,Hong Kong:ACM,2013:27-38.

[7] Cloud Security Alliance,SDP Hackathon Whitepaper[R/OL]. (2014-04-17)[2023-12-18]. https://cloudsecurityalliance. org/download/sdp-hackathon-whitepaper/.

[8] Gartner. Adaptive Access Control Brings Together Identity, Risk and Context[EB/OL]. (2013-08-22) [2023 - 12 - 22]. https://www.gartner.com/en/documents/2578515/adaptive-access-control-brings-identity, 2013.
[9] NISSANKE N, KHAYAT E J. Risk Based Security Analysis of Permissions in RBAC[C]// WOSIS, 2004: 332-341.
[10] SHIN S, PORRAS P, Yegneswaran V, et al. FRESCO: Modular Composable Security Services for Software-defined Networks[C]//Proceedings of Network and Distributed Security Symposium, San Diego: Internet Society, 2013: 135-139.
[11] Gartner. The Impact of Software-Defined Data Centers on Information Security[EB/OL]. (2012-10-16)[2023-12-15]. https://www.gartner.com/doc/2200415/.
[12] BANERJEE D, DOHERTY S. Orchestrating Software Defined Networks (SDN) to Disrupt the APT Kill Chain[C]. RSAC 2015, 2015.
[13] Catbird. Catbird Architecture[EB/OL]. http://www.catbird.com/product/catbird-architecture.
[14] 戴彬,王航远,徐冠,等. SDN 安全探讨:机遇与威胁并存[J]. 计算机应用研究,2014(8):2254-2262.
[15] ETSI GS NFV-SEC 003 V1.1.1[EB/OL]. http://www.etsi.org/deliver/etsi_gs/NFV-SEC/001_099/003/01.01.01_60/gs_nfv-sec003v010101p.pdf.
[16] 姜建,吴宏建,网络功能虚拟化关键技术及影响分析[J]. 电信网技术,2014(12):1-5.
[17] VMWARE. Data Center Micro-Segmentation A Software Defined Data Cen ter Approach for a "Zero Trust" Security Strategy[EB/OL]. http://blogs.vmware.com/networkvirtualization/files/2014/06/VMware-SDDC-Micro-Segmentation-White-Paper.pdf.
[18] 周苏静,浅析 SDN 安全需求和安全实现[J]. 电信科学,2013(9):113-116.
[19] Check point. Software Defined Protection: Enterprise Security Blueprint, http://www.checkpoint.com/sdp/check_point_spd_white_paper.pdf.
[20] SHIN S GU G. Attacking Software-defined Networks: a First Feasibility Study [C]//In Proceedings of the second ACM SIGCOMM workshop on Hot topics in software defined networking (HotSDN '13). ACM, New York, NY, USA, 2013: 165-166.
[21] KLOTI R, KOTRONIS V, SMITH P. OpenFlow: A Security Analysis[C]//In Network Protocols (ICNP), 2013 21st IEEE International Conference on, 2013: 7-10.
[22] HAWILO H, SHAMI A, MIRAHMADI M, et al. NFV: State of the Art, Challenges, and Implementation in Next Generation Mobile Networks (vEPC)[J]. IEEE Network, 2014, 28(6) 18-26.
[23] KUHN D R, COYNE E J, WEIL T R. Adding Attributes to Role-based Access Control[J]. Computer, 2010(6): 79-81
[24] 韩博林. 基于 ISO/IEC17799 的中国人民银行乾县支行信息安全管理体系研究[D]. 西安:西安电子科技大学.
[25] 牛伟纳. 窃密型复杂网络攻击建模与识别方法研究[D]. 成都:电子科技大学, 2018.
[26] 张焕国,赵波,王骞.可信云计算基础设施关键技术[M]. 北京:机械工业出版社,2019.
[27] 王行洲. 云资源池安全防护浅析[J]. 山东通信技术, 2017, 37(3):3.

[28] 佚名. 绿盟科技发布 2015 软件定义安全 SDS 白皮书[J]. 网络安全技术与应用, 2015(10):1.
[29] 陈鹏程. 基于 SDN 安全控制器的软件定义安全研究[D]. 北京:北京邮电大学,2016.
[30] 魏伟, 秦华, 刘文懋. 面向云环境的软件定义访问控制框架[J]. 计算机工程与设计, 2018, 39(12):51-56.
[31] 赵志远,章继刚,季莹.智能时代下的 IT 运维[J]. 网络安全和信息化,2018(11):29-30.
[32] 魏志军. 网络动态安全组件构建研究[D]. 北京:北京邮电大学, 2018.
[33] 郭志君, 卢宇浩. SDS 架构下安全原子的构建[J]. 网络安全技术与应用, 2020(7):2.
[34] 王佳林. 天地一体化网络安全功能重构的关键技术研究与实现[D]. 北京:北京邮电大学,2019.
[35] 刘志成,林东升,彭勇.云计算技术与应用基础[M]. 北京:人民邮电出版社,2017.
[36] 张静静. 云计算安全防护设计[J]. 现代电信科技, 2015(6):6.
[37] 李维贤, 刘勇, 杨曦, 等. 云安全防护行为模式的研究及应用[J]. 互联网天地, 2016(9):6.
[38] 梁雨. 云终端系统的安全解决方案[J]. 电子技术与软件工程,2016(24).
[39] 王凯令. 电力信息管理系统中统一身份认证技术研究及应用[D]. 上海:上海交通大学,2010.
[40] 王明强. 河南移动网管支撑系统安全域优化及实施方案设计[D]. 北京:北京邮电大学, 2011.
[41] 李祉岐,曹明明,刘晓蕾. 基于业务分治安全域防护方案的研究与设计[C]//2016 电力行业信息化年会论文集,2016:281-288.
[42] 中国信息通信研究院.云计算安全方案白皮书[EB/OL]. https://dsj.guizhou.gov.cn/xwzx/gnyw/202207/t20220722_75668850.html,2022-07-22 /2022.11.01.
[43] 刘文懋,裘晓峰,陈鹏程,等. 面向 SDN 环境的软件定义安全架构[J]. 计算机科学与探索, 2015(1):63-70.
[44] 刘文懋, 尤扬. 5G 新型基础设施的安全防护思路和技术转换[J]. 信息网络安全, 2020(9):5.
[45] 魏伟,秦华,刘文懋. 面向云环境的软件定义访问控制框架设计与实现[J]. 计算机工程与设计,2018,39(12).
[46] 张思拓. 一种防御 APT 攻击的方法及安全控制器:中国,106341426A[P].
[47] 赵瑞. 基于软件定义安全架构的安全服务编排系统设计与开发[D].北京:北京邮电大学, 2017.
[48] 刘文懋.软件定义的云安全体系架构[EB/OL]. https://www.nsfocus.com.cn/upload/contents/2015/09/2015_09181713377033.pdf,2015-09-18/2022.11.01.
[49] 张奇. 基于 SDN/NFV 的安全服务链自动编排部署框架[J]. 计算机系统应用,2018(3).
[50] 王光华, 郭雪清, 黄正东. 内网安全解决方案[J]. 医疗卫生装备, 2006, 27(5):2.
[51] 张玉军, 田野. IPv6 协议安全问题研究[J]. 中国科学院研究生院学报, 2005, 22(1):30-37.

[52] 刘文懋,裘晓峰,王翔.软件定义安全 SDN/NFV 新型网络的安全揭秘[M]. 北京:机械工业出版社,2017.
[53] SAMPSON B. Technology Talks[J]. Passenger Terminal World, 2018(Suppl.):85-86.
[54] 行盼宁. 基于 SDN 的 AppStore 平台设计与开发[D]. 北京:北京邮电大学, 2016.
[55] 张李秋, 刘铮, 周军,等. 一种基于时间策略的移动终端管控系统:中国,107094184A[P]. 2017.

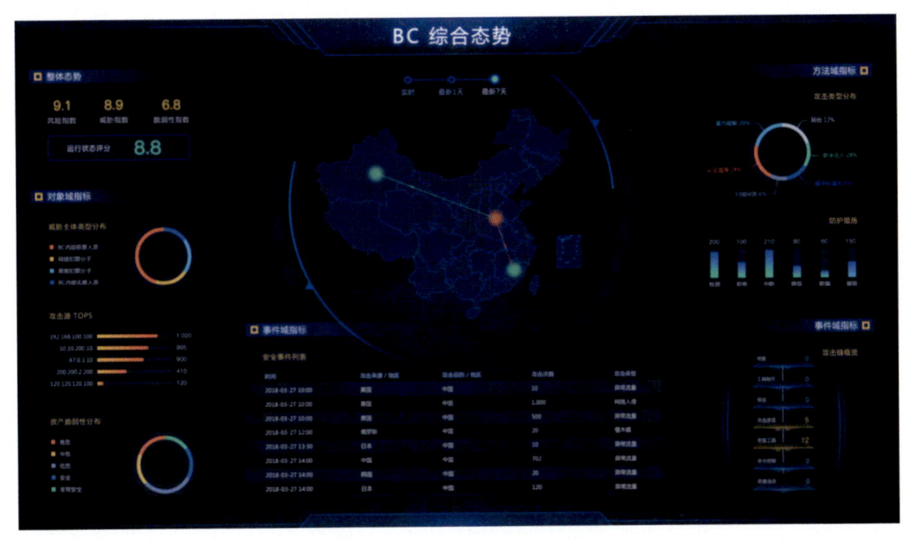

图 4-25　综合态势视图示例

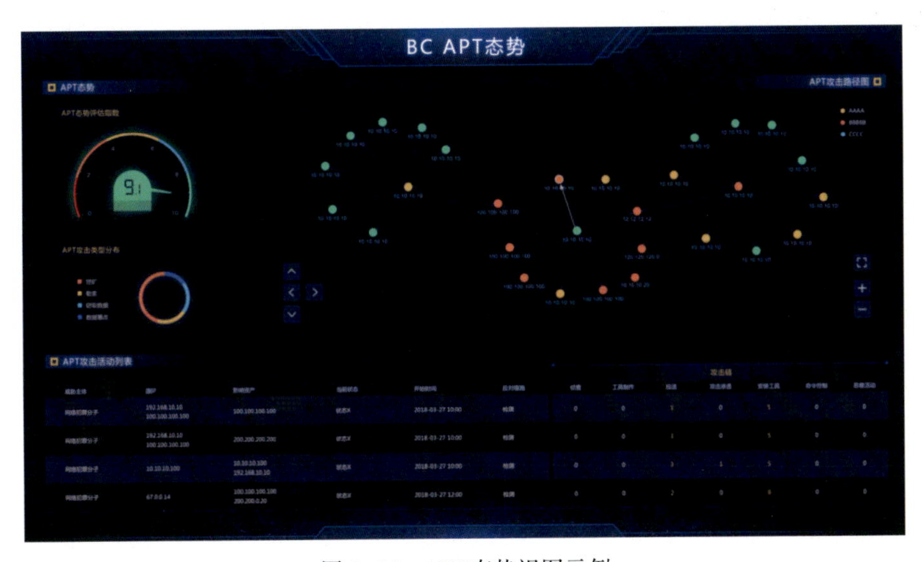

图 4-26　APT 态势视图示例

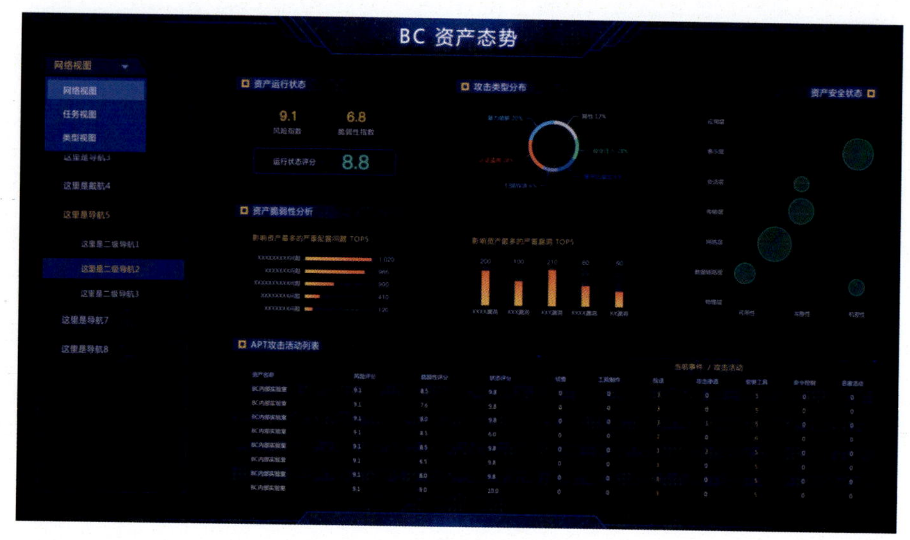

图 4-27　资产态势视图示例

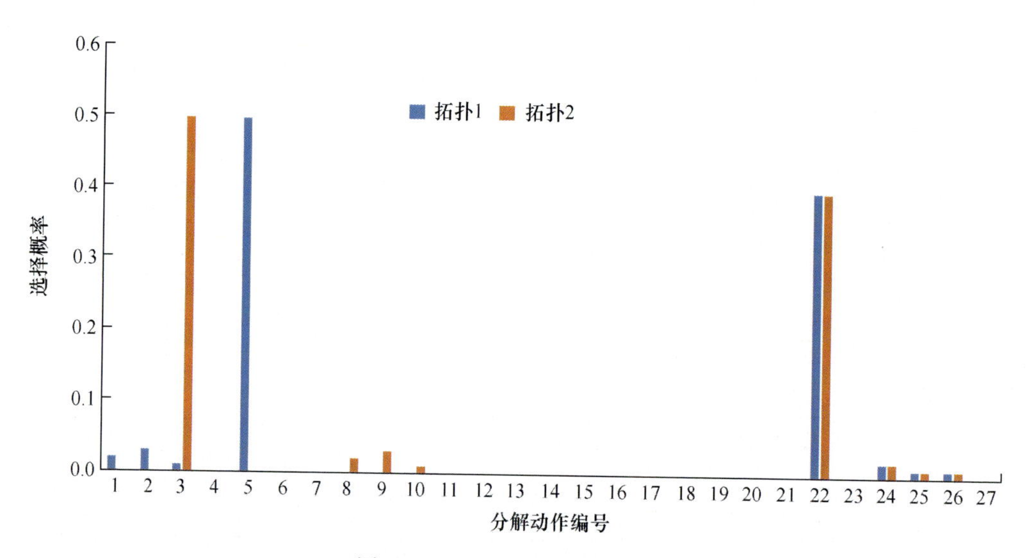

图 5-17　拓扑变化的决策结果

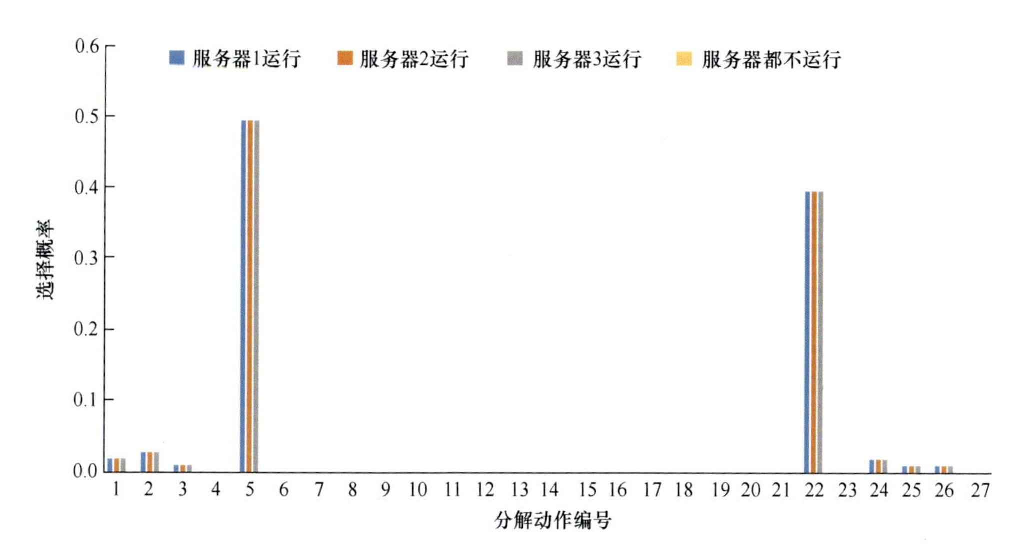

图 5-18　威胁攻击变化的决策结果

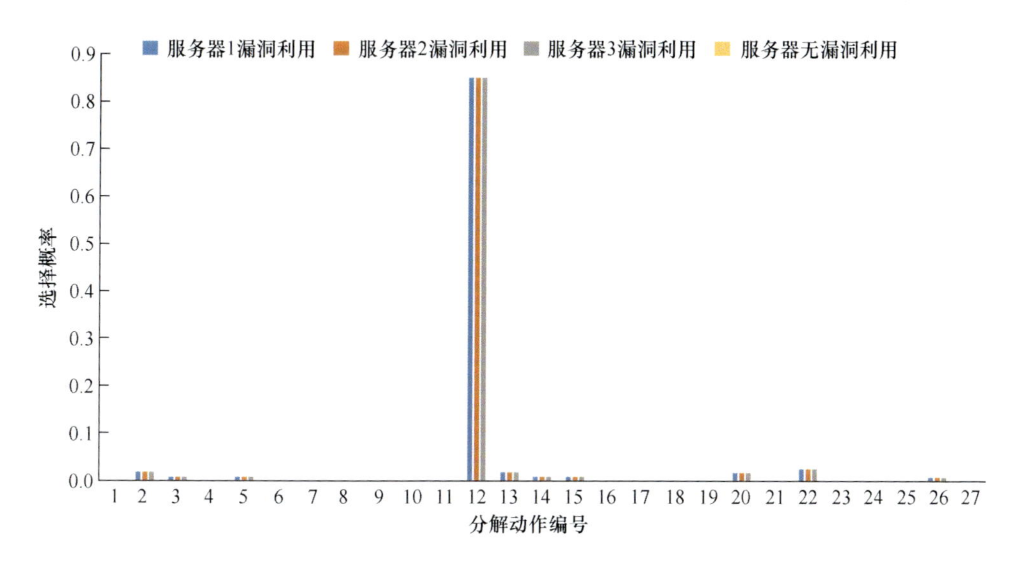

图 5-19　资产脆弱性变化的决策结果